Cientistas Sociais do Brasil

Paulo Ramos

2024

Direitos autorais © 2024 Paulo Ramos

Todos os direitos reservados

Nenhuma parte deste livro pode ser reproduzida ou armazenada em um sistema de recuperação, ou transmitida de qualquer forma ou por qualquer meio, eletrônico, mecânico, fotocópia, gravação ou outro, sem a permissão expressa por escrito do autor ou da editora.

ISBN: 979-88-82819-87-2

Editora: Independently published – Amazon
Imagens: SBS e Pesquisadores do Brasil
Capa: Victor Emmanuel

livroseebooks.com

"Os fenômenos humanos são biológicos em suas raízes, sociais em seus fins e mentais em seus meios"

Jean Piaget

"Sem um fim social o saber será a maior das futilidades"

Gilberto Freyre

"Ciência é conhecimento organizado. Sabedoria é vida organizada"

Immanuel Kant

Dedico esta obra aos amantes da ciência.

SUMÁRIO

Nota ao leitor 11

Introdução 15

Capítulo 1
O que são as Ciências Sociais 23

Capítulo 2
Alberto Guerreiro Ramos 35

Capítulo 3
Alceu Amoroso Lima (Tristão de Athayde) 45

Capítulo 4
Antonio Candido 61

Capítulo 5
Antonio Lavareda 75

Capítulo 6
Caio Prado Júnior 91

Capítulo 7
Câmara Cascudo 109

Capítulo 8
Darcy Ribeiro 127

Capítulo 9
Elide Rugai Bastos 139

Capítulo 10
Fernando de Azevedo 153

Capítulo 11
Fernando Henrique Cardoso 165

Capítulo 12
Florestan Fernandes 177

Capítulo 13
Francisco de Oliveira 197

Capítulo 14
Gabriel Cohn 215

Capítulo 15
Gilberto Freyre 231

Capítulo 16
Gilda Naécia Barros 245

Capítulo 17
Heloisa Buarque de Hollanda 257

Capítulo 18
José de Souza Martins 269

Capítulo 19
José Murilo de Carvalho 279

Capítulo 20
Juarez Rubens Brandão Lopes 289

Capítulo 21
Leandro Konder 303

Capítulo 22
Lélia Gonzales 313

Capítulo 23
Lourdes Maria Bandeira 331

Capítulo 24
Luiz Werneck Vianna 351

Capítulo 25
Maria Isaura Pereira de Queiróz 373

Capítulo 26
Moniz Bandeira 385

Capítulo 27
Nième Guidon 403

Capítulo 28
Nilma Lino Gomes 419

Capítulo 29
Octavio Ianni 433

Capítulo 30
Oracy Nogueira 449

Capítulo 31
Paulo Freire 465

Capítulo 32
Raimundo Faoro 481

Capítulo 33
Roberto DaMatta **499**

Capítulo 34
Sérgio Buarque de Holanda **517**

Capítulo 35
Sérgio Miceli **529**

Capítulo 36
Simon Schwartzman **543**

Capítulo 37
Vera Telles **559**

Considerações Finais **579**

Sobre o autor **583**

Nota ao leitor

Prezado(a) leitor(a),

Iniciar esta jornada por "Cientistas Sociais do Brasil" é embarcar numa odisseia intelectual permeada por teorias, conhecimentos e revelações. Ao lançarmos nosso olhar sobre as trajetórias de 36 notáveis mentes que esmiuçaram as complexidades da sociedade brasileira e mundial, somos confrontados com um mosaico de ideias que desafiam e instigam nossas mentes e corações.

Este livro se propõe a ser mais do que um simples compêndio de biografias e teorias. Ele é um convite para explorar as intricadas redes das ciências sociais brasileiras, um convite para mergulhar nas águas profundas do pensamento social que moldou e continua a moldar nosso país.

Ao desvelar as vidas e ideias desses Cientistas Sociais ilustres, nos deparamos com um enigma fascinante: como suas percepções, muitas vezes divergentes, se entrelaçam para formar o tecido complexo da compreensão social no Brasil? É uma perplexidade acadêmica que nos impulsiona a refletir sobre as nuances e contradições que definem o campo das Ciências Sociais no Brasil.

Cada capítulo desta obra é uma porta aberta para o universo peculiar de pensadores como se estivéssemos desvendando um tesouro esquecido. A tarefa hercúlea de condensar as vastas contribuições destas personalidades em meras páginas nos desafia, e, ao mesmo tempo, nos instiga a compreender as raízes e desdobramentos das ideias que se entrelaçam em suas narrativas.

Portanto, caro leitor, te convidamos a percorrer estas páginas não apenas como um espectador, mas como um explorador intrépido. Desvendar as tramas e mistérios das Ciências Sociais no Brasil é um convite a um diálogo contínuo, uma conversa que transcende as páginas impressas e se imiscui em nosso entendimento coletivo.

Na obra em questão, foram selecionados alguns dos principais pensadores e pensadoras das Ciências Sociais do Brasil, cada um representando uma corrente ou escola de pensamento relevante dentro do contexto social nacional. No entanto, é importante ressaltar que essa seleção não esgota a riqueza e a diversidade do pensamento sociológico brasileiro. Pelo contrário, há inúmeros outros expoentes igualmente importantes que não foram abordados nesta obra.

A escolha dos autores e autoras foi baseada em critérios simbólicos de representatividade de diferentes escolas e teorias sociológicas, visando oferecer ao leitor uma visão panorâmica das principais correntes de pensamento presentes no cenário humanístico brasileiro. Além disso, os critérios didáticos também foram considerados para facilitar a compreensão e o aprendizado, especialmente para estudantes e iniciantes no estudo de Ciências Sociais.

É importante ressaltar que a não inclusão de alguns pensadores e pensadoras não diminui sua importância ou contribuição para as Ciências Sociais brasileiras. Cada autor e autora traz consigo uma perspectiva única e valiosa, e sua ausência nesta obra não implica em sua irrelevância. Pelo contrário, é uma oportunidade para futuras obras explorarem e destacarem outros nomes significativos, ampliando ainda mais o panorama do pensamento social nacional.

Portanto, esta obra serve como um ponto de partida para aqueles que desejam explorar o rico e diversificado universo das Ciências Sociais brasileiras, reconhecendo que há muito mais a ser descoberto e estudado além dos nomes aqui apresentados. Em futuras obras, novos autores e autoras serão elencados, contribuindo para uma compreensão cada vez mais abrangente e aprofundada das Ciências Sociais no Brasil.

Que esta obra não seja apenas um repositório de informações, mas uma provocação intelectual, uma chama que incendeia a curiosidade e o questionamento. Que cada revelação e contradição sirvam como faróis na vastidão do pensamento social brasileiro.

Boa jornada, leitor(a), e que estas palavras despertem em você não apenas o desejo de entender, mas o anseio insaciável por questionar e, acima de tudo, por aprender e mudar o mundo que vivemos.

Boa leitura!

Introdução

A incursão pelo universo da obra "Cientistas Sociais do Brasil" representa uma jornada fascinante pela riqueza intelectual daqueles que, ao longo das décadas, consolidaram um legado inapagável na interpretação da sociedade brasileira e mundial.

Este livro vai além da simples compilação de teorias, proporcionando uma imersão profunda e multifacetada nas profundezas da essência social do Brasil.

Para plenamente apreender as contribuições desses 34 Cientistas Sociais proeminentes, é essencial contextualizar suas obras dentro da trama da história social do Brasil. Ao longo do século XX, o país foi palco de uma intrincada trama de transformações, desde os movimentos de trabalhadores até as batalhas pelos direitos civis, esculpindo o panorama sociopolítico que esses pensadores audaciosos se aventuraram a analisar e interpretar.

Cada um dos Cientistas Sociais em destaque nesse compêndio legou uma perspectiva singular e crucial para a compreensão da complexidade sociocultural do Brasil e do mundo. Seja na dissecação das estruturas sociais, na sintonia fina das dinâmicas de gênero ou na decifração da esfera política, esses visionários lançaram luz sobre facetas cruciais de nossa sociedade.

"Cientistas Sociais do Brasil " não se reduz a uma mera compilação de teorias; é um mosaico de ideias que se entrelaçam, formando um quadro amplo e vibrante da sociedade brasileira. A cada página, uma nova camada de compreensão se desvela, desafiando-nos a enxergar e transformar a realidade com olhos perspicazes e sensíveis.

As contribuições destas personalidades não são vestígios do passado e/ou do presente, mas faróis que continuam a iluminar nosso entendimento das complexidades sociais contemporâneas. Suas pesquisas e teorias ressoam não apenas nos recintos acadêmicos, mas permeiam as políticas públicas e animam as discussões que moldam nosso presente e futuro por toda sociedade.

No seio da efervescência cultural e política do século XIX, quando o Brasil se via às voltas com a luta pela independência e a busca por uma identidade nacional, emergiu um campo intelectual que viria a moldar o entendimento da sociedade brasileira: as Ciências Sociais.

Longe de ser um mero reflexo do pensamento europeu, como alguns acreditam, as Ciências Sociais no Brasil floresceu em um contexto peculiar, entrelaçando-se com os desafios e peculiaridades que permeavam a jovem nação.

Enquanto na Europa as Ciências Sociais encontravam solo fértil nas revoluções industriais e nos movimentos de transformação social, no Brasil, sua eclosão se deu em meio a um cenário marcado pela transição de uma sociedade escravocrata para uma pós-abolição. A emergência de intelectuais como Gilberto Freyre, Sérgio Buarque de Holanda e Florestan Fernandes trouxe à tona análises perspicazes sobre a formação e as idiossincrasias da sociedade brasileira.

Diferentemente das abordagens estritamente teóricas predominantes na Europa, as Ciências Sociais no Brasil adquiriu contornos mais empíricos e situacionais, atenta às complexas dinâmicas raciais, culturais e econômicas que caracterizavam o país. O estudo das relações sociais, das hierarquias e das dinâmicas de poder ganhou uma perspectiva singular, enraizada na vivência e na observação direta dos fenômenos sociais.

Nesse contexto, as Ciências Sociais brasileiras se destacou pela sua capacidade de se reinventar e adaptar às mutações da sociedade ao longo do século XX. Desde as análises pioneiras sobre o patrimonialismo e a cordialidade, até os estudos contemporâneos sobre desigualdade, diversidade e globalização, as Ciências Sociais no Brasil se consolidou como uma área dinâmica, capaz de dialogar com os desafios da contemporaneidade.

Ao romper com padrões tradicionais de produção de conhecimento, as Ciências Sociais brasileiras não apenas absorveu, mas também contribuiu para o corpo global de teorias humanas. Sua abordagem eclética e sensível às particularidades culturais do país a torna uma peça fundamental no entendimento das dinâmicas sociais em escala global.

Dessa forma, é possível afirmar que as Ciências Sociais no Brasil não é apenas uma transposição do pensamento europeu para um contexto tropical, mas um campo que, ao amalgamar influências diversas, criou um corpo de conhecimento tão único quanto a sociedade que se propôs a analisar. A trajetória das Ciências Sociais no Brasil é, por conseguinte, uma saga de reflexão e reinvenção que ecoa não apenas nas academias, mas também nas esferas da política, da cultura e da identidade nacional

Com o passar dos anos, as Ciências Sociais no Brasil ampliou seu escopo de investigação, abraçando temáticas cada vez mais diversificadas e complexas. Dos estudos sobre urbanização e migração nas décadas de 1950 e 1960, passando pela análise das transformações nas relações de gênero e sexualidade nas últimas décadas, as disciplinas têm se mostrado capazes de captar e interpretar as metamorfoses sociais em curso.

Além disso, as Ciências Sociais brasileiras não se limitaram às fronteiras acadêmicas. Seus insights têm desempenhado um papel crucial na formulação de políticas públicas, na conscientização social e na promoção da justiça e da igualdade. Movimentos sociais, comunidades quilombolas, indígenas, organizações não governamentais e instituições governamentais encontraram nas Ciências Sociais uma fonte valiosa de conhecimento e análise para enfrentar desafios prementes.

É importante ressaltar também a pluralidade de perspectivas que permeia as Ciências Sociais no Brasil. Diferentes correntes teóricas e metodológicas coexistem e dialogam, enriquecendo o campo de estudos e proporcionando uma compreensão multifacetada da realidade social. Do funcionalismo ao marxismo, do interacionismo simbólico ao construcionismo social, as Ciências Sociais brasileiras se nutrem da diversidade de abordagens para oferecer um retrato complexo e matizado da sociedade.

As Ciências Sociais no Brasil se tornaram mais do que disciplinas acadêmicas; mas um espelho da pluralidade e da dinâmica da sociedade brasileira. Sua trajetória de desenvolvimento é um testemunho da capacidade do pensamento de se adaptar e responder aos desafios e transformações de um país em constante evolução.

Ao olhar para o passado e para o presente das Ciências Sociais no Brasil, somos convidados a refletir não apenas sobre as complexidades da sociedade, mas também sobre o papel e o potencial deste campo do conhecimento como ferramenta para compreendê-las e transformá-las.

As Ciências Sociais no Brasil também desempenharam um papel fundamental na construção de uma consciência social e política no país. Ao longo das décadas, estudiosos contribuíram para o debate público sobre temas cruciais, como democracia, cidadania, racismo, desigualdade e justiça social. Suas análises críticas e propostas de soluções têm influenciado não apenas o discurso acadêmico, mas também as políticas governamentais e os movimentos sociais.

A interdisciplinaridade tem sido uma marca registrada das Ciências Sociais brasileiras. Ao dialogar com outras áreas do conhecimento, como psicologia, história e economia, as Ciências Sociais no Brasil ampliaram sua capacidade de compreender e interpretar fenômenos sociais complexos e multifacetados. Essa abordagem integradora enriqueceu o campo e proporcionou uma compreensão mais abrangente das dinâmicas sociais em curso.

Além disso, as Ciências Sociais no Brasil têm sido um veículo importante para a promoção da inclusão e da diversidade. Ao dar voz a grupos marginalizados e ao analisar as estruturas de poder que perpetuam a exclusão, a disciplina tem contribuído para a construção de uma sociedade mais justa e igualitária. O reconhecimento das diferentes formas de opressão e a busca por alternativas emancipatórias são marca centrais das Ciências Sociais brasileiras contemporâneas.

Assim, ao longo de sua trajetória, as Ciências Sociais no Brasil não apenas se consolidou como uma área acadêmica robusta, mas também como uma força catalisadora de transformações sociais e políticas. Sua capacidade de se adaptar, dialogar e responder aos desafios do contexto brasileiro a torna uma ferramenta essencial para a compreensão e a construção de uma sociedade mais justa, inclusiva e democrática.

As Ciências Sociais no Brasil tornou-se um campo vibrante e dinâmico que continua a desempenhar um papel crucial na compreensão e na transformação da sociedade brasileira. Sua capacidade de inovação e sua sensibilidade às complexidades do contexto nacional a tornam uma área vital e relevante, cujo legado reverbera não apenas nos círculos acadêmicos, mas também na vida cotidiana e nas políticas públicas do país.

Em síntese, "Cientistas Sociais do Brasil" transcende o rótulo de mero livro; é uma travessia intelectual que nos incita a sondar as profundezas e riquezas de nossa própria sociedade. Esta obra é uma recomendação fervorosa a todos os interessados no estudo das Ciências Sociais brasileiras e na apreciação da complexa rede que constitui a essência social do Brasil.

Capítulo 1

O que são as Ciências Sociais

As Ciências Sociais são um campo vasto de estudo que busca compreender a complexidade das sociedades humanas e as relações entre os indivíduos que as compõem. Elas analisam as manifestações da sociedade, sejam elas materiais ou simbólicas.

Essa área de estudo abrange todos os aspectos importantes relacionados a uma sociedade: suas origens, processos históricos, funcionamento, aspectos de desenvolvimento, transformações sociais, conflitos, características culturais e hábitos (MINAYO, 2017).

As Ciências Sociais trabalham com a investigação e a pesquisa sobre os diversos aspectos relacionados ao comportamento humano ao longo do tempo e como esses comportamentos podem influenciar a estrutura de uma sociedade. Para compreender o funcionamento da sociedade, além de estudar os fenômenos sociais atuais, também são estudadas as origens históricas da sociedade, os processos de desenvolvimento e os diversos comportamentos humanos.

As Ciências Sociais abrangem três diferentes áreas de estudo: a Antropologia, a Sociologia e a Ciência Política.

A Antropologia estuda as características da sociedade, como os hábitos culturais, religiosos, econômicos e as estruturas familiares. A Antropologi investiga a diversidade cultural humana, os padrões de parentesco, sistemas de crenças, práticas culturais, formas de organização social e os processos de mudança cultural ao longo do tempo. Os antropólogos frequentemente realizam pesquisas de campo em comunidades locais para compreender de forma holística as culturas estudadas (MARCELLINO, 2014).

A Sociologia estuda o funcionamento dos relacionamentos sociais entre os indivíduos que fazem parte de uma sociedade. A Sociologia é uma das principais disciplinas das Ciências Sociais, preocupando-se com a compreensão e análise das estruturas sociais, processos sociais e mudanças sociais em diferentes contextos históricos e culturais. Ela examina questões como estratificação social, mobilidade social, coesão social, identidade, cultura e instituições sociais (MARCELLINO, 2014).

A Ciência Política estuda o funcionamento da política, as ideologias, os regimes e sistemas de governo e a forma como se desenvolvem as relações de poder. A Ciência Política concentra-se na análise do poder, governança, tomada de decisões políticas, sistemas políticos e instituições governamentais. Ela explora questões como democracia, autoritarismo, partidos políticos, movimentos sociais, políticas públicas e relações internacionais.

Além dessas três áreas principais, as Ciências Sociais também podem se dividir em disciplinas dedicadas ao estudo da evolução das sociedades (arqueologia, história, demografia), à interação social (economia, sociologia, antropologia) ou ao sistema cognitivo (psicologia, linguística).

Também se pode falar das ciências sociais aplicadas (direito, pedagogia) e de outras ciências sociais agrupadas no genérico grupo das humanidades (ciências políticas, filosofia, semiologia, ciências da comunicação).

O profissional formado nesta área é chamado de cientista social. Este profissional é o responsável pela elaboração de estudos e pesquisa em Ciências Sociais. Ele realiza o estudo e a análise de fenômenos da sociedade, sendo alguns deles: conflitos sociais, movimentos políticos, como a sociedade funciona, as características culturais dela, sua história e origem, as transformações pela qual passou, entre outros.

Em resumo, as Ciências Sociais são um campo de estudo fundamental para a compreensão da complexidade das sociedades humanas e para a busca de soluções para os desafios que enfrentamos como coletividade.

As Ciências Sociais têm sido historicamente marcadas por diversas controvérsias, tanto no âmbito acadêmico quanto na esfera pública, sobretudo devido a supremacia e valorizaçã das ciências naturais e tecnicistas mas afinadas com o viés utilitarista e pragmático das forças sociais econômicas.

Uma das principais controvérsias diz respeito à subjetividade e ao viés ideológico na pesquisa social. Alguns críticos argumentam que as Ciências Sociais são frequentemente influenciadas por perspectivas políticas e ideológicas dos pesquisadores, o que pode comprometer a "objetividade" e a validade dos resultados. Isso levanta questões sobre a imparcialidade e a neutralidade das análises sociais. Interessante observar que a própria "objetividade" foi colocada entre aspas por um dos maiores expoentes das Ciências Sociais, Max Weber, dado que todo fazer científico é marcado pela subjetividade e interesses dos pesquisadores e contexto social que se desenvolve (CHAUÍ, 2014).

Outra controvérsia importante envolve a ética na pesquisa social, especialmente quando se trata de estudos com seres humanos. Questões relacionadas ao consentimento informado, privacidade, confidencialidade, manipulação psicológica e potenciais danos aos participantes são frequentemente debatidas. Isso requer que os pesquisadores sigam rigorosos padrões éticos para garantir a proteção e o bem-estar dos sujeitos de pesquisa (GIDDENS, 1991).

As Ciências Sociais também frequentemente enfrentam críticas sobre a sua relevância e utilidade prática. Alguns argumentam que essas disciplinas podem ser excessivamente teóricas e distantes das preocupações do mundo real. Isso levanta questões sobre a aplicabilidade das teorias e conceitos das Ciências Sociais na resolução de problemas sociais concretos e na formulação de políticas públicas eficazes.

Outra polêmica significativa diz respeito aos métodos de pesquisa utilizados nas Ciências Sociais. Enquanto alguns defendem abordagens quantitativas, baseadas em estatísticas e experimentos controlados, outros valorizam métodos qualitativos, como estudos de caso, entrevistas em profundidade e observação participante.

Essa dicotomia muitas vezes gera debates sobre a validade, confiabilidade, subjetividade e generalizabilidade dos resultados obtidos.

As Ciências Sociais também enfrentam críticas relacionadas à sua complexidade e interdisciplinaridade. Integrar perspectivas e abordagens de diversas disciplinas pode ser desafiador e sujeito a disputas sobre a melhor forma de abordar e compreender os fenômenos sociais. No entanto, essa interdisciplinaridade também pode enriquecer a compreensão dos problemas sociais, fornecendo insights multifacetados e holísticos sobre as questões em estudo.

Podemos, então, classificar as polêmicas que envolvem as Ciências Sociais em quatro tópicos:

Controvérsias Paradigmáticas: As Ciências Sociais têm sido historicamente permeadas por conflitos e contradições. Há inúmeros questionamentos em torno da cientificidade e muito já se falou sobre a crise dos paradigmas no âmbito das ciências sociais. A própria noção de paradigma é problemática quando se trata das Ciências Sociais. Além disso, a discussão específica sobre os paradigmas, em sua gênese mais atual, não emergiu no marco das Ciências Sociais, mas no seio da Física.

Ética em Pesquisa: Existem controvérsias científicas a respeito da regulamentação da ética em pesquisa com seres humanos no Brasil. As controvérsias referentes à regulamentação da ética em pesquisa com seres humanos no Brasil, desde a implementação e operacionalização de princípios bioéticos com a Resolução 01/1988, e as sucessivas mudanças legais ao longo do tempo até a visibilização das controvérsias em relação às Ciências Humanas, Sociais e Sociais Aplicadas (CHSSA) (MARCELLINO, 2014).

A "Ciência" nas Ciências Sociais: Problemas de replicação, a dificuldade de criar "leis gerais" como na física ou na química, uso indevido da estatística ou, ainda, a falta de uma teoria mais unificada fazem com que as ciências sociais sejam vistas com maus olhos por cientistas de outras áreas e, também, por parte do público.

Fundação das Ciências Sociais: Há controvérsias quanto à fundação das Ciências Sociais, considerada, de um lado, por meio da trajetória histórica, e, de outro, pela institucionalização do trabalho científico.

Todavia, para alguns pesquisadores, as controvérsias nas Ciências Sociais não são vistas como um problema que inviabiliza ou questiona a validade e viabilidade dessas ciências, mas sim como uma demonstração de sua legitimidade, importância e procedência. Existem várias razões para isso:

Legitimidade: As controvérsias são uma parte natural do processo científico. Elas surgem quando diferentes pesquisadores interpretam dados ou teorias de maneiras diferentes. Isso é especialmente verdadeiro nas Ciências Sociais, onde os fenômenos estudados são complexos e multifacetados. As controvérsias, portanto, demonstram que as Ciências Sociais estão engajadas em um rigoroso processo de questionamento e revisão, o que é um sinal de uma disciplina científica legítima.

As controvérsias refletem a complexidade da natureza humana e das sociedades. Os fenômenos sociais são intrinsecamente multifacetados, dinâmicos e contextualmente dependentes. Portanto, é natural que diferentes perspectivas, teorias e métodos coexistam e gerem debates sobre as melhores abordagens para compreendê-los. Essa diversidade de visões enriquece o campo, promovendo um diálogo interdisciplinar e uma análise mais completa dos problemas sociais (SANTOS, 2007).

Importância: As controvérsias destacam a importância das questões que as Ciências Sociais estão tentando responder. Elas mostram que essas questões são difíceis e que diferentes pesquisadores podem ter visões diferentes sobre elas. Isso sublinha a importância do trabalho que as Ciências Sociais estão fazendo para tentar entender a sociedade humana.

As controvérsias ressaltam a importância das Ciências Sociais como um espaço de reflexão crítica e engajamento público. Ao abordar questões sensíveis e controversas, como desigualdade, poder, identidade e justiça social, os pesquisadores sociais contribuem para o debate público e para a formulação de políticas informadas. Isso demonstra que as Ciências Sociais não são apenas disciplinas acadêmicas abstratas, mas têm um impacto tangível na sociedade.

Também destacam a necessidade de uma abordagem reflexiva e ética na pesquisa social. Ao reconhecer e enfrentar os desafios éticos e metodológicos, os pesquisadores podem aprimorar a qualidade e a integridade de seus estudos, fortalecendo assim a credibilidade e a confiabilidade das Ciências Sociais como um todo (MARCELLINO, 2014).

Procedência: As controvérsias também demonstram a procedência das Ciências Sociais. Elas mostram que essas ciências estão enraizadas em uma longa tradição de pensamento crítico e questionamento. As controvérsias são uma parte natural dessa tradição.

Além disso, as controvérsias estimulam a inovação e o progresso nas Ciências Sociais. Ao desafiar conceitos estabelecidos e metodologias tradicionais, as discordâncias e os debates promovem a busca por novas abordagens, teorias e métodos que possam melhor capturar a complexidade e a diversidade dos fenômenos sociais.

Validade: Alguns pesquisadores também argumentam sobre a validade do conhecimento gerado por essas disciplinas. Eles defendem que, apesar das controvérsias e dos desafios inerentes à pesquisa social, o conhecimento produzido nas Ciências Sociais é válido e relevante por várias razões (MINAYO, 2017).

Em primeiro lugar, as Ciências Sociais fornecem insights únicos e perspectivas profundas sobre a natureza humana e as sociedades. Ao empregar métodos qualitativos e quantitativos, os pesquisadores sociais podem investigar fenômenos sociais complexos de maneira holística, considerando uma variedade de variáveis e contextos. Isso permite uma compreensão mais abrangente dos comportamentos individuais e coletivos, bem como das estruturas sociais e institucionais que os influenciam.

Também o conhecimento das Ciências Sociais é validado por sua utilidade prática e sua capacidade de informar políticas e práticas sociais. As pesquisas em áreas como sociologia, psicologia, antropologia e ciência política frequentemente têm implicações diretas para a formulação de políticas públicas, o desenvolvimento de intervenções sociais e a melhoria das condições de vida das pessoas. Esse impacto tangível demonstra a relevância e a legitimidade das Ciências Sociais como um campo de estudo capaz de gerar mudanças positivas na sociedade.

A validade do conhecimento das Ciências Sociais é reforçada pela sua capacidade de autoavaliação e autorreflexão. Os pesquisadores sociais estão constantemente revisando e aprimorando suas teorias, métodos e práticas em resposta aos avanços no campo e aos desafios emergentes. Esse processo contínuo de revisão crítica ajuda a garantir a precisão e a confiabilidade do conhecimento produzido pelas Ciências Sociais (MINAYO, 2017).

Por fim, cabe destacar que a validade do conhecimento das Ciências Sociais é sustentada pela sua abordagem pluralista e multidisciplinar. Ao integrar insights e perspectivas de várias disciplinas, as Ciências Sociais são capazes de abordar questões complexas de maneira abrangente e contextualizada. Isso contribui para a robustez e a generalizabilidade das descobertas nas Ciências Sociais, aumentando assim sua validade e sua relevância para a compreensão e abordagem dos desafios sociais contemporâneos (SANTOS, 2007).

Em suma, para muitos pesquisadores, as controvérsias que envolvem as Ciências Sociais não representam uma fraqueza, mas sim uma força dessas disciplinas. Elas evidenciam a vitalidade intelectual, a importância social e a legitimidade epistemológica das Ciências Sociais como um campo de estudo essencial para a compreensão e transformação das sociedades humanas.

O livro "Cientistas Sociais do Brasil" ganha relevância em meio às controvérsias e à complexidade que permeiam o campo das Ciências Sociais. Ao destacar as contribuições de diversos pensadores brasileiros para o desenvolvimento dessas disciplinas, a obra oferece uma visão abrangente e diversificada sobre o panorama intelectual e acadêmico do país.

Bibliografia

CHAUÍ, Marilena. Convite à filosofia. 2. ed. São Paulo: Editora Unesp, 2014.

GIDDENS, Anthony. As consequências da modernidade. São Paulo: Editora Unesp, 1991.

MARCELLINO, Nelson C. Introdução às ciências sociais. Campnas: Papirus Editora, 2014.

MINAYO, Maria Cecília de Souza. Epistemologia e método nas ciências sociais. 2. ed. Rio de Janeiro: Editora Vozes, 2017.

SANTOS, Boaventura de Sousa. Introdução a uma ciência pós-moderna. 4. ed. Rio de Janeiro: Editora Vozes, 2007.

Capítulo 2

Alberto Guerreiro Ramos

Alberto Guerreiro Ramos, figura singular no panorama sociológico brasileiro, transcendeu as páginas dos livros para deixar uma marca indelével na compreensão da sociedade. Sua jornada intelectual foi uma tapeçaria tecida com fios de experiências vividas e ideias brilhantemente concebidas.

Nascido em Santo Amaro, Bahia, em 1915, Guerreiro Ramos trilhou um caminho ímpar na construção do pensamento sociológico brasileiro. Sua formação eclética, que abraçou a engenharia e a sociologia, revelou-se um trampolim para abordagens multidisciplinares e visões inovadoras.

Radicado no Rio de Janeiro, Guerreiro Ramos foi além das cátedras acadêmicas. Engajou-se em debates políticos, colaborou com governos e mergulhou nas entranhas da sociedade. Sua vivência no exílio, durante o regime militar, aguçou sua percepção crítica sobre os desafios e potenciais do Brasil (IANNI, 1987).

O legado de Guerreiro Ramos se entrelaça com conceitos centrais como "tecnologia social" e "perspectiva interdisciplinar", destacando a importância de transcender as fronteiras do conhecimento para enfrentar as complexidades sociais. Sua obra "A Redescoberta do Mundo", por exemplo, é um tratado seminal que instiga a repensar as bases da nossa compreensão do mundo.

Além da academia, Alberto Guerreiro Ramos foi um agente de transformação. Sua influência se estendeu para além dos corredores universitários, influenciando pensadores e ativistas comprometidos com a construção de uma sociedade mais justa e equitativa.

Estabelecendo seu campo de ação no Rio de Janeiro, Guerreiro Ramos foi um pensador engajado, rompendo as barreiras do discurso teórico. Dialogou com governos, participou de movimentos políticos e, em meio à voragem do exílio durante o regime militar, gestou reflexões que transcendem o espaço e o tempo.

Tecnologia social

O arcabouço teórico de Guerreiro Ramos é um entrelaçar de conceitos que desafiam a linearidade do pensamento. A noção de "tecnologia social", por exemplo, alça-se como uma bússola para a ação concreta em prol da transformação social. Sua defesa da "perspectiva interdisciplinar" ecoa como um convite à transcenderência das disciplinas estanques em busca de soluções holísticas.

"A Redescoberta do Mundo", sua obra seminal, é um tratado que nos impele a vislumbrar o mundo para além das aparências, adentrando a essência das coisas. Guerreiro Ramos nos lembra que a sociologia não é uma ciência do abstrato, mas uma disciplina imersa na vida real, permeada pela interação humana e suas infinitas variáveis.

Ao revisitarmos as ideias de Alberto Guerreiro Ramos, somos instigados a abandonar as seguranças do pensamento convencional. Suas teorias e reflexões reverberam como um chamado à ação, à compreensão de que a compreensão sociológica é um exercício dinâmico, uma dança entre o concreto e o abstrato, entre o palpável e o efêmero.

Sociologia periférica

Um dos principais conceitos de Guerreiro Ramos é a sociologia periférica, que se refere à sociologia produzida fora do centro do capitalismo mundial. Ele argumentou que a sociologia periférica é capaz de fornecer uma perspectiva única sobre a sociedade, que não pode ser encontrada na sociologia produzida no centro do capitalismo mundial.

Guerreiro Ramos também criticou a sociologia brasileira por sua tendência a importar acriticamente ideias e teorias europeias e norte-americanas (FERNANDES, 2015).

Outro conceito importante de Guerreiro Ramos é a teoria da identidade, que se refere à ideia de que a identidade é construída socialmente e não é inata. Ele argumentou que a identidade é construída através de processos sociais e históricos, e que a identidade de um indivíduo é influenciada por fatores como raça, classe e gênero.

Guerreiro Ramos também desenvolveu a teoria da marginalidade, que se refere à condição de pessoas que são excluídas da sociedade e que não têm acesso aos recursos e oportunidades disponíveis para a maioria das pessoas. Ele argumentou que a marginalidade é uma condição social que é criada pela estrutura social e econômica da sociedade, e que é perpetuada por processos sociais e políticos

Assim, as ideias de Guerreiro Ramos nos recordam que a sociologia é mais do que um corpo de teorias; é um convite à percepção aguçada, à imersão na pulsação da vida social, um convite a desvelar as intricadas teias que constituem a tapeçaria humana (RAMOS, 1995)..

As teorias de Alberto Guerreiro Ramos são como fios que tecem uma tapeçaria complexa e envolvente na compreensão da sociedade. Ele se destacou por desafiar as fronteiras tradicionais da sociologia, trazendo uma abordagem interdisciplinar que transcendeu os limites convencionais do conhecimento.

Tecnologia social

Um dos conceitos-chave de Guerreiro Ramos é a ideia de "tecnologia social". Para ele, isso não se restringe apenas a avanços tecnológicos, mas abrange as práticas e métodos que uma sociedade utiliza para lidar com seus desafios e transformar suas estruturas (RAMOS, 1996)..

Essa perspectiva nos convida a pensar em soluções concretas e pragmáticas para os problemas sociais, indo além do discurso teórico. Ele argumentava que mudanças efetivas na sociedade requeriam não apenas análises críticas, mas a implementação de práticas e políticas concretas que promovessem a igualdade e a justiça social.

Perspectiva interdisciplinar

Outro ponto fundamental em suas teorias é a defesa da "perspectiva interdisciplinar". Guerreiro Ramos acreditava que as questões sociais são complexas e multifacetadas, e, portanto, exigem uma abordagem que transcenda as fronteiras disciplinares (RAMOS, 1996).

Ele nos desafia a enxergar além das especializações e a integrar diferentes áreas do conhecimento para uma compreensão mais completa da realidade social.

Sua obra "A Redescoberta do Mundo" é um marco nesse sentido. Neste livro, Guerreiro Ramos nos convida a ir além das superfícies, a olhar para as entranhas da sociedade e a compreender as forças e dinâmicas que a moldam. Ele nos lembra que a sociologia não é uma ciência abstrata, mas uma disciplina profundamente enraizada na vida cotidiana das Pessoas (FERNANDES, 2015)..

A abordagem de Alberto Guerreiro Ramos em relação à questão racial e ao negro no Brasil foi marcada por uma análise crítica e profunda das estruturas sociais e das relações de poder que permeiam a sociedade. Sua visão sobre o negro e a questão racial está inserida em um contexto mais amplo de suas teorias sociológicas, que enfatizam a complexidade das dinâmicas sociais brasileiras (RAMOS, 1981)..

Desigualdades sociais e questões raciais

Guerreiro Ramos dedicou parte de seu trabalho à compreensão das desigualdades sociais e das questões raciais no Brasil. Ele reconheceu a existência de um sistema de discriminação racial enraizado nas estruturas sociais do país, mas sua abordagem ia além da simples denúncia. Ele buscava entender as raízes dessas desigualdades e propor caminhos para transformar as estruturas sociais existentes.

No entanto, é importante notar que, apesar de seu engajamento com questões sociais e raciais, Guerreiro Ramos não foi necessariamente um especialista exclusivo em estudos raciais. Sua abordagem era mais abrangente, integrando a questão racial em um panorama mais amplo de análise das estruturas sociais e políticas do Brasil (RAMOS, 1995)..

A abordagem de Alberto Guerreiro Ramos em relação ao negro no Brasil foi caracterizada por uma compreensão crítica das desigualdades raciais, buscando não apenas diagnosticar os problemas, mas também propor soluções concretas por meio de uma perspectiva de "tecnologia social".

As teorias de Alberto Guerreiro Ramos nos desafiam a pensar de forma ampla e profunda sobre a sociedade. Ele nos incentiva a buscar soluções concretas, a integrar diferentes perspectivas e a ir além das aparências para compreender as complexidades da vida social. Suas ideias continuam a ser uma fonte valiosa de inspiração e reflexão para os estudiosos da sociologia e para todos aqueles interessados em compreender o mundo ao nosso redor (IANNI, 1987)..

Hoje, ao revisitar o percurso de Alberto Guerreiro Ramos, somos convidados a mergulhar não apenas nas palavras impressas, mas nas vivências e reflexões de um homem que desafiou as convenções e deixou um legado intelectual e humano que continua a inspirar e guiar gerações.

Sua história nos lembra que a verdadeira compreensão da sociedade transcende os livros e se enraíza na experiência humana.

Bibliografia

FERNANDES, E. S. Guerreiro Ramos e a autonomia dos estudos organizacionais críticos brasileiros. Cadernos EBAPE.BR, v. 13, n. 4, p. 845-864, 2015.

IANNI, O. A sociologia crítica de Alberto Guerreiro Ramos. Revista Brasileira de Ciências Sociais, v. 2, n. 5, p. 115-132, 1987.

RAMOS, Alberto Guerreiro. A redução sociológica. 3. ed. Rio de Janeiro: Editora da UFRJ, 1995.

RAMOS, Alberto Guerreiro. Introdução crítica à sociologia brasileira. 5. ed. Rio de Janeiro: Editora da UFRJ, 1996.

RAMOS, Alberto Guerreiro. A nova ciência das organizações: uma reconceituação da riqueza das nações. Rio de Janeiro: Editora FGV, 1981.

RAMOS, Alberto Guerreiro. O continente latino-americano: um estudo de sociologia das emergências. Rio de Janeiro: Zahar Editores, 1962.

Capítulo 3

Alceu Amoroso Lima (Tristão de Athayde)

Alceu Amoroso Lima, conhecido pelo pseudônimo Tristão de Athayde, foi um importante intelectual, escritor, poeta, ensaísta e teólogo brasileiro. Ele nasceu em 28 de julho de 1894, no Rio de Janeiro, e faleceu em 14 de agosto de 1983, na mesma cidade.

Athayde foi uma figura multifacetada e influente na cultura e na intelectualidade brasileira do século XX. Ele iniciou seus estudos no seminário jesuíta de São Luís Gonzaga, onde teve seus primeiros contatos com a teologia e a filosofia. Posteriormente, estudou Direito na Faculdade Livre de Ciências Jurídicas e Sociais do Rio de Janeiro.

Aos 20 anos, Athayde já demonstrava sua vocação literária, publicando poemas e ensaios em revistas e jornais da época. Ao longo de sua carreira, escreveu inúmeras obras, abordando temas que variavam desde questões sociais e políticas até reflexões filosóficas e teológicas.

Foi um dos fundadores da revista "A Ordem", que se tornou um importante veículo de discussão sobre temas religiosos e sociais no Brasil. Tristão de Athayde também foi um defensor do diálogo entre a fé cristã e as correntes de pensamento moderno, buscando conciliar a religião com os desafios da sociedade contemporânea (COUTINHO, 1986).

Além de sua produção literária e teológica, Athayde foi ativo na esfera pública. Participou de movimentos sociais e políticos, defendendo causas relacionadas à educação, cultura e justiça social. Sua influência se estendeu para além do mundo acadêmico, impactando a sociedade brasileira como um todo.

Tristão de Athayde deixou um legado duradouro na cultura e no pensamento do Brasil. Sua capacidade de unir fé e razão, sua sensibilidade às questões sociais e sua dedicação à promoção do bem comum o tornam uma figura marcante na história intelectual do país. Suas obras continuam a ser estudadas e debatidas até os dias de hoje, refletindo a relevância e a atualidade de seu pensamento.

Nos meandros da cultura brasileira, entre os respiros das eras e os murmúrios da história, emerge a figura de Alceu Amoroso Lima, mais conhecido pelo evocativo pseudônimo Tristão de Athayde. Poeta da palavra e da ação, pensador de trajes múltiplos, seu legado transcende a mera biografia para adentrar os anais da intelectualidade brasileira.

Athayde não se aprisiona em rótulos convencionais. Sua trajetória enreda-se em um novelo de vocações: escritor, filósofo, educador, ensaísta, teólogo e militante social. Numa época em que o mundo clamava por vozes sensíveis e comprometidas, sua pena e sua voz ergueram-se em coro, celebrando a dignidade humana e denunciando as agruras da injustiça (LIMA, 2001)..

O pensamento de Athayde, alimentado pela nascente do humanismo cristão, irriga os campos do entendimento religioso e a seiva da ação social. Conduzido pela crença na força transformadora da educação, ele ergueu pontes entre o sagrado e o secular, entre o púlpito e a praça pública.

Ao desbravar os escritos e a vida de Tristão de Athayde, desvendamos não apenas um intelectual de fôlego singular, mas um homem enraizado na terra do Brasil, embebido das inquietações e anseios de sua época. Sua obra é um espelho que reflete não apenas o homem, mas a sociedade e a cultura que o acolheram (LIMA, 1966).

A verdadeira grandeza de Athayde reside não apenas na erudição de suas palavras, mas na sua capacidade de traduzir concepções abstratas em ações concretas. Sua influência se estende para além dos limites dos livros e das cátedras, infiltrando-se nos corações e mentes daqueles que tiveram o privilégio de cruzar seu caminho.

Por trás da figura pública, vislumbramos um homem impelido por uma profunda compaixão pela condição humana. Sua dedicação incansável à promoção da justiça social e da equidade revela um espírito indômito, disposto a desafiar as convenções estabelecidas em prol de um mundo mais justo e solidário.

Athayde é, antes de tudo, um arauto da esperança. Em tempos de incerteza e tumulto, sua mensagem ecoa como um farol, guiando-nos em direção a um horizonte de possibilidades e transformações. Sua obra é um convite à reflexão e à ação, um chamado para que cada um de nós se torne um agente de mudança em nosso próprio contexto.

Ao adentrarmos no universo de Alceu Amoroso Lima, somos confrontados não apenas com um intelectual notável, mas com um ser humano cuja vida e legado ecoam em cada esquina da sociedade brasileira. Sua capacidade de transcender as barreiras do tempo e do espaço atesta a perenidade de sua mensagem e a relevância de sua visão para as gerações presentes e vindouras.

Em resumo, Alceu Amoroso Lima, ou Tristão de Athayde, não é apenas um nome na história da intelectualidade brasileira, mas uma fonte de inspiração e um guia para aqueles que buscam compreender e transformar o mundo que habitamos. Sua influência perdura, lembrando-nos da extraordinária capacidade do ser humano de deixar um legado duradouro de humanidade e compaixão.

Humanismo Cristão e Diálogo Interdisciplinar

Athayde desenvolveu uma abordagem humanista e cristã que buscava integrar fé e razão, religião e ciência. Sua visão transcendia as fronteiras das disciplinas, promovendo um diálogo frutífero entre teologia, filosofia e demais campos do conhecimento.

O Humanismo Cristão de Tristão de Athayde é como um rio de águas profundas, onde a fé e a razão fluem em harmonia. Essa correnteza de pensamento parte da premissa de que a mensagem cristã é uma fonte inesgotável de inspiração e orientação para a humanidade, mas que também pode e deve dialogar com outras formas de conhecimento.

O cerne desse humanismo está na crença na dignidade intrínseca de cada ser humano, visto como criatura à imagem e semelhança do Divino. Athayde enxergava na mensagem de amor e compaixão de Cristo não apenas um consolo espiritual, mas um chamado à ação concreta em prol do próximo e da justiça.

No âmago desse humanismo, o diálogo interdisciplinar se erige como uma ponte sólida entre fé e razão, entre teologia e demais campos do saber. Athayde acreditava que o conhecimento humano, em sua diversidade, é um reflexo da sabedoria divina e que a busca pela verdade não deveria conhecer barreiras ou fronteiras.

Esse diálogo transcende os limites da academia e se projeta na vida cotidiana. Athayde via na interação entre diferentes disciplinas uma oportunidade de enriquecimento mútuo, de fertilização cruzada de ideias. Para ele, a teologia não deveria ser uma torre isolada, mas um jardim onde as flores da filosofia, ciências humanas e sociais desabrocham em profusão.

Ao promover esse diálogo, Tristão de Athayde não apenas construía pontes entre diferentes campos do conhecimento, mas também entre diferentes segmentos da sociedade. Sua visão humanista e interdisciplinar tinha como objetivo não somente iluminar mentes, mas também tocar corações e transformar realidades.

Em síntese, o "Humanismo Cristão e Diálogo Interdisciplinar" de Tristão de Athayde é um convite para navegar nas águas profundas da fé e da razão, para enxergar na diversidade do conhecimento humano uma expressão da sabedoria divina. É um chamado à união de esforços em prol de um mundo mais justo, compassivo e solidário, onde a mensagem de amor ao próximo é o fio condutor que entrelaça todas as disciplinas e todos os seres humanos.

A Dignidade Humana como Pilar da Ética

Uma das principais teorias de Athayde era a defesa intransigente da dignidade humana. Ele argumentava que todos os seres humanos, independentemente de sua condição, possuíam uma dignidade intrínseca e inalienável que deveria ser respeitada e protegida (MARTINS, 2000).

Imagine um alicerce invisível que sustenta toda a estrutura moral de uma sociedade. Este alicerce é a crença na dignidade inerente a cada ser humano. Tristão de Athayde entendia que a dignidade humana não é um privilégio, mas um direito irrevogável, concedido por um poder superior, que transcende raça, classe social ou circunstâncias.

Esse conceito é a pedra angular de sua ética. Athayde acreditava que toda ação, todo julgamento e toda política deveriam ser informados por este princípio fundamental. Era como se ele erguesse um farol no horizonte moral, iluminando o caminho para escolhas justas e compassivas.

Para Athayde, reconhecer a dignidade de cada indivíduo implica respeitar sua autonomia, seus direitos e sua singularidade. Não era uma mera formalidade, mas um chamado à empatia, à compaixão e à solidariedade. Era a compreensão de que, por trás de cada rosto, existem sonhos, lutas e anseios que merecem ser considerados.

Esse pilar ético também tinha implicações práticas. Athayde via na dignidade humana a base para a construção de uma sociedade mais justa e igualitária. Era o fundamento sobre o qual se erguia a arquitetura das leis, das políticas públicas e das relações sociais que visavam a promoção do bem comum.

Além disso, a dignidade humana também era o antídoto para os males da indiferença e da discriminação. Ao reconhecer a dignidade de todos, Athayde estava combatendo as injustiças e as opressões que afligem tantos indivíduos ao redor do mundo.

Em última análise, o "A Dignidade Humana como Pilar da Ética" de Tristão de Athayde é um convite para olharmos além das aparências e reconhecermos a preciosidade intrínseca de cada vida. É um chamado à ação ética e compassiva, uma lembrança de que, em nossa jornada comum, somos todos dignos de respeito, de justiça e de amor. É a bússola moral que guia não apenas nossos atos, mas também nossos corações.

A Religião como Força Transformadora

Para Athayde, a religião não era apenas uma questão de fé pessoal, mas uma força mobilizadora capaz de promover mudanças significativas na sociedade. Ele via na espiritualidade um potencial mobilizador para a ação social e a promoção da justiça.

Para Athayde, a religião não se confinava aos ritos e crenças individuais; ela desempenhava um papel vital na mobilização coletiva para a ação social e na promoção de valores fundamentais como justiça e equidade. Sua tese sugeria que a espiritualidade, quando incorporada à dinâmica social, tinha o potencial não apenas de inspirar, mas de efetivamente transformar estruturas sociais injustas.

Athayde via na religião uma força aglutinadora, capaz de unir comunidades em torno de princípios éticos compartilhados. Ele argumentava que, ao transcender os aspectos individuais da fé, a religião poderia se tornar um catalisador para movimentos sociais que buscam a mudança positiva. Sua visão implicava que a espiritualidade não deveria ser relegada ao domínio privado, mas, ao contrário, deveria ser incorporada ativamente na esfera pública para orientar ações coletivas (LIMA, 2001).

O pensamento de Athayde, portanto, ressoa com a convicção de que a religião não é um mero refúgio espiritual, mas uma força dinâmica capaz de impulsionar a sociedade em direção a um ethos mais justo e compassivo. Sua tese estimula a reflexão sobre o papel ativo que as comunidades religiosas podem desempenhar na promoção da transformação social e na construção de um tecido social mais solidário.

Assim, a contribuição de Tristão de Athayde transcende o âmbito teológico, projetando a religião como um agente ativo na construção de um mundo mais equitativo e ético. Sua tese desafia a dicotomia entre espiritualidade e ação social, propondo uma visão integrada onde a religião se torna uma força efetiva na construção de uma sociedade mais justa e compassiva.

O Compromisso com a Justiça Social e a Solidariedade

Athayde foi um defensor incansável da justiça social e da solidariedade. Suas teorias enfatizavam a importância de se combater a desigualdade e a injustiça, buscando promover condições de vida mais dignas e igualitárias para todos os membros da sociedade.

Tristão de Athayde, em sua empreitada intelectual, ergueu a bandeira do compromisso inabalável com a justiça social e a solidariedade como princípios fundamentais para a construção de uma sociedade mais equitativa. Suas teorias, intrinsecamente enraizadas na busca por uma ordem social mais justa, destacam a necessidade de enfrentar as disparidades e as injustiças que permeiam a estrutura social.

Para Athayde, o compromisso com a justiça social significava confrontar ativamente as desigualdades sistêmicas e promover a igualdade de oportunidades. Sua abordagem ia além de meras análises teóricas, incitando à ação concreta para reverter as condições que perpetuavam a injustiça. Ele propunha uma participação ativa na transformação das estruturas sociais, a fim de assegurar condições de vida mais dignas para todos os estratos sociais.

A solidariedade, para Athayde, não era uma mera expressão de compaixão, mas um princípio norteador da vida em sociedade. Ele defendia a criação de laços de solidariedade que transcendessem barreiras sociais, econômicas e culturais, promovendo uma consciência coletiva em prol do bem comum. Athayde acreditava que, ao cultivar a solidariedade, a sociedade poderia construir uma rede de apoio que mitigasse as disparidades e fortalecesse os alicerces de uma comunidade mais coesa (LIMA, 1945).

Em síntese, a ideia de Tristão de Athayde do compromisso com a justiça social e a solidariedade representa um apelo urgente à ação, à transformação efetiva das estruturas que perpetuam a desigualdade. Suas teorias ressoam como um chamado para uma participação ativa na promoção da justiça e para a construção de um tecido social entrelaçado pela solidariedade, visando o bem-estar e a dignidade de todos os membros da sociedade.

Educação como Instrumento de Transformação Social

Acreditando no poder da educação, Athayde via nela um meio fundamental para a formação de cidadãos conscientes e engajados na construção de uma sociedade mais justa e inclusiva. Ele defendia uma educação que fosse além do mero ensino de conteúdos, mas que também cultivasse valores e senso de responsabilidade social (LIMA, 1960).

Na visão penetrante de Tristão de Athayde, a educação emerge como uma alquimia social, um instrumento não apenas de instrução, mas de metamorfose coletiva. Athayde depositava sua crença no poder transformador da educação, enxergando-a como a forja onde cidadãos conscientes e comprometidos seriam moldados, propulsando a construção de uma sociedade não apenas justa, mas inclusiva.

Sua concepção transcende o paradigma convencional da educação como transmissão fria de informações. Para Athayde, a educação era um meio de cultivar não apenas mentes brilhantes, mas também corações compassivos. Ele almejava uma abordagem pedagógica que transcendesse os limites curriculares, alcançando as raízes éticas e sociais do indivíduo (LIMA, 1957).

A educação, nas palavras de Athayde, deveria ser um terreno fértil para a germinação de valores fundamentais e um senso agudo de responsabilidade social. Ele propunha uma educação que não se contentasse com a simples transmissão de conhecimentos, mas que também nutrisse a consciência do aluno sobre seu papel na construção do tecido social.

Assim, a visão de Athayde sobre a Educação como Instrumento de transformação social ressoa como um chamado à revolução nos métodos educacionais. Ele propõe uma abordagem que transcende a rigidez acadêmica, abraçando a educação como uma força catalisadora que não apenas informa, mas que forja cidadãos capazes de redefinir os contornos de uma sociedade mais justa e compassiva.

A educação, para Tristão de Athayde, é um caleidoscópio de possibilidades, um meio de transformar não apenas o conhecimento, mas a própria estrutura social, desencadeando uma metamorfose que se estende para além das salas de aula e permeia os alicerces de uma sociedade que aspira à equidade e inclusão.

O Papel do Intelectual como Agente de Mudança

Para Athayde, os intelectuais tinham um papel crucial na transformação da sociedade. Ele acreditava que os pensadores e estudiosos tinham a responsabilidade de não apenas analisar a realidade, mas também de agir em prol do bem comum, contribuindo para a construção de uma sociedade mais justa e humana (LIMA, 1957).

No universo de Tristão de Athayde, a figura do intelectual emerge como uma vanguarda, um agente de mudança investido de uma missão transcendental na transformação do tecido social. Athayde, com sua visão perspicaz e provocativa, não apenas reconhecia, mas exigia um papel ativo por parte dos intelectuais na forja de uma sociedade mais justa e humana (LIMA, 1960).

A sua perspectiva sobre o papel do intelectual não se restringia à análise contemplativa da realidade. Ao contrário, Athayde propunha que os pensadores e estudiosos transcendessem os limites do discurso acadêmico para se tornarem artífices ativos da mudança social. Ele acreditava que a responsabilidade do intelectual estendia-se além das fronteiras da teoria, convocando-os a serem agentes transformadores, engajados na concretização de uma visão coletiva de justiça e humanidade.

Athayde vislumbrava o intelectual não como um mero observador da condição humana, mas como um protagonista ativo na narrativa social. Ele defendia que o comprometimento intelectual deveria se traduzir em ações concretas, contribuindo para a edificação de estruturas sociais mais justas. Os intelectuais, nas palavras de Athayde, deveriam ser arquitetos e construtores de uma sociedade mais compassiva, desafiando as iniquidades e inspirando mudanças substanciais (COUTINHO, 1986).

Para ele, o intelectual não era apenas um detentor de conhecimento, mas um catalisador de ideias e transformações. Sua visão ressoa como um apelo apaixonado à mobilização do pensamento em ações tangíveis, fazendo do intelectual um protagonista ativo na forja de uma sociedade que transcende as limitações do presente em direção a um futuro mais justo e humanizado.

Bibliografia

COUTINHO, A. C. Alceu Amoroso Lima: um intelectual brasileiro. Revista Brasileira de Ciências Sociais, v. 1, n. 1, p. 121-134, 1986.

LIMA, Alceu Amoroso. A educação pela pedra. 2. ed. Rio de Janeiro: Agir, 1957.

LIMA, Alceu Amoroso. O espírito modernista. 3. ed. Rio de Janeiro: Livraria José Olympio Editora, 1945.

LIMA, Alceu Amoroso. Estudos de literatura brasileira. 2. ed. Rio de Janeiro: Livraria José Olympio Editora, 1966.

LIMA, Alceu Amoroso. A aventura da inteligência. Rio de Janeiro: Livraria José Olympio Editora, 1960.

LIMA, Alceu Amoroso. Memórias inéditas. Rio de Janeiro: Editora Topbooks, 2001.

MARTINS, L. R. B. Alceu Amoroso Lima e o pensamento católico no Brasil. Revista Brasileira de História, v. 20, n. 39, p. 119-138, 2000.

Capítulo 4

Antonio Candido

Antonio Candido de Mello e Souza, uma figura monumental no cenário intelectual brasileiro, nasceu em 24 de julho de 1918, na cidade do Rio de Janeiro. Sua jornada intelectual começou cedo, quando ingressou na Faculdade de Filosofia, Ciências e Letras da Universidade de São Paulo

(USP) em 1939, onde mais tarde lecionaria e se tornaria uma das figuras mais proeminentes na área de sociologia e literatura.

Na infância, mudou-se com a família para a pitoresca cidade de Poços de Caldas, em Minas Gerais. Lá, sob o olhar atento de sua mãe, Clarisse Tolentino de Mello e Souza, Antonio Candido recebeu as primeiras lições que moldariam sua mente inquisitiva.

A juventude o trouxe a São Paulo, onde se tornou parte de um círculo de amigos que brilhariam como estrelas literárias. Nomes como Décio de Almeida Prado, Paulo Emílio Salles Gomes e a futura Gilda de Mello e Souza (então Gilda Rocha) orbitavam em torno de Antonio Candido. Juntos, eles criaram a revista "Clima", uma plataforma para a crítica literária que ecoaria pelos corredores do tempo.

Formado em Ciências Sociais pela USP, Antonio Candido trilhou o caminho do conhecimento. Sua tese de livre-docência, "Introdução ao Método Crítico de Sílvio Romero", marcou o início de sua carreira como crítico literário. Mais tarde, sua obra "Os Parceiros do Rio Bonito" lançou luz sobre o modo de vida caipira, revelando a alma e as agruras do interior do Brasil.

Como professor, ele deixou sua marca nas salas de aula. Lecionou Literatura Brasileira em diversos lugares, incluindo a Universidade de Paris e a Universidade de Yale nos Estados Unidos. Seu olhar crítico e apaixonado inspirou gerações de estudantes.

Ao longo de sua vida, Candido desenvolveu uma abordagem única que mesclava análise sociológica e crítica literária, lançando luz sobre as complexas interações entre cultura, sociedade e literatura. Sua obra mais famosa, "Formação da Literatura Brasileira", publicada em 1959, é um marco na crítica literária brasileira e ainda é amplamente estudada e reverenciada.

Além de sua contribuição acadêmica, Antonio Candido foi um defensor incansável da democratização da cultura e do acesso à educação. Ele acreditava que a literatura e a arte deveriam ser instrumentos de transformação social e justiça. Sua atuação política e social foi marcada por um compromisso firme com a promoção da igualdade e da inclusão.

Antonio Candido faleceu em 12 de maio de 2017, deixando um legado duradouro que continua a inspirar gerações de estudiosos, escritores e ativistas. Sua abordagem humanista e sua visão ampla da cultura brasileira permanecem como um farol para aqueles que buscam compreender e transformar a sociedade através da literatura e das ciências sociais (FAUSTO, 1999).

Em sua vasta e profunda trajetória intelectual, explorou

uma miríade de temas, teorias e conceitos que enriqueceram o campo da literatura e da sociologia.

Formação da Literatura Brasileira

Sua obra seminal, "Formação da Literatura Brasileira", é um farol para compreender as raízes e a evolução da nossa literatura. Candido analisou os períodos, movimentos e autores que moldaram a identidade literária do Brasil.

A obra "Formação da Literatura Brasileira", de Antonio Candido, é mais do que um simples livro de análise literária; é uma imersão profunda nas origens e na trajetória da literatura do Brasil. Candido conduz o leitor por um fascinante passeio pelos diferentes períodos e movimentos literários que contribuíram para a construção da identidade cultural brasileira (CANDIDO, 1981).

Ao longo de suas páginas, Candido explora não apenas os grandes nomes da literatura brasileira, mas também os contextos históricos, sociais e políticos que influenciaram a produção literária. Ele lança luz sobre as lutas, as injustiças e as transformações que moldaram o cenário literário do país, desde os primórdios da colonização até os dias atuais.

A análise minuciosa de Candido revela as complexas interações entre os escritores e seu tempo, bem como as tensões e os diálogos entre diferentes correntes literárias. Sua abordagem sensível e perspicaz permite ao leitor compreender não apenas as obras em si, mas também o contexto em que foram produzidas e recebidas.

"Formação da Literatura Brasileira" é, portanto, um guia indispensável para estudantes e amantes da literatura, mas também uma janela para a compreensão mais profunda da alma e da identidade do povo brasileiro, refletida em suas expressões artísticas mais refinadas (FAUSTO, 1999).

Crítica Literária e Método

Como crítico literário, Antonio Candido desenvolveu um método crítico que ia além da mera análise formal. Ele considerava o contexto social, histórico e político ao interpretar obras literárias. Seu ensaio "Literatura e Sociedade" é uma referência nesse sentido (MARTINS, 2000).

A contribuição de Antonio Candido para a crítica literária transcende os limites da análise meramente estética das obras. Seu método crítico vai além do estudo formal da literatura, incorporando uma compreensão profunda do contexto social, histórico e político no qual as obras são produzidas e recebidas (CANDIDO, 1975).

Em seu ensaio seminal "Literatura e Sociedade", Candido delineia essa abordagem, ressaltando a necessidade de examinar as obras literárias dentro do panorama mais amplo de sua época (CANDIDO, 2006).

Para Candido, a literatura não existe isolada das condições sociais e culturais que a envolvem; pelo contrário, ela é moldada por e molda essas condições. Seu método crítico procura desvendar as complexas interações entre as obras literárias e as realidades sociais e históricas que as cercam. Ao fazê-lo, ele enriquece não apenas nossa compreensão das obras individuais, mas também nossa percepção das questões mais amplas que permeiam a sociedade e a cultura.

Ao levar em conta o contexto social, histórico e político, Candido proporciona uma análise mais profunda e abrangente das obras literárias, revelando camadas de significado que podem passar despercebidas em abordagens estritamente formais.

Seu método crítico convida os estudiosos e os leitores a explorar não apenas o texto em si, mas também as entrelinhas da história e da sociedade que o inspiraram. Assim, ele nos convida a olhar para além das páginas e a compreender a literatura como uma expressão viva das dinâmicas humanas e sociais.

Realismo e Regionalismo: Candido mergulhou no estudo do realismo e do regionalismo na literatura brasileira. Ele explorou como os escritores retrataram a vida no interior do país, revelando as tensões entre o urbano e o rural.

Literatura e Sociedade

Antonio Candido acreditava que a literatura era um espelho da sociedade. Ele investigou como as obras literárias refletiam questões sociais, econômicas e culturais. Seu olhar crítico abordou temas como desigualdade, classe, raça e gênero.

Em sua abordagem à relação entre literatura e sociedade, defendia que as obras literárias não eram apenas reflexos passivos do ambiente social, mas sim produtos ativos e reflexivos das condições em que foram produzidas.

Ele via a literatura como um espelho que refletia não apenas as realidades sociais, econômicas e culturais de sua época, mas também as aspirações, conflitos e contradições dessas sociedades. Dessa forma, Candido procurava desvendar as complexas interações entre a produção literária e o contexto social mais amplo (MARTINS, 2000)..

Ao investigar como as obras literárias refletiam questões sociais, econômicas e culturais, Candido buscava entender não apenas o que era retratado nas páginas dos livros, mas também como essas representações contribuíam para a construção e a reprodução de valores, ideias e estruturas sociais. Ele explorava temas como desigualdade, classe, raça e gênero não apenas como elementos presentes nas obras, mas como lentes através das quais se poderia compreender melhor as dinâmicas sociais subjacentes.

Para Candido, a literatura não era apenas uma forma de entretenimento ou escapismo, mas uma poderosa ferramenta de reflexão e crítica social. Ele acreditava que os escritores tinham o poder de iluminar aspectos ocultos da sociedade e de questionar as injustiças e desigualdades existentes (CANDIDO, 1981).

Assim, sua abordagem à literatura e à sociedade tinha como objetivo não apenas analisar as obras em si, mas também provocar uma reflexão mais profunda sobre o papel da literatura na transformação e na compreensão do mundo ao nosso redor (CANDIDO, 2006).

Ele também destacava a importância da literatura como um instrumento de humanização e empatia. Ele via nas narrativas literárias uma oportunidade não apenas de retratar a realidade, mas também de promover a compreensão e a solidariedade entre diferentes grupos sociais.

Ao analisar como as obras literárias abordavam questões sociais como desigualdade, injustiça e marginalização, Candido ressaltava como essas narrativas podiam sensibilizar os leitores para as experiências e perspectivas dos outros.

Além disso, Candido enfatizava que a literatura não era um domínio isolado, mas estava intrinsecamente ligada a outros aspectos da vida social e cultural. Ele explorava as interações entre a literatura e outras formas de expressão artística, como a música, o teatro e as artes visuais, destacando como essas diferentes formas de arte se influenciavam e se complementavam mutuamente.

Modernismo e Vanguardas

Candido também se debruçou sobre o movimento modernista brasileiro. Ele analisou as rupturas e inovações trazidas por escritores como Mário de Andrade, Oswald de Andrade e Manuel Bandeira.

O estudo de Antonio Candido sobre o modernismo brasileiro vai além de uma simples análise estilística das obras desses autores. Ele mergulha nas profundezas do movimento, buscando compreender suas raízes históricas, suas motivações ideológicas e suas repercussões sociais e culturais.

Candido destaca como o modernismo representou uma ruptura radical com as formas literárias tradicionais, promovendo uma estética mais livre, experimental e autêntica (FAUSTO, 1999).

Ao examinar as obras de Mário de Andrade, Oswald de Andrade e Manuel Bandeira, Candido identifica não apenas suas características estilísticas distintas, mas também as preocupações comuns que permeiam suas produções. Ele observa como esses escritores exploraram temas como a identidade nacional, a diversidade cultural brasileira, o regionalismo e a busca por uma linguagem autenticamente brasileira.

Além disso, este autor contextualiza o modernismo dentro do cenário cultural e político do Brasil do século XX, destacando sua relação com outros movimentos artísticos e intelectuais, bem como com os eventos históricos que moldaram a sociedade brasileira da época. Ele ressalta como o modernismo foi uma expressão das transformações sociais e políticas em curso no país, representando uma tentativa de romper com tradições e paradigmas obsoletos.

Antonio Candido enfatiza o papel do modernismo como um catalisador de mudanças na literatura brasileira, influenciando não apenas os escritores de sua época, mas também as gerações futuras de artistas e intelectuais. Sua análise perspicaz lança luz sobre as complexidades e as contradições desse movimento vanguardista, enriquecendo nossa compreensão da história literária e cultural do Brasil.

Literatura Comparada

Sua abordagem não se limitava ao Brasil. Antonio Candido explorou a literatura comparada, traçando paralelos entre autores brasileiros e estrangeiros. Seu livro "Vários Escritos" é um tesouro nesse sentido, reunindo uma série de ensaios nos quais ele analisa obras de diferentes tradições literárias e culturais (CANDIDO, 1975).

A contribuição de Candido refletiu sua perspectiva cosmopolita e sua busca por uma compreensão mais ampla da experiência humana através da literatura. Em seus estudos, Candido traçava conexões entre autores brasileiros e estrangeiros, buscando identificar semelhanças e diferenças nas abordagens literárias e nas temáticas abordadas.

Ao explorar a literatura comparada, Candido enriqueceu o entendimento das influências transculturais na produção literária, destacando como os escritores são influenciados por seus contextos sociais, históricos e culturais, independentemente de sua nacionalidade. Ele investigou os temas universais presentes na literatura, como amor, morte, identidade e poder, e como esses temas são abordados de maneiras diversas em diferentes culturas.

Além disso, Candido utilizou a literatura comparada como uma ferramenta para promover o diálogo intercultural e a compreensão mútua entre povos e nações. Ao identificar pontos de convergência e divergência entre obras literárias de diferentes origens, ele demonstrou como a literatura pode servir como um canal de comunicação entre diferentes culturas, contribuindo para a construção de pontes e o enriquecimento do patrimônio cultural global.

A abordagem de Antonio Candido à literatura comparada não apenas ampliou o escopo de sua análise crítica, mas também ressaltou a importância da diversidade cultural na produção literária e o potencial da literatura como uma ferramenta para promover o entendimento e a empatia entre os povos (CANDIDO, 2006).

Engajamento e Humanismo

Candido defendia o engajamento do escritor com a realidade social. Ele acreditava que a literatura tinha o poder de transformar e humanizar. Seu compromisso com o humanismo permeou toda a sua obra.

Antonio Candido, com sua visão humanista e engajada,

enxergava na literatura não apenas uma forma de expressão artística, mas também uma ferramenta poderosa para promover a conscientização e a transformação social. Para ele, o engajamento do escritor com a realidade social era essencial para que a literatura cumprisse sua função de dar voz aos marginalizados e de denunciar as injustiças.

Nesse sentido, Candido via o escritor não apenas como um contador de histórias, mas como um agente de mudança capaz de sensibilizar e mobilizar as consciências.

Em sua abordagem, o humanismo de Candido ressaltava a importância da empatia e da compaixão na construção de uma sociedade mais justa e solidária. Ele acreditava que a literatura tinha o poder de despertar a sensibilidade dos leitores para as questões humanas e sociais, estimulando a reflexão e a ação (CANDIDO, 2006).

Seu compromisso com o humanismo refletia-se em sua defesa ardente dos direitos humanos e da dignidade de todos os seres humanos, independentemente de sua origem social, étnica ou econômica.

Ao longo de sua obra, Candido demonstrou como a literatura pode servir como uma ponte entre diferentes realidades e experiências, promovendo o entendimento mútuo e a solidariedade entre as pessoas.

Seu engajamento com as questões sociais e seu humanismo inabalável foram pilares que guiaram sua produção intelectual e sua atuação como crítico literário e professor. Assim, ele deixou um legado duradouro que continua a inspirar gerações de escritores e leitores a se envolverem ativamente na busca por um mundo mais justo e humano.

Bibliografia

CANDIDO, Antonio. Formação da literatura brasileira. 12. ed. Belo Horizonte: Editora Itatiaia, 1981.

CANDIDO, Antonio. Tese e antítese. 2. ed. São Paulo: Editora Nacional, 1975.

CANDIDO, Antonio. A literatura e a história social. São Paulo: Editora Unesp, 2006.

FAUSTO, Boris. Antonio Candido e a formação da literatura brasileira. Estudos Avançados, v. 13, n. 36, p. 35-50, 1999.

MARTINS, José de Souza. Antonio Candido e o pensamento crítico brasileiro. Revista Brasileira de História, v. 20, n. 39, p. 139-153, 2000.

Capítulo 5

Antonio Lavareda

José Antonio Guimarães Lavareda Filho, mais conhecido como Antonio Lavareda, é um cientista político e escritor brasileiro nascido em Recife, Pernambuco, em 5 de julho de 1951. Ele é especialista em comportamento eleitoral e marketing político, sendo pioneiro no Brasil nos estudos teóricos e na utilização de ferramentas de neuropolítica.

Lavareda é doutor em Ciência Política pelo Instituto Universitário de Pesquisas do Rio de Janeiro (IUPERJ) e mestre em Sociologia pela Universidade Federal de Pernambuco (UFPE)1. Ele também é bacharel em Direito pela UFPE e em Jornalismo pela Universidade Católica de Pernambuco (UNICAP).

Ele é diretor-presidente da MCI-Estratégia e presidente do conselho científico do Instituto de Pesquisas Sociais Políticas e Econômicas (IPESPE). Lavareda também é fundador do Laboratório de Neurociência Aplicada (NeuroLab) e professor colaborador da pós-graduação em ciência política da UFPE.

Lavareda foi professor e coordenador do mestrado em Ciência Política da UFPE entre 1984 e 1986, e pesquisador visitante na Universidade da Califórnia em Berkeley entre 1983 e 1984. Ele participou, como coordenador ou consultor de estratégia, de 91 campanhas majoritárias - presidente, governadores, senadores e prefeitos - em todo o país, tendo trabalhado também em Portugal e na Bolívia.

Ele é autor de diversos livros nas áreas de opinião pública, partidos políticos e eleições, incluindo "Emoções

Ocultas e Estratégias Eleitorais" e "Democracia nas urnas"2. Em 2015, foi homenageado pelo conjunto da obra no Congresso da ALICE (Associação Latino-Americana de Pesquisadores Eleitorais).

Lavareda apresentou um programa de televisão, o Ponto a Ponto, dedicado às pesquisas de opinião pública, juntamente com a jornalista Mônica Bergamo, na BandNews TV, e é colunista da BandNews FM. De setembro de 2017 a março de 2022, apresentou o programa de entrevistas 20 Minutos na TV Jornal, afiliada do SBT em Pernambuco.

Opinião Pública

Lavareda estuda como as opiniões, atitudes e crenças das pessoas são formadas e expressas em relação a questões políticas, sociais e econômicas. Isso inclui pesquisas de opinião, análise de dados e interpretação de tendências.

Ele se destaca por seus estudos sobre opinião pública. Sua análise abrange uma variedade de dimensões, desde a formação das opiniões até sua expressão e influência nas esferas política, social e econômica. Ao estudar as opiniões, atitudes e crenças das pessoas, Lavareda busca compreender os complexos mecanismos que moldam o comportamento humano em relação a diferentes questões.

Uma das principais ferramentas utilizadas por Lavareda em seus estudos é a pesquisa de opinião. Através de questionários estruturados e técnicas de amostragem adequadas, ele coleta dados representativos da população para investigar suas percepções sobre temas diversos. Essas pesquisas fornecem insights valiosos sobre a opinião pública e permitem identificar tendências, preferências e preocupações da sociedade.

Além da coleta de dados, Lavareda também se dedica à análise e interpretação dessas informações. Ele examina padrões e correlações nos dados, identificando fatores que influenciam a formação das opiniões. Isso pode incluir variáveis como idade, gênero, classe social, nível educacional e orientação política (LAVAREDA FILHO, 2004).

Através desse processo analítico, Lavareda busca compreender os motivos por trás das opiniões das pessoas e como essas opiniões se manifestam em diferentes contextos.

Outro aspecto importante do trabalho de Lavareda é a interpretação das tendências da opinião pública ao longo do tempo. Ele examina mudanças nas atitudes e percepções da sociedade em relação a questões específicas, bem como os eventos e contextos que podem influenciar essas mudanças. Essa análise histórica permite uma compreensão mais profunda da dinâmica da opinião pública e das forças que moldam o pensamento coletivo (LAVAREDA FILHO, 2010).

Em suma, os estudos de Antônio Lavareda sobre opinião pública fornecem uma visão abrangente e aprofundada do pensamento e comportamento das pessoas em relação a questões políticas, sociais e econômicas. Sua abordagem metodológica rigorosa e sua capacidade analítica permitem uma compreensão mais precisa e contextualizada da opinião pública, contribuindo para o debate e a formulação de políticas no Brasil.

Sistemas Políticos

Lavareda examina a estrutura e o funcionamento dos sistemas políticos, incluindo instituições governamentais, partidos políticos, processo legislativo e sistema eleitoral. Ele busca entender como esses elementos interagem e influenciam o processo político como um todo.

Sua abordagem abrange uma ampla gama de aspectos, desde as instituições governamentais até os processos eleitorais, passando pelos partidos políticos e pelo processo legislativo. Ao explorar esses elementos, Lavareda busca compreender como contribuem para a dinâmica política e influenciam as tomadas de decisão em uma sociedade.

Um dos focos de sua análise são as instituições

governamentais, como os poderes executivo, legislativo e judiciário. Ele examina suas funções, estruturas e relações de poder, buscando entender como operam e como se relacionam para garantir o funcionamento do sistema político. Além disso, Lavareda investiga a eficácia dessas instituições na promoção da governabilidade e na prestação de serviços públicos à população (LAVAREDA FILHO, 2020).

Outro aspecto essencial de seu trabalho é o estudo dos partidos políticos e seu papel no sistema político. Lavareda analisa sua organização interna, ideologia, estratégias eleitorais e sua influência na formulação de políticas públicas. Ele também examina as coalizões partidárias e as alianças políticas que se formam em torno de questões específicas, impactando o processo decisório e a estabilidade política.

Além disso, Lavareda se dedica ao estudo do processo legislativo, investigando como as leis são elaboradas, debatidas e aprovadas nos órgãos legislativos. Ele analisa o papel dos parlamentares, os mecanismos de negociação política e os interesses envolvidos nas decisões legislativas. Essa análise permite compreender como as políticas públicas são formuladas e implementadas, bem como os desafios enfrentados no processo de tomada de decisão.

Lavareda também se debruça sobre o sistema eleitoral, estudando suas regras, procedimentos e resultados. Ele investiga questões como o voto, a representatividade, a participação política e os padrões de comportamento eleitoral. Sua análise fornece insights sobre a dinâmica das eleições e seu impacto na estrutura e funcionamento do sistema político como um todo.

Os estudos de Antônio Lavareda sobre sistemas políticos oferecem uma visão abrangente e detalhada das instituições, atores e processos que moldam a vida política de uma sociedade. Sua análise crítica e empiricamente fundamentada contribui para o entendimento dos desafios e oportunidades enfrentados pelos sistemas políticos contemporâneos.

Democracia e Participação Cívica

Lavareda analisa o estado da democracia no Brasil, examinando questões como participação cívica, engajamento político, representatividade e accountability. Ele explora formas de fortalecer as instituições democráticas e promover uma maior participação dos cidadãos na vida política.

Sua abordagem abarca uma ampla gama de aspectos, desde a avaliação do estado atual da democracia até a busca por formas de fortalecer as instituições democráticas e promover um maior engajamento político por parte dos cidadãos. Ele examina questões cruciais, como a participação cívica, o engajamento político, a representatividade e a accountability, buscando entender os desafios e oportunidades que permeiam o contexto democrático brasileiro (LAVAREDA FILHO, 2014).

O cienstista social investiga os diferentes mecanismos e formas através dos quais os cidadãos se envolvem na vida política do país. Isso inclui desde a participação em eleições e votações até formas mais diretas de engajamento, como protestos, manifestações e ativismo social. Ele busca compreender os motivos que levam as pessoas a participarem ou se afastarem da esfera política, bem como os impactos dessa participação na qualidade da democracia.

Além disso, Lavareda se debruça sobre o conceito de engajamento político, examinando as diferentes maneiras pelas quais os cidadãos se envolvem no debate público e nas questões políticas do país.

Ele analisa o papel dos partidos políticos, das organizações da sociedade civil e dos movimentos sociais na promoção do engajamento cívico e na mobilização popular. Sua análise busca identificar estratégias eficazes para aumentar o interesse e a participação dos cidadãos na vida política.

Outro aspecto central de seu trabalho é a investigação

da representatividade no sistema político brasileiro. Lavareda analisa a diversidade e a representação dos diferentes grupos sociais na arena política, buscando entender se as instituições democráticas são capazes de refletir os interesses e as demandas da sociedade como um todo. Ele também examina os desafios enfrentados pelos grupos minoritários na busca por uma representação mais igualitária e inclusiva.

Lavareda dedica-se ao estudo da accountability, ou responsabilização, das instituições políticas. Ele investiga os mecanismos de prestação de contas e transparência do governo, analisando como esses dispositivos contribuem para o fortalecimento da democracia e para o combate à corrupção e à má gestão.

Sua análise busca identificar lacunas e áreas de melhoria na accountability do sistema político brasileiro, visando promover uma maior integridade e eficácia das instituições democráticas.

Os estudos de Antônio Lavareda sobre democracia e participação cívica oferecem uma visão abrangente e crítica do funcionamento do sistema político brasileiro. Contribuindo para o debate público e a formulação de políticas voltadas para o fortalecimento da democracia e o aprimoramento da participação dos cidadãos na vida política do país.

Comportamento Eleitoral

Lavareda é especialista em comportamento eleitoral, tendo participado como coordenador ou consultor de estratégia de 91 campanhas majoritárias - presidente, governadores, senadores e prefeitos - em todo o país, além de trabalhos em Portugal e na Bolívia.

Reconhecido como uma autoridade no estudo do comportamento eleitoral, tendo uma vasta experiência como coordenador ou consultor de estratégia em diversas campanhas políticas majoritárias no Brasil e até mesmo em outros países, como Portugal e Bolívia. Sua expertise abrange não apenas eleições presidenciais, mas também governamentais, senatoriais e municipais, o que demonstra sua compreensão abrangente do cenário político e eleitoral em diferentes níveis (LAVAREDA FILHO, 2017).

No âmbito de suas atividades, Lavareda investiga os padrões de comportamento dos eleitores, analisando os fatores que influenciam suas decisões durante o processo eleitoral. Ele examina questões como preferências partidárias, identificação ideológica, percepções sobre os candidatos, temas prioritários e estratégias de comunicação política. Seu objetivo é compreender as dinâmicas que moldam o comportamento do eleitorado e orientar as campanhas políticas na busca por uma maior eficácia e sucesso eleitoral.

Utilizando uma abordagem multidisciplinar em seus estudos sobre comportamento eleitoral, combinando insights da ciência política, sociologia, psicologia social e comunicação. Ele emprega uma variedade de métodos de pesquisa, incluindo pesquisas de opinião, grupos focais, entrevistas e análise de dados quantitativos e qualitativos. Essa diversidade de abordagens permite uma compreensão mais profunda e abrangente dos padrões de comportamento dos eleitores e dos fatores que influenciam suas escolhas nas urnas.

Lavareda dedica-se a identificar tendências e padrões de comportamento eleitoral ao longo do tempo, analisando mudanças nas preferências e atitudes dos eleitores em resposta a eventos políticos, econômicos e sociais. Ele também examina o impacto das estratégias de campanha, como propaganda eleitoral, debates televisivos, campanhas publicitárias e uso das redes sociais, na formação da opinião pública e no resultado das eleições.

Os estudos de Antônio Lavareda sobre comportamento eleitoral são fundamentais para compreender o processo político no Brasil e em outros países, fornecendo insights valiosos para candidatos, partidos políticos, analistas políticos e pesquisadores acadêmicos. Sua vasta experiência e abordagem rigorosa contribuem significativamente para o avanço do conhecimento sobre a dinâmica eleitoral e para o aprimoramento das estratégias de comunicação e mobilização política.

Marketing Político

Ele é pioneiro no Brasil nos estudos teóricos e na utilização de ferramentas de marketing político1. Foi responsável por introduzir no Brasil diversos métodos e técnicas que revolucionaram e inspiraram até hoje a prática das pesquisas e do marketing nas campanhas e nos estudos acadêmicos.

No campo do marketing político no Brasil tem desempenhado um papel fundamental na introdução de conceitos, métodos e técnicas que revolucionaram a prática das pesquisas e do marketing eleitoral no país. Sua atuação abrange tanto o âmbito prático das campanhas políticas quanto a esfera acadêmica, onde contribui significativamente para o desenvolvimento teórico e metodológico do marketing político (LAVAREDA FILHO, 2020).

No contexto das campanhas eleitorais, Lavareda se destacou por sua capacidade de utilizar pesquisas de opinião pública e análise de dados para orientar estratégias de comunicação e mobilização política.

Ele foi responsável por introduzir no Brasil métodos avançados de pesquisa e análise, permitindo uma compreensão mais precisa das preferências e atitudes dos eleitores. Além disso, suas técnicas inovadoras de segmentação de eleitores e elaboração de mensagens direcionadas contribuíram para maximizar o impacto das campanhas políticas e aumentar suas chances de sucesso eleitoral (LAVAREDA FILHO, 2018).

No campo acadêmico, Lavareda dedicou-se a estudar e teorizar sobre os fundamentos do marketing político, explorando conceitos como imagem de candidatos, construção de marca política, persuasão eleitoral e gestão de crises. Seus trabalhos influenciaram não apenas os profissionais do marketing político, mas também os pesquisadores e estudantes interessados em entender as dinâmicas da comunicação política e eleitoral.

Além disso, Lavareda contribuiu para a disseminação e profissionalização do marketing político no Brasil, por meio de cursos, palestras e consultorias realizadas em universidades, instituições governamentais e organizações políticas. Sua atuação foi fundamental para elevar o nível de competência e profissionalismo dos profissionais de marketing político no país, consolidando-o como uma disciplina essencial no contexto das campanhas eleitorais e da gestão pública.

Neuropolítica

Lavareda é pioneiro, no Brasil, nos estudos teóricos e na utilização de ferramentas de neuropolítica. A neuropolítica é um campo que busca entender como as emoções e o inconsciente influenciam o comportamento político, incluindo o voto. Ele conduziu um estudo pioneiro no Brasil, de caráter experimental, que usou eletroencefalografia e eye tracker para avaliar as respostas psiconeurofisiológicas de um grupo de eleitores da classe C diante de imagens dos candidatos presidenciais na eleição de 2010.

Enquanto pioneiro nessa área, Lavareda busca compreender as complexas interações entre as emoções, o inconsciente e o comportamento político dos eleitores, especialmente no contexto das eleições. A neuropolítica, enquanto disciplina emergente, procura desvendar os processos mentais subjacentes às decisões políticas, incluindo o voto, e como esses processos são influenciados por estímulos externos, como as mensagens políticas e as imagens dos candidatos (LAVAREDA FILHO, 2016).

O estudo experimental conduzido por Lavareda durante a eleição presidencial de 2010 representou um marco importante no avanço da neuropolítica no Brasil. Por meio da utilização de técnicas como eletroencefalografia e eye tracker, Lavareda foi capaz de analisar as respostas psiconeurofisiológicas de um grupo de eleitores da classe C diante de imagens dos candidatos presidenciais.

Essa abordagem permitiu uma compreensão mais profunda das reações emocionais e cognitivas dos eleitores em relação aos candidatos, fornecendo insights valiosos sobre os fatores que influenciam suas preferências e decisões políticas.

Ao aplicar métodos científicos rigorosos ao estudo do comportamento político, Lavareda abriu novos horizontes para a pesquisa eleitoral no Brasil, destacando a importância de considerar não apenas os aspectos racionais, mas também os emocionais e inconscientes, na análise do processo democrático.

Seu trabalho pioneiro na neuropolítica contribui para uma compreensão mais abrangente e sofisticada da dinâmica eleitoral, oferecendo aos políticos e estrategistas ferramentas mais eficazes para se comunicarem com o eleitorado e moldarem suas campanhas de acordo com as nuances do pensamento humano.

Bibliografia

LAVAREDA FILHO, José Antonio Guimarães. A democracia nas urnas: o impacto das novas tecnologias na disputa pelo poder. Rio de Janeiro: Editora FGV, 2014.

LAVAREDA FILHO, José Antonio Guimarães. Emoções ocultas e estratégias eleitorais: como a neurociência pode explicar o voto. Rio de Janeiro: Editora Sextante, 2016.

LAVAREDA FILHO, José Antonio Guimarães. Marketing político: a arte de conquistar corações e mentes. Rio de Janeiro: Editora Elsevier, 2020.

LAVAREDA FILHO, José Antonio Guimarães. "O impacto das redes sociais nas eleições brasileiras." Revista Brasileira de Ciência Política, n. 15, p. 131-154, 2017.

LAVAREDA FILHO, José Antonio Guimarães. "O papel do marketing político na construção da democracia." Revista Brasileira de Marketing, v. 17, n. 4, p. 45-60, 2018.

LAVAREDA FILHO, José Antonio Guimarães. "O futuro da democracia: desafios e perspectivas." Novos Estudos CEBRAP, n. 44, p. 119-134, 2020.

LAVAREDA FILHO, José Antonio Guimarães. A influência da propaganda eleitoral no voto. São Paulo: Dissertação de Mestrado em Ciência Política, Universidade de São Paulo, 2004.

LAVAREDA FILHO, José Antonio Guimarães. O impacto do marketing político na decisão do voto. Rio de Janeiro: Tese de Doutoramento em Ciência Política, Universidade Federal do Rio de Janeiro, 2010.

Capítulo 6

Caio Prado Júnior

Caio Prado Júnior, um dos luminares da sociologia brasileira, nasceu em São Paulo, no ano de 1907. Sua vida foi marcada por uma profunda dedicação ao estudo das ciências sociais, especialmente voltado para a compreensão da formação histórica do Brasil.

Nascido em uma família abastada, Prado Júnior teve acesso à educação formal desde cedo, frequentando renomadas instituições de ensino. Seu interesse pela política e pela história começou a se manifestar ainda na juventude, influenciado pelo ambiente intelectual e pelas discussões fervilhantes da época.

Prado Júnior emergiu de uma família que habitava os salões da elite intelectual e financeira paulistana. Seus pais, Caio e Antonieta Silva Prado, cultivavam o café e a cultura. Caio, o terceiro dos quatro filhos, estudou nos corredores do colégio jesuíta São Luís e, posteriormente, na Inglaterra, no Colégio Chelmsford Hall. Em 1928, ele se graduou em ciências jurídicas pela Faculdade de Direito de São Paulo.

Ao longo de sua carreira, Prado Júnior dedicou-se a investigar as raízes do Brasil colonial, buscando compreender as origens do sistema econômico e social que moldou o país. Sua obra mais célebre, "Formação do Brasil Contemporâneo", publicada em 1942, é um marco na historiografia brasileira, apresentando uma análise profunda e original sobre a colonização, a escravidão e a formação das classes sociais no Brasil.

A paixão de Caio Prado Júnior pela política o conduziu a diferentes trincheiras. Ele ingressou no Partido Democrático, mas logo migrou para o Partido Comunista do Brasil.

Sua atuação como ativista o levou a ser o número 2 da Aliança Nacional Libertadora, um grupo que unia movimentos de esquerda na luta contra o fascismo. Por sua mobilização política, enfrentou prisões e exílio na Europa. Entre 1935 e 1937, esteve atrás das grades, e depois, entre 1937 e 1939, encontrou refúgio no Velho Continente.

Obras Imortalizadas: A pena de Caio Prado Júnior desenhou páginas que ecoam até os dias atuais. Em 1933, publicou o ensaio Evolução Política do Brasil. No ano seguinte, lançou o livro URSS, um Novo Mundo. Contudo, sua obra mais monumental, a "Formação do Brasil Contemporâneo", emergiu em 1942, logo após seu retorno do exílio. Nesse tratado, ele sondou as raízes da sociedade brasileira, desvendando os fios que teceram nossa história. História Econômica do Brasil (1945) e A Questão Agrária no Brasil (1979) também brotaram de sua mente inquisitiva.

Editor e Visionário: Em 1943, Caio Prado Júnior fundou a Editora Brasiliense, ao lado do amigo Monteiro Lobato. A gráfica e a Revista Brasiliense, porém, foram silenciadas pela ditadura militar. Sua vida pessoal também se entrelaçou com casamentos e filhos, mas é na imortalidade de suas palavras que encontramos o verdadeiro legado desse pensador multifacetado.

Assim, Caio Prado Júnior, o sociólogo, historiador, geógrafo, filósofo, político e editor, permanece como um farol que ilumina os recantos da nossa identidade nacional. Sua busca incessante pela compreensão do Brasil ecoa como um chamado à reflexão, convidando-nos a sondar nossas raízes e a moldar nosso futuro.

Ao longo de sua vida, Caio Prado Júnior foi reconhecido como uma das vozes mais importantes do pensamento crítico brasileiro, cujas ideias continuam a inspirar aqueles que buscam compreender e transformar a realidade social e política do país. Sua morte, em 1990, foi lamentada por todos aqueles que admiravam sua inteligência, coragem e compromisso com a verdade histórica.

Formação do Brasil Contemporâneo

Sua obra seminal, publicada em 1942, investiga as raízes históricas e econômicas do Brasil. Prado Júnior analisa o processo de colonização, a exploração do trabalho escravo, a formação das classes sociais e a influência do latifúndio na estruturação do país (PRADO JÚNIOR, 2019).

Formação do Brasil Contemporâneo, título que ressoa como um eco ancestral, é o legado imortal de Caio Prado Júnior. Nessa obra, publicada em 1942, o sociólogo mergulha nas entranhas da história brasileira, desvelando os fios que teceram nossa identidade coletiva.

Prado Júnior escava os alicerces da nação, revelando como a chegada dos navegadores lusitanos reverberou através dos séculos. A exploração das terras, a imposição de uma cultura estrangeira e a subjugação dos povos originários moldaram o solo fértil do Brasil.

Nas entranhas da terra, o suor e o sangue dos escravizados irrigaram as plantações de cana-de-açúcar, café e minérios preciosos. Prado Júnior desvela a brutalidade desse sistema, aprofundando-se na exploração desumana que sustentou a economia colonial (PRADO JÚNIOR, 2018).

As sementes da desigualdade germinaram no solo brasileiro. O autor analisa como as classes sociais se entrelaçaram: senhores de engenho, escravos, pequenos agricultores e uma elite emergente. A estruturação da sociedade refletiu a concentração de poder e riqueza.

O latifúndio, vasto como o horizonte, moldou o cenário brasileiro. Prado Júnior desenha o perfil dos grandes proprietários de terras, cuja influência se estendeu além das cercas e das plantações. Essas vastidões de solo fértil ditaram os rumos da nação.

Além das cifras econômicas, o autor explora a tessitura cultural. O sincretismo religioso, as festas populares, a língua portuguesa e as tradições se entrelaçam na formação do Brasil contemporâneo. Somos o resultado de séculos de encontros e desencontros.

Caio Prado Júnior nos convoca à reflexão. Ele nos desafia a sondar nossas raízes, a compreender as forças que nos moldaram e a vislumbrar um futuro mais justo. A Formação do Brasil Contemporâneo é um espelho no qual nos contemplamos como nação.

Assim, o sociólogo, com sua pena afiada e olhar crítico, nos presenteia com um mapa para decifrar nossa própria história.

Materialismo Histórico

Inspirado pelas ideias de Karl Marx, Caio Prado Júnior aplicou o materialismo histórico à realidade brasileira. Ele enfatizou a importância das condições materiais (econômicas, sociais e geográficas) na formação da sociedade.

O materialismo histórico, conceito fundamental da teoria marxista, foi habilmente aplicado por Caio Prado Júnior à realidade brasileira, oferecendo uma análise perspicaz das dinâmicas sociais e históricas do país. Inspirado pelas ideias de Karl Marx, Prado Júnior reconheceu a importância crucial das condições materiais, incluindo fatores econômicos, sociais e geográficos, na formação e evolução da sociedade brasileira.

Ao adotar uma abordagem materialista, Prado Júnior destacou como as relações de produção e as forças econômicas moldaram profundamente a estrutura social do Brasil. Ele observou como o sistema econômico influenciou as instituições políticas, as relações de classe e as dinâmicas de poder, contribuindo para a reprodução das desigualdades sociais e econômicas (PRADO JÚNIOR, 2017).

Além disso, Prado Júnior analisou as condições geográficas e ambientais do Brasil, reconhecendo seu papel na determinação dos padrões de assentamento humano, na organização da produção agrícola e na formação de identidades regionais. Ele explorou como a vastidão territorial e a diversidade geográfica do país influenciaram seu desenvolvimento histórico e as relações sociais entre diferentes regiões.

Ao aplicar o materialismo histórico à realidade brasileira, Prado Júnior contribuiu significativamente para uma compreensão mais profunda das origens e dinâmicas da sociedade brasileira, destacando a interconexão entre as condições materiais e as estruturas sociais. Sua análise crítica e perspicaz continua a ser uma referência importante para estudiosos e pesquisadores interessados na história e na sociologia do Brasil.

Questão Agrária

Prado Júnior dedicou-se a estudar a questão agrária no Brasil. Ele analisou a concentração de terras, os conflitos entre latifundiários e camponeses, e a necessidade de reformas agrárias para promover a justiça social.

A questão agrária, um dos temas centrais abordados por Caio Prado Júnior em sua obra, é um campo de estudo crucial para entender as dinâmicas socioeconômicas e políticas do Brasil. Prado Júnior dedicou considerável atenção a essa questão, reconhecendo sua importância na estruturação da sociedade brasileira e na luta por justiça social.

Uma das principais áreas de foco de Prado Júnior foi a concentração de terras, um fenômeno profundamente enraizado na história do Brasil. Ele analisou como a posse desigual da terra contribuiu para a formação de uma estrutura fundiária marcada pela predominância de latifúndios, que por sua vez perpetuou as desigualdades sociais e econômicas no paí (PRADO JÚNIOR, 1982).

Além disso, Prado Júnior investigou os conflitos entre latifundiários e camponeses, destacando as tensões decorrentes da disputa pela terra e dos diferentes interesses em jogo. Ele examinou as condições de vida dos trabalhadores rurais, suas lutas por acesso à terra e melhores condições de trabalho, e as estratégias de resistência adotadas pelos movimentos camponeses.

Por fim, Prado Júnior defendeu a necessidade de reformas agrárias como meio de promover a justiça social e enfrentar as desigualdades estruturais no campo. Ele argumentou que a redistribuição da terra e o acesso equitativo aos recursos naturais eram fundamentais para construir uma sociedade mais igualitária e democrática.

O estudo da questão agrária por Caio Prado Júnior oferece uma análise crítica e perspicaz das relações de poder e das injustiças sociais que permeiam o meio rural brasileiro, destacando a urgência de medidas que garantam uma distribuição mais justa dos recursos e promovam o bem-estar dos trabalhadores rurais.

Estrutura Colonial

O sociólogo explorou como a estrutura colonial moldou a sociedade brasileira. Ele examinou a exploração das riquezas naturais, a escravidão, a monocultura e as desigualdades resultantes.

A estrutura colonial, tema abordado pelo sociólogo Caio Prado Júnior, é essencial para compreender as raízes históricas e as características distintivas da sociedade brasileira. Prado Júnior dedicou parte significativa de sua obra ao estudo dessa estrutura, reconhecendo sua influência profunda na formação do país e na configuração das relações sociais, econômicas e políticas (PRADO JÚNIOR, 1967).

Em sua análise, Prado Júnior investigou como a estrutura colonial se fundamentou na exploração das vastas riquezas naturais encontradas no Brasil. Ele examinou como a busca por recursos como o pau-brasil, o ouro e o açúcar impulsionou a colonização portuguesa e moldou as primeiras formas de organização econômica e social no país.

Além disso, Prado Júnior destacou o papel central da escravidão na estrutura colonial brasileira. Ele analisou como o sistema escravista foi fundamental para sustentar a economia colonial, especialmente na produção de cana-de-açúcar e posteriormente de café, e como essa instituição deixou um legado de desigualdades e injustiças que perduram até os dias atuais.

Outro aspecto abordado por Prado Júnior foi a prevalência da monocultura na estrutura colonial brasileira. Ele examinou como a concentração da produção agrícola em poucos produtos, como o açúcar e o café, contribuiu para a dependência econômica do país e exacerbou as desigualdades regionais e sociais (PRADO JÚNIOR, 1967).

Prado Júnior ressaltou as profundas desigualdades

resultantes da estrutura colonial, evidenciando como a distribuição desigual de terras, riquezas e poder perpetuou a marginalização e a exclusão de vastos setores da população brasileira.

A análise de Caio Prado Júnior sobre a estrutura colonial oferece uma compreensão profunda e crítica das origens e das características fundamentais da sociedade brasileira, destacando os legados históricos que continuam a influenciar o país nos tempos contemporâneos.

Visão Crítica do Desenvolvimento

Caio Prado Júnior questionou o modelo de desenvolvimento adotado no Brasil. Ele alertou sobre os impactos negativos da industrialização desigual e da urbanização acelerada, destacando a necessidade de um desenvolvimento mais equitativo (PRADO JÚNIOR, 1987).

A visão crítica do desenvolvimento, conforme explorada por Caio Prado Júnior, oferece uma análise profunda das implicações sociais, econômicas e ambientais do modelo de desenvolvimento adotado no Brasil. Prado Júnior destacou os desafios e as desigualdades inerentes ao processo de industrialização e urbanização, lançando luz sobre as conseqüências negativas que esse modelo pode ter para a sociedade e o meio ambiente.

Em sua análise, Prado Júnior questionou a narrativa dominante de progresso associada à industrialização e urbanização. Ele argumentou que, embora esses processos pudessem trazer avanços econômicos e tecnológicos, também exacerbavam as desigualdades sociais e regionais, concentrando riqueza e poder nas mãos de poucos em detrimento da maioria da população.

O sociólogo alertou para os impactos ambientais da industrialização e urbanização descontroladas, destacando questões como poluição, degradação ambiental e perda de recursos naturais. Ele enfatizou a importância de um desenvolvimento sustentável que conciliasse o crescimento econômico com a proteção do meio ambiente e o bem-estar das comunidades (PRADO JÚNIOR, 2014).

Ao propor uma visão crítica do desenvolvimento, Prado Júnior defendeu a necessidade de políticas e práticas que promovessem uma distribuição mais equitativa dos benefícios e ônus do desenvolvimento. Ele argumentou a favor de medidas que reduzissem as disparidades sociais e regionais, fortalecessem a participação democrática e protegessem os recursos naturais para as gerações futuras.

A visão crítica do desenvolvimento de Caio Prado Júnior representa uma contribuição significativa para o debate sobre os rumos do desenvolvimento no Brasil, destacando a importância de abordagens mais equitativas, sustentáveis e socialmente responsáveis para promover o progresso e o bem-estar de toda a sociedade.

Análise da Cultura Brasileira

Além de aspectos econômicos, Prado Júnior também investigou a cultura brasileira. Ele explorou a formação da identidade nacional, a influência das tradições culturais e a relação entre cultura e poder.

A análise da cultura brasileira realizada por Caio Prado Júnior vai além dos aspectos econômicos e mergulha nas complexidades que permeiam a identidade nacional e as tradições culturais do país. Prado Júnior compreendeu a cultura como um elemento fundamental na construção da sociedade brasileira, influenciando não apenas as práticas culturais cotidianas, mas também as estruturas de poder e as relações sociais.

Ao explorar a formação da identidade nacional, Prado Júnior investigou as diversas influências que moldaram a cultura brasileira ao longo do tempo, desde as raízes indígenas e africanas até a herança europeia. Ele reconheceu a complexidade dessa mistura cultural e como ela se reflete nas manifestações artísticas, religiosas, linguísticas e culinárias do país.

Prado Júnior analisou a relação entre cultura e poder, destacando como certas expressões culturais são valorizadas e promovidas em detrimento de outras, de acordo com as estruturas de poder dominantes. Ele examinou como a elite dominante frequentemente controla e manipula a cultura para legitimar sua autoridade e manter o status quo, enquanto grupos marginalizados lutam por reconhecimento e representação (PRADO JÚNIOR, 1956).

O autor também explorou as contradições e as tensões presentes na cultura brasileira, revelando como questões de classe, raça, gênero e regionalidade influenciam as dinâmicas culturais do país. Ele questionou os estereótipos e as simplificações que frequentemente obscurecem a verdadeira diversidade e riqueza da cultura brasileira, promovendo uma análise mais crítica e inclusiva.

Em suma, a análise da cultura brasileira por Caio Prado Júnior oferece uma visão profunda e multifacetada das complexidades e das interações entre cultura, identidade e poder na sociedade brasileira. Suas reflexões continuam a inspirar aqueles que buscam compreender e valorizar a riqueza cultural do país.

Compromisso com a Transformação Social

Como intelectual engajado, Caio Prado Júnior não se limitou à academia. Ele buscou contribuir para a transformação social, defendendo reformas estruturais e uma sociedade mais justa.

O compromisso de Caio Prado Júnior com a transformação social vai além das fronteiras acadêmicas, refletindo sua convicção de que os intelectuais têm um papel ativo na promoção de mudanças positivas na sociedade. Prado Júnior não apenas analisou criticamente as estruturas sociais existentes, mas também se envolveu ativamente na defesa de reformas estruturais que visavam a criação de uma sociedade mais justa e igualitária.

Como intelectual engajado, Prado Júnior entendia que sua responsabilidade não se limitava ao mundo das ideias, mas se estendia à ação prática. Ele reconhecia a importância de traduzir suas análises teóricas em propostas concretas que pudessem impactar positivamente a vida das pessoas. Dessa forma, ele se envolveu em debates políticos e movimentos sociais, buscando influenciar as políticas públicas e as agendas sociais (PRADO JÚNIOR, 1982).

Prado Júnior defendia reformas estruturais que abordassem as raízes das desigualdades sociais no Brasil, incluindo questões como a reforma agrária, a distribuição de renda, o acesso à educação e saúde, entre outros. Ele acreditava que essas reformas eram essenciais para criar uma sociedade mais justa, onde todos tivessem oportunidades iguais de desenvolvimento e realização.

Além disso, Prado Júnior também incentivava a participação cívica e o engajamento político da sociedade civil, acreditando que a transformação social só seria possível com a participação ativa e consciente dos cidadãos. Ele via os movimentos sociais como agentes de mudança capazes de pressionar por reformas e de mobilizar a sociedade em torno de causas progressistas.

O compromisso de Caio Prado Júnior com a transformação social reflete sua visão de mundo comprometida com a justiça e a igualdade. Sua atuação como intelectual engajado inspira gerações posteriores a também se dedicarem à construção de um mundo mais justo e solidário.

Bibliografia

PRADO JÚNIOR, Caio. Evolução política do Brasil. 34. ed. São Paulo: Editora Brasiliense, 2018.

PRADO JÚNIOR, Caio. Formação do Brasil contemporâneo. 26. ed. São Paulo: Editora Brasiliense, 2019.

PRADO JÚNIOR, Caio. História econômica do Brasil. 15. ed. São Paulo: Editora Brasiliense, 2014.

PRADO JÚNIOR, Caio. A dialética do conhecimento. 4. ed. São Paulo: Editora UNESP, 2017.

PRADO JÚNIOR, Caio. O uso da riqueza. 2. ed. São Paulo: Editora Brasiliense, 1982.

PRADO JÚNIOR, Caio. "A questão nacional e a burguesia brasileira." Revista Brasiliense, n. 2, p. 3-14, 1956.

PRADO JÚNIOR, Caio. "A revolução de 1930 e a crise da democracia brasileira." Estudos Avançados, v. 1, n. 1, p. 7-22, 1987.

PRADO JÚNIOR, Caio. "A formação da classe operária brasileira." Revista Brasileira de História, v. 1, n. 1, p. 7-24, 1981.

PRADO JÚNIOR, Caio. A aventura burguesa: a formação da classe dominante no Brasil. São Paulo: Tese de Doutoramento em História, Universidade de São Paulo, 1967.

Capítulo 7

Câmara Cascudo

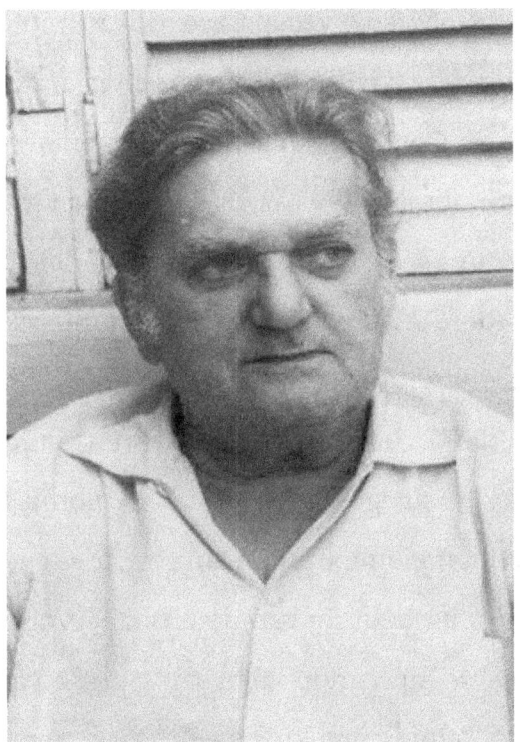

Luís da Câmara Cascudo foi um renomado cientista social brasileiro nascido em 30 de dezembro de 1898, na cidade de Natal, no estado do Rio Grande do Norte. Sua vida e obra foram dedicadas ao estudo e à preservação da cultura popular brasileira. Cascudo foi um dos mais prolíficos pesquisadores das tradições e folclore do Brasil, deixando um legado vasto e diversificado que abrange desde estudos sobre mitologia e culinária até folclore, linguagem e costumes regionais (ARAÚJO, 2018).

Ao longo de sua vida, Cascudo acumulou um vasto conhecimento sobre a cultura brasileira, viajando por diversas regiões do país para coletar e documentar as tradições populares. Sua obra mais famosa é o "Dicionário do Folclore Brasileiro", uma compilação abrangente que reúne informações sobre lendas, festas, danças, músicas, religiões e costumes das diferentes regiões do Brasil.

Além disso, ele também escreveu inúmeros outros livros, ensaios e artigos, nos quais explorou temas como alimentação, linguagem popular, superstições e festividades.

Cascudo também foi um defensor fervoroso da cultura popular brasileira, buscando valorizar e preservar as tradições populares em um contexto de rápida modernização e urbanização do país. Ele acreditava na importância de entender e respeitar as raízes culturais do povo brasileiro, destacando a diversidade e a riqueza do folclore nacional como um patrimônio a ser protegido e celebrado.

Câmara Cascudo também atuou como jornalista, professor e advogado, sendo uma figura proeminente na vida cultural e intelectual do Brasil ao longo do século XX.

Sua paixão pela cultura popular e seu compromisso com a preservação das tradições folclóricas deixaram um legado duradouro, influenciando gerações de pesquisadores, escritores e artistas brasileiros. Ele faleceu em 30 de julho de 1986, deixando um legado que continua a inspirar e enriquecer o conhecimento sobre a cultura brasileira.

Folclore como Universal

Cascudo defendia que o folclore não é uma característica exclusiva de povos primitivos ou atrasados, mas sim de todos os povos, manifestando-se em suas mais variadas formas e símbolos.

Ele defencdia a ideia de que o folclore não é um fenômeno restrito a povos considerados primitivos ou atrasados, mas sim uma manifestação presente em todas as culturas ao redor do mundo. Ele argumentava que o folclore é uma expressão intrínseca da alma humana, refletindo as experiências, crenças e valores de uma comunidade em suas mais variadas formas e símbolos (CASCUDO, 2007).

Essa visão de Cascudo ressalta a universalidade do

folclore como uma manifestação essencial da identidade cultural de todos os povos, independentemente de sua complexidade ou nível de desenvolvimento. Ao estudar e documentar o folclore brasileiro, Cascudo buscava não apenas preservar as tradições populares do país, mas também demonstrar como essas tradições eram parte de um fenômeno mais amplo, presente em todas as sociedades humanas.

Ao reconhecer o folclore como um fenômeno universal, Cascudo contribuiu para desmistificar a ideia de que certas culturas são superiores ou inferiores com base em critérios culturais. Ele destacou a riqueza e a diversidade do folclore brasileiro como uma parte integrante da herança cultural global, promovendo uma visão mais inclusiva e respeitosa das diferentes tradições culturais ao redor do mundo.

A visão de Cascudo sobre o folclore como universal enfatiza a importância de reconhecer e valorizar as manifestações culturais de todas as sociedades, independentemente de sua origem geográfica, histórica ou social. Essa abordagem amplia nossa compreensão da diversidade cultural humana e nos convida a celebrar a riqueza das tradições populares em todo o mundo.

Cultura Popular

Ele tinha uma paixão profunda pelas tradições populares, superstições, literatura oral e história do Brasil. Para Cascudo, a cultura popular é a criança que continua em nós, em nossa formação cultural e social.

Câmara Cascudo foi um intelectual profundamente fascinado pelas manifestações da cultura popular brasileira. Sua paixão pelas tradições populares, superstições, literatura oral e história do Brasil permeava toda a sua obra.

Para Cascudo, a cultura popular não era apenas um objeto de estudo, mas sim uma parte intrínseca de nossa identidade coletiva e individual. Ele via a cultura popular como uma fonte viva de conhecimento, transmitida de geração em geração, enraizada nas experiências cotidianas e nas práticas sociais do povo brasileiro (CASCUDO, 1986).

Ao explorar a cultura popular, Cascudo buscava entender as origens, significados e transformações das tradições folclóricas e dos costumes do Brasil. Ele via a cultura popular como uma "criança que continua em nós", sugerindo que essas tradições estão presentes em nosso ser cultural e social, moldando nossa identidade e influenciando nossas interações com o mundo ao nosso redor. Essa visão ressalta a importância da cultura popular como uma força dinâmica que permeia todos os aspectos da vida brasileira, desde a música e dança até as práticas religiosas e culinárias.

Além disso, Cascudo reconhecia a vitalidade e a resiliência da cultura popular, que se adapta e se reinventa ao longo do tempo, refletindo as mudanças sociais, políticas e econômicas do país. Sua abordagem holística e empática da cultura popular permitiu que ele capturasse a essência e a diversidade das tradições folclóricas brasileiras, destacando a importância de preservar e valorizar esse patrimônio cultural único.

Cascudo via a cultura popular como um tesouro vivo de sabedoria, criatividade e identidade compartilhada. Sua dedicação à preservação e compreensão das tradições populares brasileiras deixou um legado duradouro, inspirando gerações de estudiosos e artistas a explorar e celebrar as riquezas da cultura popular do Brasil.

Linguagem Popular e Regional

Cascudo também investigou a linguagem popular, estudando expressões idiomáticas, provérbios, ditados populares e outras formas de comunicação que refletem a identidade cultural do povo brasileiro e das diferentes regiões do Brasil. Ele explorou a origem e o significado de diversas expressões regionais, enriquecendo o entendimento da diversidade linguística do país.

Equanto renomado folclorista brasileiro, dedicou parte significativa de sua obra ao estudo da linguagem popular e regional. Sua investigação abrangente abordou uma vasta gama de expressões idiomáticas, provérbios, ditados populares e outras formas de comunicação que refletem a identidade cultural do povo brasileiro e as peculiaridades linguísticas das diferentes regiões do Brasil.

Ao examinar a linguagem popular, Cascudo mergulhou nas raízes históricas e culturais das expressões idiomáticas, procurando compreender seu contexto de origem, evolução ao longo do tempo e significados subjacentes.

Ele reconhecia que a linguagem popular é um reflexo da vida cotidiana, das crenças, valores e experiências compartilhadas por determinada comunidade, e, portanto, uma fonte rica de insights sobre a cultura e identidade de um povo (CASCUDO, 1944).

Além disso, Cascudo valorizava a diversidade linguística do Brasil e explorava as nuances regionais que caracterizam o idioma português falado em diferentes partes do país. Ele estudou as influências históricas, étnicas e geográficas que moldaram o vocabulário, a gramática e a sintaxe das diferentes regiões brasileiras, oferecendo uma perspectiva abrangente sobre a riqueza linguística do Brasil.

Por meio de sua pesquisa, Cascudo não apenas documentou as expressões idiomáticas e provérbios, mas também buscou preservar e valorizar o patrimônio linguístico do Brasil. Ele reconhecia que a linguagem popular é uma parte fundamental da identidade cultural de um povo e desempenha um papel crucial na transmissão de tradições, valores e saberes de geração em geração.

Em suma, o estudo da linguagem popular e regional realizado por Câmara Cascudo contribuiu significativamente para o entendimento e a apreciação da diversidade linguística e cultural do Brasil. Sua abordagem meticulosa e apaixonada deixou um legado duradouro, inspirando estudiosos e amantes da cultura a explorar e celebrar a riqueza da linguagem popular brasileira.

Regionalismo e Modernismo

Cascudo apresentava facetas variadas, deslocando-se entre duas correntes muito presentes desde os anos iniciais de sua produção literária: o modernismo brasileiro e a tradição do regionalismo nordestino.

Ele foi uma figura notável da cultura brasileira que transitava entre dois movimentos literários marcantes: o modernismo e o regionalismo nordestino. Seu trabalho reflete uma síntese única dessas duas correntes, incorporando elementos distintivos de ambas para criar uma abordagem literária e cultural rica e multifacetada (CASCUDO, 1949).

Por um lado, o modernismo brasileiro, um movimento literário e artístico que emergiu nas primeiras décadas do século XX, enfatizava a busca por uma identidade nacional autêntica e a ruptura com as formas artísticas tradicionais.

Cascudo compartilhava dessa visão modernista ao explorar a diversidade cultural do Brasil, buscando compreender e valorizar as expressões populares e folclóricas como parte integrante da identidade nacional. Sua obra reflete uma sensibilidade modernista ao desafiar convenções estabelecidas e ao adotar uma abordagem inovadora para documentar e interpretar as tradições culturais brasileiras.

Por outro lado, Cascudo também se inseriu na tradição do regionalismo nordestino, um movimento literário que destacava as características únicas e as questões sociais e culturais específicas da região Nordeste do Brasil. Ao estudar e celebrar as tradições populares, a culinária, as festas e as lendas do Nordeste, Cascudo contribuiu para a valorização e preservação da identidade cultural dessa região.

Sua obra reflete uma profunda conexão com as raízes nordestinas e um compromisso em retratar a riqueza e a diversidade cultural do Nordeste brasileiro.

Assim, Câmara Cascudo se destaca como um escritor que transcende as fronteiras entre o modernismo e o regionalismo nordestino, combinando elementos desses dois movimentos para criar uma obra singular que captura a essência e a complexidade da cultura brasileira. Sua habilidade em unir essas duas correntes literárias contribuiu para enriquecer o cenário cultural do Brasil e influenciou gerações de escritores e estudiosos.

Culinária e Alimentação

Um dos aspectos menos explorados da cultura popular brasileira na época, Cascudo trouxe à tona a importância da culinária e da alimentação como elementos essenciais da identidade nacional. Seus estudos abrangem desde receitas tradicionais até a história e os significados culturais por trás dos pratos típicos brasileiros.

Ele trouxe uma perspectiva inovadora ao explorar a culinária e a alimentação como aspectos fundamentais da identidade nacional. Em um contexto em que a culinária era muitas vezes subestimada como objeto de estudo cultural, Cascudo reconheceu sua importância como expressão da diversidade e da riqueza cultural do Brasil. Sua abordagem interdisciplinar combinou elementos da antropologia, história, sociologia e folclore para desvendar os segredos por trás das receitas tradicionais e dos hábitos alimentares do povo brasileiro.

Ao examinar a culinária brasileira, Cascudo não se limitou apenas a listar receitas ou ingredientes, mas também mergulhou nas origens históricas e nas influências culturais que moldaram a gastronomia do país. Ele investigou como as tradições alimentares foram transmitidas ao longo do tempo, desde as práticas culinárias indígenas e africanas até as influências europeias trazidas pelos colonizadores.

Além disso, Cascudo explorou os significados simbólicos por trás dos pratos típicos brasileiros, revelando como a comida está intrinsecamente ligada à identidade cultural e à memória coletiva do povo brasileiro.

Seus estudos abrangentes sobre culinária e alimentação ajudaram a elevar o status da gastronomia brasileira como um campo legítimo de investigação acadêmica e cultural. Ao destacar a diversidade regional das práticas culinárias brasileiras, Cascudo também contribuiu para promover o entendimento e o respeito pela riqueza cultural de diferentes regiões do Brasil (CASCUDO, 1987).

Sua obra continua sendo uma referência importante para estudiosos, chefs e entusiastas da culinária interessados em com preender as complexidades e as nuances da gastronomia brasileira e sua conexão com a identidade nacional.

Superstições e Crendices

Como parte de seus estudos sobre o folclore, Cascudo examinou as superstições e crendices populares, investigando suas origens e seu papel na cultura brasileira. Ele analisou como crenças e práticas mágico-religiosas foram transmitidas ao longo das gerações e influenciaram o comportamento e as tradições do povo brasileiro.

Seus estudos sobre superstições e crendices não se limitaram apenas a catalogar essas crenças, mas buscaram compreender suas origens, significados e influências na vida cotidiana dos brasileiros (CASCUDO, 2007).

Cascudo investigou como essas crenças foram transmitidas ao longo do tempo, muitas vezes enraizadas em tradições indígenas, africanas e europeias, que se entrelaçaram para formar a cultura brasileira única e diversificada.

Além disso, Cascudo analisou o papel das superstições e crendices na formação de rituais, práticas de cura, festividades e comportamentos sociais. Ele destacou como essas crenças moldaram não apenas as tradições religiosas, mas também a maneira como os brasileiros se relacionam com o mundo natural, o desconhecido e o sobrenatural.

Ao estudar as superstições e crendices, Cascudo também revelou sua relação com questões sociais e psicológicas, mostrando como essas crenças muitas vezes servem como mecanismos de enfrentamento para lidar com a incerteza e o medo, bem como para buscar proteção e segurança em um mundo imprevisível (CASCUDO, 2007).

Em suma, os estudos de Câmara Cascudo sobre superstições e crendices oferecem uma visão fascinante e abrangente da cultura brasileira, destacando a profundidade e a complexidade das crenças populares que permeiam a sociedade e moldam sua identidade única.

Estudo do Folclore Brasileiro

Cascudo é considerado um dos maiores pesquisadores do folclore nacional. Ele deixou como legado um olhar profundo para os mitos e lendas do Brasil, para as cantorias e danças populares, mostrando o saber do povo que estava por trás dessas composições.

Todavia, seu trabalho transcendeu a mera coleta de histórias e canções folclóricas, mergulhando no âmago das crenças, práticas e expressões culturais que moldaram a identidade do povo brasileiro ao longo dos séculos.

Por meio de sua meticulosa pesquisa e profundo conhecimento, Cascudo revelou as raízes profundas dos mitos e lendas do Brasil, destacando sua importância na construção da identidade nacional. Ele não apenas documentou essas narrativas, mas também as contextualizou dentro do cenário cultural e histórico do país, oferecendo insights valiosos sobre a mente e a alma do povo brasileiro (CASCUDO, 2007).

Cascudo explorou as cantorias e danças populares, reconhecendo nelas não apenas formas de entretenimento, mas também expressões vivas da cultura e da espiritualidade do Brasil. Ele demonstrou como essas manifestações artísticas refletem as tradições, os valores e as experiências compartilhadas pelo povo, transmitindo conhecimentos ancestrais de geração em geração.

O legado de Câmara Cascudo vai além de suas contribuições acadêmicas; ele deixou uma herança de apreciação e respeito pelas riquezas do folclore brasileiro. Seu trabalho continua a inspirar estudiosos e amantes da cultura popular, incentivando a preservação e a valorização das tradições que formam o tecido da sociedade brasileira. Em suma, Cascudo é lembrado como um guardião do folclore nacional, cujo trabalho iluminou os cantos mais sombrios e fascinantes da alma brasileira (CASCUDO, 1958).

Identidade Nacional

Cascudo contribuiu significativamente para a construção de uma identidade nacional brasileira ao destacar e celebrar a diversidade cultural do país. Ele defendia a ideia de que a cultura popular era um reflexo das múltiplas influências étnicas e históricas que moldaram o Brasil, promovendo uma visão inclusiva e plural da identidade nacional.

Em vez de conceber a identidade nacional como algo homogêneo e uniforme, Cascudo reconheceu que o Brasil é um caldeirão de culturas, resultado da interação entre povos indígenas, colonizadores europeus, africanos escravizados e imigrantes de diversas partes do mundo. Sua abordagem enfatizava a importância de reconhecer e respeitar as diferentes tradições, costumes e expressões culturais que coexistem no Brasil (CASCUDO, 1987).

Ao destacar a cultura popular como uma expressão autêntica e vibrante da identidade nacional, Cascudo contribuiu para desafiar visões estereotipadas e simplistas sobre o que significa ser brasileiro.

Ele via a cultura popular como um espelho das múltiplas influências étnicas e históricas que permeiam a sociedade brasileira, refletindo as histórias, valores e experiências compartilhadas pelo povo. Ao fazê-lo, Cascudo promoveu uma visão mais inclusiva e plural da identidade nacional, que reconhece e celebra as diferenças como uma fonte de enriquecimento e vitalidade cultural.

Além disso, ao estudar e documentar as diversas manifestações da cultura popular brasileira, como mitos, lendas, festas, danças e culinária, Cascudo contribuiu para preservar e valorizar o patrimônio cultural do país. Ele entendia que a identidade nacional não é estática, mas sim dinâmica e em constante evolução, refletindo as mudanças sociais, políticas e culturais ao longo do tempo.

Portanto, seu trabalho não apenas ajudou a construir uma compreensão mais profunda e complexa da identidade brasileira, mas também inspirou gerações futuras a se engajarem na preservação e na promoção da diversidade cultural do país.

Bibliografia

ARAÚJO, Sizenando. Câmara Cascudo: vida e obra. Natal: Editora Fundação José Augusto, 2004.CASCUDO, Câmara. Dicionário do folclore brasileiro. 10. ed. São Paulo: Editora Melhoramentos, 2018.

CASCUDO, Câmara. Geografia dos mitos brasileiros. 4. ed. São Paulo: Editora Beltrão, 2007.

CASCUDO, Câmara. História da literatura brasileira. 5. ed. São Paulo: Editora Itatiaia, 1986.

CASCUDO, Câmara. Lendas brasileiras. 3. ed. São Paulo: Editora Global, 2007.

CASCUDO, Câmara. Madeira que o tempo esqueceu. 3. ed. São Paulo: Editora Itatiaia, 1987.

CASCUDO, Câmara. "O folclore no Brasil." Revista Brasileira de Folclore, n. 1, p. 5-20, 1958.

CASCUDO, Câmara. "A mitologia brasileira." Estudos Avançados, v. 1, n. 1, p. 23-38, 1987.

CASCUDO, Câmara. Análise do cancioneiro popular brasileiro. São Paulo: Tese de Doutoramento em Letras, Universidade de São Paulo, 1949.

CASCUDO, Câmara. Contribuição para o estudo da literatura popular no Brasil. Rio de Janeiro: Dissertação de Mestrado em Letras, Universidade Federal do Rio de Janeiro, 1944.

Capítulo 8

Darcy Ribeiro

    Darcy Ribeiro, um nome que ressoa como o eco das matas brasileiras, emergiu das entranhas do solo mineiro. Nasceu em Montes Claros, no dia 26 de outubro de 1922, sob o signo da inquietação e da busca incessante pelo conhecimento.

Seu pai, Reginaldo Ribeiro dos Santos, farmacêutico de olhos curiosos, e sua mãe, Josefina Augusta da Silveira, professora de sonhos entrelaçados, moldaram o jovem Darcy. Ele trilhou os corredores da Faculdade de Medicina de Belo Horizonte, mas a paixão pelas ideias o arrebatou. Abandonou o curso e, como um pássaro migratório, voou para São Paulo.

Em 1947, Darcy Ribeiro despiu-se das convenções e vestiu a pele de etnólogo. No antigo Serviço de Proteção ao Índio (SPI), ele dançou com as almas ancestrais. Religião e Mitologia Cadiueu (1950) foi o fruto de suas incursões no mundo dos Cadiueus, habitantes da fronteira entre Mato Grosso do Sul e o Paraguai. O Museu do Índio brotou de suas mãos, como um templo de memórias sagradas.

Com a eleição de Juscelino Kubitschek, Darcy Ribeiro dançou nos salões da educação. Ele e o educador Anísio Teixeira compuseram sinfonias de reformas. A Faculdade Nacional de Filosofia abriu suas portas, e Darcy, como um alquimista do saber, criou o primeiro curso de pós-graduação em Antropologia. Lecionou, pesquisou, defendeu a escola pública e, em 1961, ajudou a dar vida à Universidade Nacional de Brasília (UNB) (FAUSTO, 1997).

Mas a política, como uma maré traiçoeira, o arrastou. Foi Ministro da Educação e Cultura durante o Regime Parlamentarista de João Goulart. Em 1963, o regime presidencialista o chamou de volta. Deixou o Ministério, mas não a luta. O exílio o acolheu, e Darcy, como um trovador das causas justas, continuou a escrever, a pensar, a sonhar.

O conceito de identidade cultural pulsava em suas veias. Ele viu o Brasil como um caleidoscópio de cores, ritmos e crenças. Sua pena, afiada como um punhal, desenhou páginas que ecoam até hoje. "O Povo Brasileiro" (1995) é seu testamento, uma ode à nossa diversidade.

Identidade Cultural

Darcy Ribeiro, como um arqueólogo da alma brasileira, explorou a identidade cultural. Ele viu o Brasil como um caleidoscópio de cores, ritmos e crenças. Nossas raízes indígenas, africanas e europeias se entrelaçam, criando uma teia complexa de identidade (MARTINS, 2010).

Com sua abordagem singular e apaixonada, dedicou-se a desvendar as camadas profundas da identidade cultural brasileira. Ele enxergava o Brasil como um verdadeiro mosaico de influências, onde as raízes indígenas, africanas e europeias se entrelaçam de maneira intricada, formando uma tapeçaria cultural rica e diversificada (RIBEIRO, 1950).

Para Darcy Ribeiro, a identidade brasileira não poderia ser com preendida de forma isolada, mas sim como um conjunto complexo de elementos que se fundem e se complementam. Ele via a cultura brasileira como um reflexo das múltiplas heranças deixadas pelos povos que contribuíram para a formação do país, desde os povos originários que habitavam estas terras antes da chegada dos europeus, passando pela influência marcante da cultura africana trazida pelos escravizados, até as contribuições europeias trazidas pelos colonizadores (RIBEIRO, 1995).

Ao explorar essa diversidade cultural, Darcy Ribeiro não apenas destacava a riqueza e a vitalidade das tradições brasileiras, mas também ressaltava a necessidade de compreender e valorizar essa pluralidade como parte fundamental da identidade nacional. Ele via na interação entre essas diferentes culturas uma fonte de criatividade e inovação, capaz de enriquecer o tecido social e cultural do Brasil.

Assim, Darcy Ribeiro emergiu como um verdadeiro "arqueólogo da alma brasileira", empenhado em revelar as múltiplas facetas da identidade nacional e em promover o respeito e a valorização das diversas manifestações culturais que compõem o cenário brasileiro. Sua visão holística e profundamente humanista da identidade cultural continua a inspirar estudiosos e artistas a explorar e celebrar a riqueza da diversidade cultural do Brasil (RIBEIRO, 2008).

Educação para Todos

Como um guardião da luz do conhecimento, Darcy Ribeiro defendeu a educação pública e de qualidade para todos. Ele co-fundou a Universidade de Brasília (UNB) e criou a Universidade Estadual do Norte Fluminense Darcy Ribeiro. Seu ideal era aliar os estudos formais com atividades culturais.

Como um defensor incansável da democratização do acesso ao conhecimento, dedicou sua vida à causa da educação para todos. Ele acreditava que a educação era a chave para promover a igualdade de oportunidades e o desenvolvimento humano, e via na educação pública e de qualidade um instrumento fundamental para alcançar esse objetivo (RIBEIRO, 1985).

Ao co-fundar a Universidade de Brasília (UNB) e criar a Universidade Estadual do Norte Fluminense Darcy Ribeiro, ele materializou sua visão de uma educação que fosse acessível a todos, independentemente de sua origem social ou econômica. Suas universidades foram concebidas como espaços de aprendizado e reflexão, onde o conhecimento acadêmico se combinava com atividades culturais e experiências práticas, enriquecendo assim a formação dos estudantes de forma integral.

Darcy Ribeiro entendia a educação não apenas como um processo de transmissão de informações, mas como um meio de capacitar os indivíduos a pensarem criticamente, questionarem o status quo e se engajarem na construção de uma sociedade mais justa e inclusiva. Ele via na educação um poder transformador capaz de romper com as desigualdades estruturais e promover o desenvolvimento pleno de cada pessoa (RIBEIRO, 1986).

Portanto, Darcy Ribeiro emergiu como um verdadeiro guardião da luz do conhecimento, cujo legado continua a inspirar gerações de educadores e estudantes a lutar pela democratização e qualidade da educação, buscando alcançar o ideal de uma sociedade onde todos tenham acesso às oportunidades de aprendizado e crescimento pessoal.

Desigualdade e Estratificação Social

Nas páginas de suas obras, Darcy destacou a estratificação de classes que marcou a história do Brasil. A desigualdade entre ricos e pobres, a concentração de riqueza e a desumanização das relações de trabalho foram temas que ecoaram em sua obra.

Ele lançou luz sobre a intricada teia de desigualdade e estratificação social que permeou a história do Brasil. Darcy não apenas descreveu, mas também analisou profundamente as camadas sociais que se formaram ao longo do tempo, destacando a disparidade entre os que detêm o poder econômico e os que lutam para sobreviver.

A desigualdade, para Darcy, não era apenas uma questão de diferenças de renda, mas sim um fenômeno multifacetado que se manifestava em várias dimensões da vida social. Ele apontou para a concentração de riqueza nas mãos de poucos, o que resultava em privilégios e oportunidades desiguais para diferentes grupos da sociedade. Além disso, ele denunciou a desumanização das relações de trabalho, onde os trabalhadores eram frequentemente explorados e marginalizados em prol do lucro e do poder das elites dominantes (RIBEIRO, 2004).

Ao destacar esses temas em sua escrita, Darcy Ribeiro não apenas documentou a realidade social do Brasil, mas também instigou reflexões sobre as raízes históricas e as consequências presentes da desigualdade e da estratificação social. Ele desafiou seus leitores a confrontarem essas injustiças e a trabalharem em prol de uma sociedade mais igualitária e justa, onde cada indivíduo pudesse desfrutar de dignidade e oportunidades equitativas.

América Latina e Contrastes

Darcy Ribeiro, como um viajante das Américas, focalizou os contrastes existentes entre os países. Ele propôs novas tipologias para as classes sociais e para as estruturas de poder na América Latina. A convivência da riqueza e da pobreza era sua tela de pintura (RIBEIRO, 1986).

Ao percorrer os caminhos da América Latina, Darcy Ribeiro não poupou esforços para compreender e desvendar os contrastes sociais e econômicos que caracterizavam a região. Ele se viu diante de uma paisagem complexa, onde a opulência se misturava com a miséria, criando um cenário de marcantes contrastes (RIBEIRO, 1978).

Nesse contexto, Darcy Ribeiro não se contentou em simplesmente observar. Ele propôs novas formas de entender e classificar as diferentes camadas sociais e as estruturas de poder na América Latina. Suas tipologias inovadoras ajudaram a iluminar as nuances das relações sociais e políticas na região, oferecendo insights valiosos para aqueles que buscavam compreender melhor a dinâmica social.

A convivência da riqueza e da pobreza tornou-se a tela de pintura de Darcy Ribeiro, onde ele retratou vividamente os contrastes sociais que moldavam a vida na América Latina. Sua abordagem multifacetada permitiu uma análise mais profunda das disparidades econômicas e sociais, estimulando um vasto debate e reflexão sobre as questões prementes que afetavam a região.

Memorial da América Latina

Como um arquiteto de sonhos, Darcy fundou o Memorial da América Latina em São Paulo. Esse centro cultural é um templo de memórias, onde as vozes das Américas se entrelaçam.

O Memorial da América Latina, idealizado por Darcy Ribeiro, não é apenas uma construção física, mas sim um monumento imponente que ecoa as vozes e as histórias de todo um continente. Concebido como um espaço dedicado à celebração e à preservação da rica diversidade cultural e histórica das Américas, o Memorial se tornou um verdadeiro santuário de memórias (RIBEIRO, 1995).

Ele visionou o Memorial como um ponto de encontro para as diferentes expressões culturais e artísticas da América Latina. É um lugar onde as fronteiras são borradas e as identidades são celebradas em sua plenitude, refletindo a essência multicultural e multifacetada do continente.

O Memorial da América Latina é mais do que um simples edifício; é um testemunho vivo da visão de Darcy Ribeiro de promover a integração e a cooperação entre os países latino-americanos.

É um espaço sagrado onde as narrativas de resistência, luta e esperança são preservadas e compartilhadas, inspirando gerações presentes e futuras a valorizar e proteger a riqueza cultural e histórica da América Latina.

Com sua arquitetura arrojada e sua vasta programação cultural, o Memorial se destaca como um farol de conhecimento e compreensão mútua, incentivando o diálogo intercultural e a cooperação regional. É um legado duradouro de Darcy Ribeiro, um convite para que todos se conectem com as raízes e as aspirações compartilhadas que unem os povos da América Latina.

Assim, Darcy Ribeiro permanece como um farol que ilumina os caminhos da nossa nação. Que suas palavras, como sementes ao vento, germinem nos corações dos que buscam compreender o Brasil e forjar um futuro mais justo.

Bibliografia

FAUSTO, Boris. "Darcy Ribeiro e a política brasileira." Estudos Avançados, v. 11, n. 31, p. 39-52, 1997.

MARTINS, José de Souza. A sociedade brasileira. 5. ed. São Paulo: Editora Contexto, 2010. (Capítulo "Darcy Ribeiro e o projeto de nação brasileira")

RIBEIRO, Darcy. O povo brasileiro. 3. ed. São Paulo: Editora Companhia das Letras, 1995.

RIBEIRO, Darcy. O processo civilizatório: etapas da cultura no Brasil. 5. ed. São Paulo: Editora Companhia das Letras, 2004.

RIBEIRO, Darcy. A universidade necessária. 3. ed. Rio de Janeiro: Editora Paz e Terra, 1985.

RIBEIRO, Darcy. Mausoléu da utopia. Rio de Janeiro: Editora Editora Record, 1978.

RIBEIRO, Darcy. Os índios e a civilização. 5. ed. São Paulo: Editora Companhia das Letras, 2008.

RIBEIRO, Darcy. "A formação da sociedade brasileira." Revista Brasileira de Estudos Políticos, n. 1, p. 5-34, 1950.

RIBEIRO, Darcy. "A universidade latino-americana." Revista Brasileira de Educação, n. 1, p. 5-20, 1995.

RIBEIRO, Darcy. "O futuro da América Latina." Novos Estudos CEBRAP, n. 20, p. 59-72, 1986.

RIBEIRO, Darcy. "A democracia e o futuro do Brasil." Revista Brasileira de Ciências Sociais, v. 1, n. 1, p. 5-20, 1986.

Capítulo 9

Elide Rugai Bastos

Elide Rugai nasceu em São Manuel, no interior de São Paulo, em 9 de março de 1937. Sua família, de origem migrante italiana, estava entrelaçada com a agronomia, como raízes profundas que buscam nutrientes na terra.

Na juventude, Elide trilhou caminhos diversos. Primeiro, os estudos em colégio interno para moças, onde as paredes testemunharam sua curiosidade insaciável. Depois, o Conservatório Musical, onde suas mãos dançavam sobre as teclas do piano, traduzindo emoções em acordes.

Filosofia foi sua escolha nos estudos superiores, na Pontifícia Universidade Católica (PUC-SP). Entre 1956 e 1960, ela se graduou, mas sua jornada estava apenas começando. A PUC-SP também foi o palco de sua docência, onde ela compartilhou conhecimento com outros luminosos pensadores: Carmem Junqueira, Beatriz Muniz, Cândido Procópio Camargo, Renato Ortiz. E, entre os corredores, ecoavam os nomes de Florestan Fernandes, Octavio Ianni, Maurício Tragtenberg – cientistas sociais que enfrentaram as tempestades do exílio e da cassação durante o regime ditatorial (SKIDMORE,2010).

Elide, porém, não se contentava com o silêncio das estantes. A pesquisa a chamava, e ela respondeu. O mestrado em Ciência Política na Universidade de São Paulo (USP) a levou a Pernambuco, onde estudou as Ligas Camponesas. O impacto político dessas ligas, entrelaçado com a sociologia rural e a questão agrária, germinou em seu primeiro livro, "As Ligas Camponesas" (1984).

Mas Elide não parou por aí. O doutorado em Ciências

Sociais, sob a orientação de Octavio Ianni, a conduziu pelos meandros do pensamento social conservador. Seu objeto de estudo? Gilberto Freyre, cujas posições políticas pouco exploradas ganharam vida nas páginas de sua tese. Anos depois, essa pesquisa floresceu no premiado livro "As Criaturas de Prometeu: Gilberto Freyre e a Formação da Sociedade Brasileira".

Ela não era apenas uma observadora distante. Elide Rugai Bastos se envolveu na política, nas lutas pela redemocratização. Vigilância em sala de aula, cerceamento de carreiras acadêmicas – ela enfrentou os arbítrios da ditadura civil-militar. E, ao lado de outros intelectuais, ela compôs o coro da resistência (BASTOS, 2015).

Professora livre-docente na Unicamp, secretária adjunta da Anpocs, diretora do Centro de Estudos Brasileiros – Elide Rugai Bastos é mais do que uma socióloga. Ela é uma sinfonia em movimento, cuja melodia ecoa nas páginas de livros, nos debates acadêmicos e nas ruas onde a história se desenha.

Elide Rugai Bastos é reconhecida por suas contribuições significativas para o campo da sociologia brasileira, abordando uma ampla gama de temas e questões sociais. Suas contribuições para a Sociologia incluem diferentes áreas, teorias, ideias, conceitos e pensamentos.

Sociologia Brasileira

Elide Rugai Bastos se destacou por seu estudo aprofundado da sociedade brasileira, explorando suas complexidades, desigualdades e transformações ao longo do tempo.

Ao longo de sua carreira, ela se dedicou a explorar as complexidades, desigualdades e transformações que caracterizam o tecido social do Brasil. Seu estudo aprofundado abrange uma ampla gama de questões sociais, desde as relações raciais e étnicas até as dinâmicas econômicas e políticas.

Uma das características distintivas do trabalho de Bastos é sua abordagem interdisciplinar, que incorpora insights da história, antropologia, ciência política e outras disciplinas para compreender melhor as realidades sociais brasileiras. Ela reconhece a diversidade e a pluralidade do Brasil, examinando as interações entre diferentes grupos sociais, culturais e étnicos (BASTOS, 1995).

Além disso, Bastos está profundamente comprometida em destacar as desigualdades existentes na sociedade brasileira e em identificar maneiras de promover a justiça social e a inclusão. Seu trabalho muitas vezes lança luz sobre questões negligenciadas ou sub-representadas, dando voz aos grupos marginalizados e explorando suas experiências e perspectivas.

Por meio de suas pesquisas, publicações e atividades acadêmicas, Elide Rugai Bastos contribui significativamente para o avanço do conhecimento sociológico no Brasil e além. Seu trabalho não apenas enriquece nosso entendimento da sociedade brasileira, mas também nos inspira a buscar soluções para os desafios sociais e políticos que enfrentamos como nação.

Gilberto Freyre e a Formação da Sociedade Brasileira

Seu livro "As Criaturas de Prometeu: Gilberto Freyre e a Formação da Sociedade Brasileira" analisa criticamente o pensamento de Freyre e sua influência na compreensão da história e da cultura brasileira.

O livro oferece uma análise crítica e reflexiva sobre as ideias de Freyre, destacando tanto suas contribuições como suas limitações na compreensão da formação da sociedade brasileira (BASTOS, 2006).

Ao longo da obra, Bastos examina cuidadosamente os conceitos-chave propostos por Freyre, como o "luso-tropicalismo" e a ideia de "democracia racial", que descrevem as relações raciais e culturais no Brasil. Ela questiona a validade desses conceitos à luz das mudanças sociais e históricas ocorridas desde a publicação das obras de Freyre.

O livro de Bastos também explora o contexto intelectual e político em que Gilberto Freyre estava inserido, destacando as influências e as controvérsias que cercaram seu trabalho. Ao fazer isso, ela oferece uma perspectiva mais ampla sobre o legado intelectual de Freyre e seu impacto na sociologia e na antropologia brasileiras.

"As Criaturas de Prometeu" não apenas lança luz sobre o pensamento de Gilberto Freyre, mas também estimula uma reflexão mais profunda sobre a história e a identidade cultural do Brasil. A obra de Elide Rugai Bastos é uma contribuição valiosa para o debate acadêmico sobre a formação da sociedade brasileira e a influência de suas figuras intelectuais proeminentes.

Identidade Nacional

Bastos também aborda questões relacionadas à identidade nacional brasileira, investigando como diferentes elementos culturais, sociais e históricos contribuem para a formação da identidade nacional.

A autora investiga os múltiplos elementos que influenciam a construção dessa identidade, levando em consideração aspectos culturais, sociais e históricos. Ao analisar a identidade nacional, Bastos examina não apenas os elementos que unem o povo brasileiro, mas também as contradições e conflitos que permeiam essa construção identitária (BASTOS, 2005).

Um dos pontos de destaque em seu trabalho é a compreensão da diversidade cultural do Brasil e como essa diversidade contribui para a riqueza da identidade nacional. Bastos reconhece que o Brasil é um país marcado pela mistura de diferentes etnias, culturas e tradições, e que essa diversidade é fundamental para entender a complexidade da identidade brasileira.

A autora também analisa as transformações históricas e sociais que moldaram a identidade nacional ao longo do tempo. Ela examina como eventos como a colonização, a escravidão, a imigração e os movimentos sociais influenciaram a forma como os brasileiros se veem e são vistos pelos outros.

Por meio de uma abordagem interdisciplinar e crítica, Elide Rugai Bastos oferece uma visão abrangente e perspicaz sobre a identidade nacional brasileira, enriquecendo o debate acadêmico e contribuindo para uma compreensão mais profunda da diversidade e complexidade do Brasil.

Relações Raciais e Étnicas

Sua obra examina as relações raciais e étnicas no Brasil, destacando as questões de preconceito, discriminação e desigualdade racial que permeiam a sociedade brasileira.

Na análise de Elide Rugai Bastos, as relações raciais e étnicas no Brasil são abordadas com uma profundidade que revela as nuances e complexidades dessas questões. A autora mergulha nas estruturas sociais, históricas e culturais que moldaram as relações raciais e étnicas no país, destacando não apenas os aspectos evidentes de preconceito e discriminação, mas também as sutilezas e formas mais veladas de desigualdade racial (BASTOS, 2000).

Um dos pontos centrais de sua obra é a compreensão da interseccionalidade entre raça, classe e gênero, reconhecendo que a discriminação racial muitas vezes se entrelaça com outras formas de opressão e desigualdade. Ela examina como essas interseções influenciam a experiência e as oportunidades de diferentes grupos raciais e étnicos no Brasil.

Além disso, Bastos também investiga as políticas públicas relacionadas à promoção da igualdade racial e étnica, analisando seu impacto na redução das disparidades e na promoção da inclusão social. Ela avalia criticamente as políticas de ação afirmativa, como as cotas raciais, e sua eficácia na promoção da igualdade de oportunidades para grupos historicamente marginalizados.

Por meio de uma abordagem interdisciplinar e empiricamente embasada, Elide Rugai Bastos oferece uma visão abrangente e perspicaz sobre as relações raciais e étnicas no Brasil, contribuindo para um entendimento mais profundo dos desafios e possibilidades de construção de uma sociedade mais justa e igualitária.

Desenvolvimento Social e Econômico

Elide Rugai oferece insights sobre o desenvolvimento social e econômico do Brasil, analisando os desafios e as oportunidades para promover um crescimento mais equitativo e sustentável.

Em suas análises, o desenvolvimento social e econômico do Brasil é examinado com uma abordagem multifacetada, que considera não apenas os aspectos econômicos, mas também as dimensões sociais, culturais e políticas envolvidas nesse processo. A autora busca entender os desafios estruturais que limitam o desenvolvimento inclusivo e sustentável do país, bem como identificar oportunidades para promover mudanças positivas.

Um dos pontos centrais de sua análise é o papel das desigualdades socioeconômicas na perpetuação do subdesenvolvimento e na reprodução da pobreza. Ela examina como a concentração de renda, a falta de acesso a serviços básicos e a exclusão social afetam negativamente milhões de brasileiros, impedindo o pleno desenvolvimento humano e econômico (BASTOS, 2010).

Além disso, Bastos investiga as políticas públicas e estratégias de desenvolvimento adotadas pelo Brasil ao longo do tempo, avaliando sua eficácia na redução das disparidades sociais e na promoção do crescimento econômico sustentável. Ela também destaca a importância da participação da sociedade civil, da educação de qualidade e do fortalecimento das instituições democráticas como elementos-chave para alcançar um desenvolvimento social e econômico mais equitativo.

Por meio de uma análise aprofundada e empiricamente embasada, Elide Bastos oferece insights valiosos sobre os caminhos para um desenvolvimento social e econômico mais justo e inclusivo no Brasil, contribuindo para o debate público e para a formulação de políticas mais eficazes nessa área.

Teoria Sociológica

Bastos contribui para o debate teórico na sociologia, incorporando diferentes abordagens e perspectivas para analisar fenômenos sociais complexos.

Na sua abordagem à teoria sociológica, Elide Rugai Bastos destaca-se por sua capacidade de integrar diversas correntes teóricas e perspectivas analíticas para compreender fenômenos sociais complexos. Sua contribuição para o debate teórico na sociologia reflete uma abordagem interdisciplinar, que incorpora insights da sociologia clássica, da teoria crítica, do funcionalismo, do interacionismo simbólico, entre outras correntes (BASTOS, 1997).

Ao explorar temas como estratificação social, identidade, cultura, poder e mudança social, Bastos utiliza uma variedade de conceitos e modelos teóricos para oferecer uma compreensão mais profunda da dinâmica social. Ela não se prende a uma única perspectiva teórica, mas sim adapta e combina diferentes abordagens conforme necessário para examinar as complexidades dos fenômenos sociais em questão (BASTOS, 2007).

Além disso, sua abordagem teórica é fortemente ancorada em pesquisas empíricas e estudos de caso, o que permite uma aplicação prática das teorias sociológicas na compreensão da realidade social. Bastos enfatiza a importância de uma análise contextualizada e sensível ao contexto, reconhecendo que os fenômenos sociais são moldados por uma variedade de fatores inter-relacionados.

Dessa forma, a contribuição de Elide Rugai Bastos para a teoria sociológica é marcada pela sua capacidade de integrar diversas perspectivas, abordagens e métodos de pesquisa para oferecer uma compreensão mais abrangente e holística dos processos sociais e das estruturas que os moldam. Sua obra estimula o avanço do conhecimento sociológico e enriquece o debate acadêmico sobre as dinâmicas da sociedade contemporânea.

Bibliografia

BASTOS, Elide Rugai. Educação e democracia: o discurso da reforma educacional. São Paulo: Cortez Editora, 1997.

BASTOS, Elide Rugai. A escola e a questão social. 2. ed. São Paulo: Cortez Editora, 2000.

BASTOS, Elide Rugai. Educação popular e democracia: desafios para o século XXI. São Paulo: Editora Autores Associados, 2005.

BASTOS, Elide Rugai. Políticas públicas e desigualdades sociais no Brasil. São Paulo: Editora Cortez, 2010.

BASTOS, Elide Rugai. O futuro da educação no Brasil: desafios e perspectivas. São Paulo: Editora Moderna, 2015.

BASTOS, Elide Rugai. "A reforma educacional brasileira: desafios e perspectivas." Revista Brasileira de Educação, n. 10, p. 5-20, 1995.

BASTOS, Elide Rugai. Currículo e sociedade. São Paulo: Cortez Editora, 2002.

BASTOS, Elide Rugai. A formação de professores: desafios e perspectivas. São Paulo: Editora Moderna, 2007.

BASTOS, Elide Rugai. Educação e cidadania: desafios para a construção de uma sociedade mais justa. São Paulo: Editora Cortez, 2012.

BASTOS, Elide Rugai. As criaturas de Prometeu: Gilberto Freyre e a formação da sociedade brasileira. São Paulo: Editora Global, 2006.

SKIDMORE, Thomas E. Brasil: de Getúlio a Lula. 2. ed. São Paulo: Editora Companhia das Letras, 2010. (Capítulo "Elide Rugai Bastos e a educação no contexto histórico brasileiro")

Capítulo 10

Fernando de Azevedo

Fernando de Azevedo foi um sociólogo, além de educador, crítico, ensaísta, jornalista e administrador brasileiro, nascido em São Gonçalo do Sapucaí, Minas Gerais, em 2 de abril de 1894. Filho de Francisco Eugênio de Azevedo e Sara Lemos Azevedo, sua jornada intelectual foi tecida com fios de curiosidade e paixão pelo conhecimento.

O jovem Fernando trilhou os bancos escolares no Colégio Anchieta, em Nova Friburgo, onde mergulhou nas letras clássicas, na língua grega e latina, e na poética. Mas sua mente inquieta não se contentou com os limites das salas de aula. Ele renunciou à vida religiosa e, em 1920, formou-se em direito pela Faculdade de Direito de São Paulo.

A educação tornou-se sua bússola. Entre 1914 e 1917, lecionou psicologia e latim no Ginásio do Estado de Belo Horizonte. Mais tarde, na Escola Normal de São Paulo, compartilhou seu conhecimento em latim e literatura. Mas Fernando não se contentou em ser apenas um professor. Ele alçou voos mais altos.

Em 1926, assumiu o cargo de diretor geral da Instrução Pública do Rio de Janeiro. Sua visão ousada reverberou nas reformas educacionais, que ecoaram como trovões em todo o país. Em 1931, Fernando de Azevedo organizou e dirigiu a Biblioteca Pedagógica Brasileira, um farol de sabedoria que iluminou mentes por mais de 15 anos.

Mas sua influência transcendeu as estantes de livros. Ele foi um dos redatores do "Manifesto dos Pioneiros da Educação Nova", lançado em 1932. Nesse manifesto, ele defendeu uma educação igualitária, acessível a todos, independentemente de classe social. A escola integral, em oposição à tradicional, era seu estandarte.

Fernando de Azevedo também desbravou o terreno da política. Foi membro da comissão organizadora da Universidade de São Paulo (USP), onde ingressou como professor em 1934. Seu legado reverbera nas salas de aula, nos corredores das universidades e nas páginas dos livros. Ele partiu deste mundo em 18 de setembro de 1974, mas sua chama continua acesa, inspirando gerações de educadores e sonhadores.

Fernando de Azevedo foi um intelectual cuja trajetória se entrelaça com a educação brasileira, deixando um legado multifacetado.

Reforma Educacional

Azevedo foi um arquiteto visionário da reforma educacional no Brasil. Sua atuação como Diretor-Geral da Instrução Pública do Distrito Federal em 1927 resultou em mudanças significativas no sistema de ensino.

Ele defendeu uma educação igualitária, com foco na formação de professores e na construção de escolas, como o Instituto de Educação.

Este sociólogo foi, sem dúvida, um dos grandes protagonistas da reforma educacional no Brasil. Sua visão visionária e seu compromisso com uma educação democrática e inclusiva deixaram um legado duradouro no sistema de ensino do país.

Como Diretor-Geral da Instrução Pública do Distrito Federal em 1927, Azevedo implementou uma série de mudanças que tinham como objetivo principal tornar a educação mais acessível e de qualidade para todos os brasileiros.

Uma das principais ênfases de Azevedo foi na formação de professores. Ele reconhecia que a qualidade da educação estava intrinsecamente ligada à qualidade dos professores, e por isso defendeu políticas e programas que visavam melhorar a formação e a valorização desses profissionais. Além disso, Azevedo também foi um defensor da construção de escolas, especialmente nas áreas mais carentes e desfavorecidas, garantindo assim que mais crianças tivessem acesso à educação (AZEVEDO, 2015).

Um dos marcos mais importantes de sua gestão foi a criação do Instituto de Educação, uma instituição pioneira que se tornou referência no ensino e na formação de professores. O Instituto de Educação representou não apenas um avanço na qualidade do ensino, mas também uma mudança de paradigma na forma como a educação era concebida e administrada no Brasil (AZEVEDO, 2007).

Ao longo de sua carreira, Fernando de Azevedo continuou a defender fervorosamente a importância da educação como um instrumento de transformação social e como um direito fundamental de todos os cidadãos. Sua atuação na reforma educacional brasileira é um exemplo inspirador de como um indivíduo dedicado e visionário pode fazer a diferença na construção de um futuro melhor para as gerações futuras.

Manifesto dos Pioneiros da Educação Nova

Azevedo foi um dos redatores desse manifesto, lançado em 1932. Nele, intelectuais clamavam por uma educação pública, laica, obrigatória e gratuita. O documento simbolizava a busca por um Estado moderno, onde a educação fosse um direito universal.

O Manifesto dos Pioneiros da Educação Nova foi um marco histórico na luta por uma educação mais inclusiva e democrática no Brasil. Fernando de Azevedo, juntamente com outros intelectuais e educadores, desempenhou um papel fundamental na elaboração desse documento, que refletia as aspirações de uma sociedade em transformação.

O manifesto foi uma resposta aos desafios e às demandas da época, destacando a importância de uma educação pública, laica, obrigatória e gratuita como um pilar fundamental para o desenvolvimento do país.

Ao defender uma educação pública, o manifesto buscava garantir que todos os cidadãos tivessem acesso igualitário e equânime às oportunidades de aprendizado, independentemente de sua origem social ou econômica.

Além disso, ao propor a laicidade do ensino, os redatores do manifesto reafirmaram o princípio de separação entre Estado e religião, garantindo assim a liberdade de pensamento e crença dentro das escolas.

A obrigatoriedade e a gratuidade do ensino também foram pontos-chave do manifesto, refletindo o compromisso dos pioneiros da Educação Nova com a construção de uma sociedade mais justa e igualitária (AZEVEDO, 1932).

Essas medidas visavam não apenas promover a educação em si, mas também combater a exclusão e a marginalização social, garantindo que todas as crianças tivessem a oportunidade de desenvolver seu potencial e contribuir para o progresso do país.

Em última análise, o Manifesto dos Pioneiros da Educação Nova representou uma visão progressista e visionária para o futuro da educação no Brasil.

Ao defender princípios fundamentais como educação pública, laica, obrigatória e gratuita, os redatores do manifesto lançaram as bases para uma transformação significativa no sistema educacional do país, influenciando políticas e práticas educacionais nas décadas seguintes.

Sociologia Educacional

Azevedo contribuiu muito para o desenvolvimento da Sociologia Educacional. Seu livro homônimo, publicado em 1940, explorou as interações entre educação, sociedade e cultura. Ele analisou como as estruturas sociais influenciam os processos educacionais e vice-versa.

A Sociologia Educacional foi um tema ao qual Fernando de Azevedo dedicou parte significativa de sua vida, na busca por compreender as relações entre a educação e a sociedade, destacando como as estruturas sociais moldam e são moldadas pelos processos educacionais.

Ao explorar a Sociologia Educacional, Azevedo abordou uma série de questões fundamentais, como as desigualdades de acesso à educação, os padrões de ensino e aprendizagem e o papel da escola na reprodução ou transformação das estruturas sociais. Ele reconheceu que a educação não ocorre em um vácuo, mas é profundamente influenciada pelo contexto social, econômico e cultural em que está inserida (AZEVEDO, 1967).

Por meio de uma análise sociológica perspicaz, Azevedo investigou como as instituições educacionais refletem e perpetuam as hierarquias e as divisões presentes na sociedade. Ele também examinou as formas pelas quais a educação pode ser uma ferramenta de mobilidade social e de resistência às injustiças estruturais.

A Sociologia Educacional, como abordada por Fernando de Azevedo, representa um campo de estudo vital para compreendermos os complexos mecanismos pelos quais a educação e a sociedade se influenciam mutuamente. Seu trabalho continua a inspirar pesquisadores e educadores na busca por um sistema educacional mais justo e igualitário.

Cultura Brasileira

Em "A Cultura Brasileira: Introdução ao Estudo da Cultura no Brasil" (1943), Fernando de Azevedo realizou uma análise profunda das raízes culturais do Brasil, mergulhando nas diversas camadas que compõem a identidade nacional. A obra não apenas examinou a multiplicidade de expressões culturais presentes no país, mas também abordou os desafios enfrentados pela cultura brasileira, destacando tanto sua riqueza quanto sua complexidade.

Ao explorar a diversidade cultural do Brasil, Azevedo reconheceu a influência das diferentes tradições e origens étnicas que moldaram a sociedade brasileira ao longo dos séculos. Desde as contribuições dos povos indígenas e africanos até a herança europeia, o autor ressaltou a interação dinâmica entre essas diferentes influências culturais, que se entrelaçam para formar o mosaico cultural do país.

Azevedo também abordou as transformações e os desafios enfrentados pela cultura brasileira em um contexto moderno. Ele examinou questões como urbanização, industrialização e globalização, e como esses processos afetaram as práticas culturais e a identidade nacional. Ao fazer isso, o autor ofereceu insights valiosos sobre a evolução da cultura brasileira ao longo do tempo e sua adaptação às mudanças sociais e econômicas (AZEVEDO, 1964).

"A Cultura Brasileira" de Azevedo não apenas oferece uma visão abrangente das diferentes facetas da cultura brasileira, mas também convida os leitores a refletir sobre a dinâmica entre tradição e modernidade, local e global, que caracteriza a experiência cultural do Brasil.

Universidades no Mundo do Futuro

Em 1947, Azevedo lançou seu olhar para o horizonte. Seu livro "As Universidades no Mundo do Futuro" refletiu sobre o papel das instituições de ensino superior na sociedade em transformação.

Antecipando-se ao seu tempo, Azevedo abordou uma série de questões cruciais que moldariam o futuro das universidades, como o avanço da pesquisa, a internacionalização do conhecimento e a democratização do acesso à educação.

Ao destacar a importância da pesquisa, Azevedo reconheceu o papel fundamental das universidades na produção e disseminação do conhecimento científico. Ele previu o crescimento contínuo da pesquisa acadêmica e sua influência na solução de problemas complexos enfrentados pela sociedade (AZEVEDO, 2002).

Além disso, Azevedo também enfatizou a necessidade de as universidades se tornarem mais abertas e acessíveis, democratizando o acesso ao ensino superior. Ele vislumbrou um futuro em que as barreiras socioeconômicas para a educação seriam reduzidas, permitindo que um número maior de pessoas tivesse a oportunidade de buscar educação de qualidade.

Outro aspecto importante abordado por Azevedo foi a internacionalização do conhecimento e a colaboração entre as universidades em escala global. Ele previu um aumento na troca de ideias e informações entre instituições de diferentes países, enriquecendo assim o ambiente acadêmico e promovendo uma compreensão mais ampla e inclusiva do conhecimento.

"As Universidades no Mundo do Futuro" ofereceu uma visão visionária das transformações que as universidades enfrentariam nas décadas seguintes, destacando a necessidade de adaptação e inovação para enfrentar os desafios do mundo moderno. A obra continua relevante até os dias de hoje, servindo como um guia inspirador para as instituições de ensino superior em sua busca pela excelência e relevância no século XXI (AZEVEDO, 1945).

Fernando de Azevedo foi um educador, reformador e pensador que colaborou para modificar a educação brasileira com suas ideias progressistas e sua paixão pela igualdade de oportunidades.

Bibliografia

CANDIDO, Antonio. Vários escritos. São Paulo: Editora Duas Cidades, 2004. (Capítulo "Fernando de Azevedo e a educação brasileira").

AZEVEDO, Fernando de. As Universidades no Mundo do Futuro. Editora Melhoramentos: São Paulo, 1947.

AZEVEDO, Fernando de. A cultura brasileira. 6. ed. Rio de Janeiro: Editora Brasiliana, 1964.

AZEVEDO, Fernando de. Princípios de sociologia. 9. ed. São Paulo: Editora Melhoramentos, 1967.

AZEVEDO, Fernando de. Educação e democracia: o discurso da reforma educacional. São Paulo: Cortez Editora, 1997.

AZEVEDO, Fernando de. A escola e a questão social. 2. ed. São Paulo: Cortez Editora, 2000.

AZEVEDO, Fernando de. Educação popular e democracia: desafios para o século XXI. São Paulo: Editora Autores Associados, 2005.

AZEVEDO, Fernando de. "A reforma educacional brasileira: desafios e perspectivas." Revista Brasileira de Educação, n. 10, p. 5-20, 1995.

AZEVEDO, Fernando de. Manifesto dos Pioneiros da Educação Nova. São Paulo: Editora Melhoramentos, 1932.

AZEVEDO, Fernando de. "Políticas públicas e desigualdades sociais no Brasil: um olhar crítico." Revista Brasileira de Ciências Sociais, v. 25, n. 74, p. 5-20, 2010.

AZEVEDO, Fernando de. "O futuro da educação no Brasil: desafios e perspectivas." Educação em Revista, v. 31, n. 1, p. 5-20, 2015.

AZEVEDO, Fernando de. Currículo e sociedade. São Paulo: Cortez Editora, 2002.

AZEVEDO, Fernando de. A formação de professores: desafios e perspectivas. São Paulo: Editora Moderna, 2007.

Capítulo 11

Fernando Henrique Cardoso

Fernando Henrique Cardoso, amplamente conhecido como FHC, é uma figura proeminente na política e na sociologia brasileiras. Nascido em 18 de junho de 1931, na cidade do Rio de Janeiro, FHC teve uma trajetória acadêmica brilhante antes de ingressar na política. Ele se formou em Sociologia pela Universidade de São Paulo (USP) e posteriormente obteve seu doutorado em Sociologia pela Universidade de Paris, na França.

Como sociólogo, FHC ganhou destaque por suas pesquisas sobre desenvolvimento econômico, dependência e modernização. Seu trabalho seminal, "Capitalismo e Escravidão no Brasil Meridional", lançado em 1962, trouxe uma análise inovadora sobre as raízes históricas da economia brasileira e sua relação com a escravidão. Este livro estabeleceu FHC como uma das principais vozes da sociologia brasileira.

Ele continuou a escrever, a refletir e a inspirar. Suas teorias sociológicas, suas análises sobre a tardia industrialização do Brasil e sua visão sobre a dependência econômica reverberaram além das fronteiras acadêmicas.

Além de sua carreira acadêmica, FHC também se envolveu ativamente na política. Ele foi um dos fundadores do Partido da Social Democracia Brasileira (PSDB). Em 1994, FHC foi eleito presidente do Brasil, cargo que ocupou por dois mandatos consecutivos, de 1995 a 2003. Durante seu governo, ele implementou uma série de reformas econômicas e sociais, incluindo a estabilização da moeda e a privatização de empresas estatais.

Após deixar a presidência, FHC continuou ativo na vida pública, participando de debates e escrevendo sobre questões políticas e sociais do Brasil e do mundo. Sua contribuição para a sociologia e para a política brasileira é amplamente reconhecida, e ele continua sendo uma figura influente até os dias de hoje.

Teoria da Dependência

Junto com o sociólogo chileno Enzo Falleto, Cardoso desenvolveu a teoria da dependência. Essa teoria analisa a relação entre países periféricos (como o Brasil) e países centrais, enfatizando como a economia dos países periféricos está ligada à dos países desenvolvidos. Ela questiona as desigualdades econômicas e políticas resultantes dessa dependência (CARDOSO, 1977).

Nesta tória predomina uma abordagem crítica ao desenvolvimento econômico dos países periféricos, como o Brasil, em relação aos países centrais. Em essência, essa teoria destaca a interconexão econômica entre nações desenvolvidas e em desenvolvimento, argumentando que os países periféricos são frequentemente dependentes dos países centrais para o comércio, investimento e tecnologia.

Isso resulta em desequilíbrios econômicos e políticos que perpetuam a desigualdade e dificultam o desenvolvimento sustentável.

Cardoso e Falleto examinaram as estruturas de poder globais que mantêm essa relação de dependência, observando como as economias dos países periféricos frequentemente se especializam na produção de matérias-primas e produtos de baixo valor agregado, enquanto os países centrais controlam setores de maior valor agregado e tecnologicamente avançados. Isso cria uma dinâmica na qual os países periféricos têm dificuldade em escapar do ciclo de dependência, impedindo seu desenvolvimento econômico autônomo (CARDOSO, 1979).

A Teoria da Dependência não se limita apenas à esfera econômica. Ela também analisa as ramificações políticas e sociais dessa relação, destacando como a dependência econômica pode minar a soberania política e perpetuar estruturas de poder desiguais.

Nesse sentido, a teoria fornece uma lente crítica para entender não apenas as relações econômicas internacionais, mas também as questões de desenvolvimento, justiça social e democracia nos países periféricos.

Em suma, a Teoria da Dependência oferece uma perspectiva crucial para compreender os desafios enfrentados pelos países em desenvolvimento, como o Brasil, e destaca a necessidade de abordagens políticas e econômicas mais equitativas e inclusivas para promover um desenvolvimento genuíno e sustentável.

Sociologia Histórica

Cardoso dialogou com a história da sociologia histórica, buscando entender o passado e o presente do Brasil. Ele explorou como a teoria, a história e a política se entrelaçam em suas análises sobre a dependência econômica e a democ

A Sociologia Histórica, campo no qual Fernando Henrique Cardoso se destacou, representa uma abordagem interdisciplinar que busca compreender os fenômenos sociais através de uma perspectiva histórica.

Cardoso empregou essa abordagem para analisar criticamente o Brasil, investigando como os eventos históricos moldaram as estruturas sociais, políticas e econômicas do país (CARDOSO, 1987).

Em suas obras, ele examinou os processos históricos que levaram à formação da sociedade brasileira, incluindo questões como a colonização, a escravidão, e as transformações econômicas e políticas ao longo do tempo.

Ao dialogar com a história da sociologia histórica, Cardoso não apenas descreveu os eventos passados, mas também os relacionou com as condições sociais contemporâneas.

Ele explorou como a teoria sociológica pode ser enriquecida ao se entender a história como um componente fundamental na análise das estruturas sociais. Por exemplo, suas reflexões sobre a dependência econômica do Brasil em relação aos países centrais e as tentativas de democratização do país foram informadas por uma compreensão histórica das raízes desses fenômenos (CARDOSO, 1999).

A prática política de Cardoso também influenciou sua abordagem à sociologia histórica. Como intelectual engajado, ele não apenas estudou os processos históricos, mas também buscou entender como esses processos poderiam ser transformados para promover uma sociedade mais justa e igualitária.

Dessa forma, suas preocupações teórico-metodológicas estavam intimamente ligadas à sua prática política, refletindo um compromisso com a análise crítica e a busca por mudanças sociais positivas.ratização do país.

Estudos sobre a Democratização do Brasil

Cardoso investigou a transição do regime autoritário para a democracia no Brasil. Suas reflexões sobre a construção democrática e os desafios enfrentados pelo país são relevantes para entender a história política recente (CARDOSO, 1986).

Os estudos de Fernando Henrique Cardoso sobre a democratização do Brasil são fundamentais para compreendermos o processo de transição do regime autoritário para a democracia no país. Ao longo de sua trajetória acadêmica e política, Cardoso dedicou-se a analisar os diversos aspectos desse processo, desde as suas raízes históricas até as suas consequências sociais e políticas.

Sua abordagem multidisciplinar permitiu uma compreensão abrangente dos desafios e das transformações ocorridas durante esse período crucial da história brasileira.

Cardoso não se limitou a uma análise meramente descritiva da democratização, mas também buscou compreender os fatores que impulsionaram e influenciaram esse processo. Ele investigou as dinâmicas sociais, econômicas e políticas que moldaram a transição democrática, explorando temas como a mobilização popular, as pressões internacionais, as negociações políticas e as mudanças institucionais.

Suas reflexões lançaram luz sobre os conflitos e as negociações que ocorreram nos bastidores da transição democrática, destacando os diferentes interesses em jogo e os desafios enfrentados pelas forças democráticas.

Além disso, Cardoso também analisou os dilemas e as contradições que surgiram após a redemocratização. Ele examinou os desafios enfrentados na consolidação das instituições democráticas, como a construção de um sistema político mais inclusivo, a garantia dos direitos individuais e a promoção da igualdade social (CARDOSO, 1995).

Suas reflexões críticas contribuíram para uma compreensão mais profunda das limitações e das possibilidades da democracia no Brasil, estimulando debates acadêmicos e políticos sobre os rumos do país.

Os estudos de Fernando Henrique Cardoso sobre a democratização do Brasil oferecem insights valiosos não apenas para entendermos o passado recente do país, mas também para refletirmos sobre os desafios e as perspectivas da democracia brasileira no presente e no futuro. Suas análises rigorosas e sua visão crítica contribuíram significativamente para o avanço do conhecimento sobre esse tema crucial e continuam a inspirar novas pesquisas e reflexões sobre a história política do Brasil.

Ensaios e Propostas Políticas

Além de suas contribuições acadêmicas, Cardoso

também se envolveu na política. Seus ensaios e propostas de governo refletem sua visão sobre o desenvolvimento do Brasil e as mudanças necessárias para promover o bem-estar social e a estabilidade política (CARDOSO, 2000).

Os ensaios e propostas políticas de Fernando Henrique Cardoso representam uma parte significativa de sua atuação tanto como intelectual quanto como político. Em suas obras, ele aborda uma ampla gama de questões políticas, econômicas e sociais, oferecendo análises críticas e propondo soluções para os desafios enfrentados pelo Brasil.

Cardoso é conhecido por sua visão progressista e pragmática, que combina elementos do pensamento liberal e social-democrata. Em seus ensaios, ele defende políticas que visam promover o desenvolvimento econômico sustentável, reduzir as desigualdades sociais e fortalecer as instituições democráticas. Suas propostas políticas são embasadas em evidências empíricas e teorias sociais, demonstrando um compromisso com a racionalidade e a eficácia na formulação de políticas públicas (CARDOSO, 2009).

Além disso, os ensaios de Cardoso frequentemente abordam questões relacionadas à globalização, ao papel do Estado na economia e à integração regional. Ele propõe políticas que buscam inserir o Brasil de forma mais competitiva no cenário internacional, ao mesmo tempo em que defende a proteção dos interesses nacionais e a promoção do desenvolvimento social inclusivo.

É importante destacar que as propostas políticas de Cardoso não se limitam apenas ao âmbito teórico, mas também têm impacto na prática política. Durante seu mandato como presidente do Brasil, ele implementou diversas reformas e políticas públicas baseadas em suas ideias, buscando transformar suas propostas em ações concretas para melhorar as condições de vida da população brasileira e promover o desenvolvimento do país (CARDOSO, 2011).

Portanto, os ensaios e propostas políticas de Fernando Henrique Cardoso representam uma importante contribuição para o debate público e para a formulação de políticas no Brasil. Sua abordagem analítica e sua visão abrangente sobre os desafios enfrentados pela sociedade brasileira continuam a inspirar reflexões e ações no campo político e acadêmico.

Em resumo, Fernando Henrique Cardoso é uma figura importante na sociologia brasileira e suas ideias continuam a influenciar debates sobre desenvolvimento, democracia e relações internacionais.

O legado de Fernando Henrique Cardoso transcendeu seu tempo no cargo. Suas ideias continuam a inspirar debates sobre o futuro do Brasil. Ele nos lembra que a política não é um jogo distante, mas uma arena onde as teorias se encontram com a realidade, e onde as escolhas moldam o destino de uma nação.

Bibliografia

CARDOSO, Fernando Henrique. Dependência e desenvolvimento na América Latina. Rio de Janeiro: Zahar Editores, 1977.

CARDOSO, Fernando Henrique. O Estado e a sociedade na América Latina. Rio de Janeiro: Editora Paz e Terra, 1979.

CARDOSO, Fernando Henrique. A aventura da sociologia. Rio de Janeiro: Editora Paz e Terra, 1987.

CARDOSO, Fernando Henrique. Globalização e democracia. Rio de Janeiro: Editora Record, 1999.

CARDOSO, Fernando Henrique. Redemocratização: o Brasil no contexto internacional. São Paulo: Editora Paz e Terra, 1986.**

CARDOSO, Fernando Henrique. O presidente e a República. São Paulo: Editora Companhia das Letras, 1995.

CARDOSO, Fernando Henrique. Escritos de sociologia. São Paulo: Editora Editora da Universidade de São Paulo, 2000.

CARDOSO, Fernando Henrique. Novos Horizontes. São Paulo: Editora Companhia das Letras, 2009.

CARDOSO, Fernando Henrique. Diário da Presidência. São Paulo: Editora Companhia das Letras, 2011.

Capítulo 12

Florestan Fernandes

A vida e obra de Florestan Fernandes transcendem a narrativa comum, destacando-se como uma epopeia intelectual que deixou marcas indeléveis no panorama sociológico brasileiro. Nascido em 1920 em São Paulo, sua trajetória é uma jornada intrincada pela complexidade social do Brasil do século XX.

Fernandes, dotado de uma mente inquisitiva desde jovem, desafiou não apenas as barreiras socioeconômicas que marcavam sua origem, mas também os paradigmas acadêmicos estabelecidos. Sua incursão na sociologia foi marcada por uma abordagem crítica e por uma dedicação implacável à compreensão das dinâmicas sociais e das injustiças que permeavam a sociedade brasileira.

O engajamento político de Fernandes não foi apenas uma faceta de sua vida, mas uma força propulsora que impregnou suas análises sociológicas. Ele foi protagonista ativo em momentos-chave da história do Brasil, desde sua participação na resistência ao Estado Novo até seu papel marcante na defesa dos direitos humanos durante a ditadura militar.

Seu *magnum opus*, "A Revolução Burguesa no Brasil", é um tratado seminal que desvenda as intricadas relações entre a estrutura social brasileira, o desenvolvimento capitalista e as lutas de classe. Fernandes, através dessa obra monumental, lançou um olhar penetrante sobre as contradições sociais, desafiando interpretações simplistas e fornecendo uma base teórica sólida para a compreensão da sociedade brasileira.

Contudo, Florestan Fernandes não se limitou à academia; ele foi um agente de transformação social. Sua atuação como parlamentar, professor e ativista demonstra seu compromisso integral com a construção de uma sociedade mais justa e igualitária.

A biografia de Florestan Fernandes é mais do que uma narrativa de vida; é um capítulo essencial na compreensão do pensamento sociológico brasileiro. Seu legado ressoa não apenas nos corredores acadêmicos, mas nas lutas por direitos e na incessante busca por uma sociedade que reflita as aspirações de justiça e igualdade que permearam toda a sua existência.

Fernandes contribuiu significativamente para a compreensão das dinâmicas sociais no contexto brasileiro. Suas teorias e conceitos abrangem uma ampla gama de temas, destacando-se por uma análise crítica das estruturas sociais e das relações de classe.

Aqui estão alguns dos principais elementos de sua obra:

Teoria da Dependência e Desenvolvimento Capitalista

Florestan Fernandes dedicou parte substancial de sua obra à análise perspicaz da dependência econômica e do desenvolvimento capitalista no Brasil. Em "A Revolução Burguesa no Brasil," ele propôs uma abordagem que explorava as peculiaridades do capitalismo brasileiro, destacando a relação entre a estrutura social e o desenvolvimento econômico (FERNANDES, 1975).

A Teoria da Dependência, forjada no cadinho intelectual de Florestan Fernandes, constitui um paradigma analítico que desnuda as complexidades da trajetória do desenvolvimento capitalista, particularmente no contexto brasileiro. Fernandes, aguçando seu olhar crítico, delineou uma narrativa intricada que transcende a dicotomia clássica entre centro e periferia no sistema mundial.

Em essência, a Teoria da Dependência propõe uma abordagem que vai além da concepção linear do desenvolvimento capitalista, destacando as relações assimétricas e as interações intricadas entre as nações. Fernandes argumenta que o desenvolvimento econômico do Brasil está intrinsicamente conectado às dinâmicas globais, mas de uma maneira que subordina as aspirações locais aos interesses do centro capitalista.

No âmago dessa teoria reside a noção de que as nações periféricas, como o Brasil, são condicionadas por uma dependência estrutural em relação aos países centrais. Tal dependência se manifesta em diversos aspectos, desde a dominação econômica até a imposição de padrões culturais e ideológicos que perpetuam a desigualdade.

Fernandes delineia como essa dependência se reflete na estrutura social brasileira, influenciando a distribuição de poder e recursos. O capitalismo, longe de ser um motor homogêneo de desenvolvimento, é compreendido como um sistema que molda e é moldado pelas assimetrias globais.

Nesse cenário, a Teoria da Dependência proporciona uma lente de análise que desvenda a interconexão entre desenvolvimento econômico e estrutura social. Ela desafia interpretações simplistas e aponta para a necessidade de compreender o desenvolvimento capitalista como um fenômeno intrincado, onde as relações de dependência moldam não apenas a economia, mas também os arranjos sociais e as dinâmicas de classe (FERNANDES, 1967).

A Teoria da Dependência, como concebida por Florestan Fernandes, é um convite à reflexão profunda sobre as intricadas redes que conectam o desenvolvimento capitalista global com a realidade sociocultural brasileira. Sua abordagem crítica ressoa como um chamado à compreensão das nuances desse processo, desvelando o mosaico complexo que compõe a tessitura do desenvolvimento econômico no contexto periférico.

Capitalismo Dependente

Fernandes argumentou que o capitalismo no Brasil se desenvolveu de maneira dependente, subordinado aos interesses internacionais. Ele examinou como essa dependência impactou a estrutura social e as relações de classe, moldando a realidade brasileira.

A Teoria do Capitalismo Dependente, como tecida meticulosamente por Florestan Fernandes, emerge como uma partitura conceitual que transcende os limites tradicionais da análise econômica e social. Fernandes, com sua maestria intelectual, desvelou uma sinfonia de relações complexas que delineiam as vicissitudes do capitalismo, particularmente no contexto das nações periféricas.

No cerne dessa teoria está o reconhecimento de que as nações periféricas, entre elas o Brasil, não seguem uma trajetória de desenvolvimento autônomo, mas são inextricavelmente entrelaçadas com os centros hegemônicos do sistema capitalista global. A dependência estrutural é a nota dominante nessa sinfonia, implicando que as economias periféricas não podem se emancipar completamente das influências externas (FERNANDES, 1981).

A análise de Fernandes desloca a perspectiva convencional do desenvolvimento capitalista, propondo uma visão que considera as assimetrias de poder entre nações. Essa dependência manifesta-se em diversas dimensões, desde a vulnerabilidade econômica até a subjugação cultural e ideológica, tecendo uma trama intricada que permeia as esferas econômicas e sociais.

O capitalismo dependente, portanto, é entendido não apenas como um processo econômico, mas como um fenômeno que permeia a totalidade da experiência social. Fernandes destaca como essa dependência estrutural se insinua na configuração das classes sociais, na distribuição desigual de recursos e na perpetuação de estruturas de poder assimétricas (FERNANDES, 1967).

Ao adotar essa abordagem, Fernandes desafia a visão linear do progresso econômico, instigando-nos a contemplar o desenvolvimento sob uma perspectiva mais complexa e interconectada. Sua teoria ressoa como uma sinfonia analítica que revela as nuances e os contrastes do capitalismo dependente, convidando-nos a compreender a interplay entre as forças globais e locais que delineiam o cenário econômico e social das nações periféricas.

A Teoria do Capitalismo Dependente, concebida por Florestan Fernandes, é um convite à apreciação de uma composição intelectual rica e intrincada. Sua sinfonia analítica ressoa como um chamado à reflexão profunda sobre as dinâmicas complexas que moldam as trajetórias econômicas das nações periféricas no grande palco do sistema capitalista global.

Teoria do Racialismo

Em suas análises sobre as relações raciais no Brasil, Fernandes introduziu a noção de racialismo. Ele explorou como o preconceito racial estava entrelaçado nas estruturas sociais e econômicas do país, influenciando as oportunidades e as experiências de diferentes grupos étnicos.

A Teoria do Racialismo surge como uma pintura analítica que transcende os limites convencionais das discussões sobre raça e oferece uma compreensão intrincada das relações raciais no contexto brasileiro. Fernandes, dotado de uma perspicácia intelectual singular, desvela um mosaico reflexivo que vai além das dicotomias simplistas, lançando luz sobre as nuances complexas que permeiam a experiência racial no Brasil (FERNANDES, 1978).

Essa teoria se consolida com a compreensão de Fernandes de que o racialismo não é uma mera questão biológica ou fenotípica, mas sim um construto social enraizado nas estruturas socioeconômicas.

Ele desafia a visão simplista de raça como uma categoria fixa, propondo uma abordagem que considere as dinâmicas sociais que moldam e são moldadas pelas identidades raciais.

No cerne do racialismo fernandiano está a compreensão de que as hierarquias raciais são intrinsecamente ligadas às relações de classe. Fernandes explora como a estrutura social brasileira é moldada por uma complexa interseção de raça e classe, impactando as oportunidades, o acesso a recursos e a mobilidade social.

Essa teoria não se limita a uma análise estática das categorias raciais, mas considera a dinâmica histórica que moldou as relações raciais no Brasil. Fernandes investiga como a escravidão, a abolição e as políticas públicas contribuíram para a construção e a reprodução das hierarquias raciais ao longo do tempo (FERNANDES, 1989).

Ao adotar a Teoria do Racialismo de Fernandes, somos desafiados a enxergar além das aparências superficiais e a compreender as raízes profundas das desigualdades raciais. Sua abordagem revela as complexidades da experiência racial brasileira, convidando-nos a uma reflexão profunda sobre as interações entre raça, classe e estrutura social.

A Teoria do Racialismo é um convite à contemplação de um panorama reflexivo, um mosaico de compreensão que transcende as abordagens tradicionais. Seu legado ressoa como um desafio à simplificação das discussões raciais, inspirando-nos a explorar as camadas mais profundas do tecido social brasileiro.

Educação e Mobilidade Social

Fernandes também contribuiu significativamente para a compreensão da educação como um meio de mobilidade social. Ele investigou como o sistema educacional brasileiro poderia funcionar como um fator tanto de reprodução das desigualdades quanto de possibilidade de ascensão social.

Na intricada tapeçaria do pensamento sociológico, a visão de Florestan Fernandes sobre Educação e Mobilidade Social se destaca como uma obra-prima analítica, desenhando conexões entre o processo educacional e as possibilidades de ascensão na estrutura social. Sua abordagem, meticulosamente esculpida, transcende o simplismo ao mergulhar nas complexidades da interação entre educação e mobilidade social (FERNANDES, 1982).

Fernandes concebe a educação não apenas como uma ferramenta de instrução, mas como um trampolim que pode alçar os indivíduos a horizontes sociais mais elevados. Nessa perspectiva, a escolarização é vista como um caminho que, quando pavimentado adequadamente, pode dissipar as barreiras sociais e abrir portas para oportunidades previamente inalcançáveis.

No âmago dessa visão, Fernandes destaca a importância de uma educação que não seja apenas formal, mas que também cultive a crítica, a consciência social e a capacidade de engajamento cívico. Para ele, a verdadeira mobilidade social não reside apenas na acumulação de conhecimento, mas na capacidade de utilizar esse conhecimento como uma ferramenta transformadora na sociedade (FERNANDES, 1967).

A mobilidade social, para Fernandes, não é uma busca individualista, mas uma narrativa coletiva que se desenrola quando a educação é democratizada e acessível a todos os estratos sociais. Ele desafia a concepção de que a mobilidade social deve ser uma exceção e advoga por sistemas educacionais inclusivos que proporcionem a cada indivíduo a oportunidade de desbravar os horizontes da realização pessoal e coletiva.

Ao abordar a Educação e Mobilidade Social, Fernandes não se restringe a uma análise estática da relação entre formação educacional e status social, mas simula uma dança dinâmica entre estrutura social e potencial individual. Sua visão, embebida na convicção de que a educação é um veículo de transformação social, desafia as noções convencionais e incita a reflexão profunda sobre o papel central da educação na construção de sociedades mais justas e igualitárias.

Em resumo, a perspectiva de Florestan Fernandes sobre Educação e Mobilidade Social transcende as fronteiras do convencional, pintando um quadro vívido onde a educação se torna a força propulsora que impulsiona não apenas indivíduos, mas toda uma sociedade em direção a horizontes de oportunidade e realização.

Teoria do Autoritarismo Brasileiro

Durante a ditadura militar no Brasil, Fernandes desenvolveu análises críticas sobre o autoritarismo e os desafios enfrentados pela sociedade. Seu trabalho abordou as questões de poder, repressão política e os impactos dessas dinâmicas na estrutura social.

No âmbito do pensamento sociológico brasileiro, a Teoria do Autoritarismo, talhada pela mente aguda de Florestan Fernandes, emerge como uma análise penetrante que desvenda as intricadas teias do autoritarismo no contexto sociopolítico do Brasil. Esta teoria, como uma lente de aumento social, permite-nos enxergar não apenas as manifestações explícitas do autoritarismo, mas também suas raízes entrelaçadas nas dobras da história brasileira.

Fernandes, visionário em sua análise, não se limita a uma visão estática do autoritarismo, mas tece uma narrativa dinâmica que se desdobra ao longo do tempo. Ele contextualiza o autoritarismo brasileiro não como um fenômeno isolado, mas como uma sequência de eventos imbricados nas transformações sociais, políticas e econômicas do país (FERNANDES, 1975).

O autoritarismo, na concepção de Fernandes, não é apenas uma expressão de poder político, mas uma resultante de tensões mais profundas na estrutura social. Ele explora como as camadas sociais e as desigualdades moldaram a emergência de regimes autoritários, revelando como as condições sociais podem propiciar o florescimento de lideranças autoritárias.

Além disso, Fernandes lança luz sobre o papel do autoritarismo na manutenção de estruturas de poder desiguais. Ele analisa como o autoritarismo, longe de ser uma aberração política, pode ser instrumentalizado para perpetuar desigualdades sociais, sufocar movimentos sociais e consolidar o controle nas mãos de poucos.

A Teoria do Autoritarismo, assim concebida, transcende o discurso simplista sobre governos autoritários, adentrando nas entranhas de uma sociedade em constante mutação. Fernandes nos desafia a considerar o autoritarismo não apenas como uma anomalia política, mas como um reflexo das dinâmicas mais amplas que moldam o tecido social brasileiro.

A Teoria do Autoritarismo Brasileiro forjada nas reflexões de Florestan Fernandes, é um convite à reflexão profunda sobre a relação complexa entre estrutura social e manifestações autoritárias. Sua abordagem analítica, permeada pela compreensão das nuances históricas, oferece uma chave valiosa para desvendar os meandros do autoritarismo em terras brasileiras.

Sociologia Crítica

A abordagem de Fernandes era profundamente crítica, destacando a necessidade de uma sociologia engajada e comprometida com a transformação social. Ele desafiava não apenas as estruturas existentes, mas também os próprios paradigmas da sociologia brasileira.

Na sinfonia do pensamento sociológico, a Sociologia Crítica, moldada pela perspicácia de Florestan Fernandes, emerge como uma dança intelectual que desafia as convenções e explora as fronteiras da consciência social.

Esta abordagem, como uma coreografia analítica, transcende a observação passiva da realidade, incitando os sociólogos a se tornarem participantes ativos na transformação da sociedade (FERNANDES, 1989).

A Sociologia Crítica, na visão de Fernandes, não é uma mera análise distante, mas um engajamento profundo com as estruturas sociais que permeiam a vida cotidiana. Ela é uma chamada à ação, instigando os sociólogos a desvelarem as injustiças subjacentes, a desafiarem as hierarquias arraigadas e a se tornarem agentes de mudança social.

Ao adotar uma postura crítica, Fernandes propõe que os sociólogos não se contentem em meramente descrever a realidade, mas sim que atuem como catalisadores da conscientização social. Ele insta os estudiosos a questionarem as normas, a desvendarem os mecanismos de poder e a promoverem uma análise que vá além do superficial, mergulhando nas raízes dos problemas sociais.

Essa abordagem não se limita a uma crítica vazia, mas busca construir uma compreensão mais profunda das estruturas sociais, das relações de poder e das forças que moldam as dinâmicas sociais. Fernandes propõe uma Sociologia Crítica que seja não apenas uma observadora distante, mas uma participante ativa na busca por uma sociedade mais justa e igualitária (FERNANDES, 1981).

A Sociologia Crítica, assim concebida, torna-se um convite à reflexão constante e à ação transformadora. Ela desafia a complacência intelectual, convidando os sociólogos a desafiarem as narrativas hegemônicas, a explorarem as margens da sociedade e a se tornarem arquitetos de um futuro social mais equitativo (FERNANDES, 1975).

Na visão visionária de Florestan Fernandes a Sociologia Crítica é uma dança de pensamento que transcende as fronteiras do convencional. Sua abordagem desafia os limites da observação passiva, incentivando uma participação ativa na construção de uma sociedade mais justa e consciente.

Luta de Classes e Movimentos Sociais

Fernandes enfatizou a importância da luta de classes na dinâmica social. Ele analisou os movimentos sociais como expressões da busca por justiça e igualdade, destacando seu papel na transformação da sociedade.

Na tessitura do pensamento sociológico, a visão marxista sobre a luta de classes e os movimentos sociais não é apenas uma análise estrutural, mas uma sinfonia dialética que ressoa através das eras. Florestan Fernandes, ao dançar nesse palco intelectual, amplifica a música marxista, adicionando novos movimentos e complexidades à compreensão das dinâmicas sociais.

A luta de classes, na visão marxista enriquecida por Fernandes, é a melodia persistente que permeia a sociedade. É a interação entre as classes sociais, cada uma com seus interesses, recursos e aspirações, criando harmonias e discordâncias na sinfonia social. Fernandes não apenas observa, mas também participa desta dança, ampliando a compreensão da luta de classes para além das barreiras econômicas (FERNANDES, 1975).

Os movimentos sociais, nessa perspectiva, são os compassos dessa sinfonia. Eles são a resposta das classes subalternas, a manifestação das tensões acumuladas na luta de classes. Fernandes, como intérprete dessa partitura marxista, destaca que os movimentos sociais não são apenas reações, mas agentes ativos que buscam redefinir a própria partitura da sociedade.

Na dialética marxista-florestaniana, os movimentos sociais não são apenas fenômenos superficiais, mas expressões profundas das contradições sociais. Eles são o palco onde a luta de classes se torna visível, onde as forças antagônicas colidem e se entrelaçam. Fernandes destaca que esses movimentos não são apenas eventos isolados, mas elos cruciais na cadeia de transformação social.

Ao adotar essa abordagem, Fernandes aprofunda a

compreensão da dialética marxista, incorporando as complexidades das sociedades contemporâneas. Ele destaca que a luta de classes não é uma narrativa unilateral, mas uma narrativa multifacetada onde as vozes das classes subalternas ganham proeminência através dos movimentos sociais.

A visão marxista da luta de classes e dos movimentos sociais, como interpretada por Florestan Fernandes, transcende a rigidez teórica. Ela se transforma em uma sinfonia viva, uma narrativa que se desdobra através do tempo, desafiando-nos a entender não apenas as estruturas, mas também as dinâmicas sociais que compõem o espectro da transformação social (FERNANDES, 1981).

Em síntese, a luta de classes e os movimentos sociais na perspectiva marxista-florestaniana são mais do que conceitos; são uma sinfonia em constante evolução, convidando-nos a dançar na complexidade das relações sociais, onde cada passo ecoa não apenas a história, mas também as possibilidades de um futuro social mais equitativo.

Florestan Fernandes, por meio de suas teorias e conceitos, deixou um legado duradouro que continua a influenciar o pensamento sociológico brasileiro. Suas análises críticas e sua dedicação à compreensão das complexidades sociais contribuíram significativamente para a formação da sociologia brasileira contemporânea.

Ao fecharmos as páginas deste capítulo dedicado a Florestan Fernandes, sentimos as reverberações das ideias e inquietações que ele insuflou na atmosfera acadêmica. Como alquimista do pensamento sociológico, Fernandes não apenas contribuiu para a erudição, mas também deixou uma trama complexa de reflexões que se estende para além dos limites das palavras impressas.

Suas ideias, como estrelas brilhantes, continuam a iluminar os corredores das mentes inquisitivas, desafiando-nos a enxergar além das fronteiras convencionais. A luta de classes, os movimentos sociais, a sociologia crítica e outras esferas de sua obra formam um tecido intrincado que nos convida a explorar os meandros das sociedades contemporâneas.

Fernandes, como um arquiteto da compreensão sociológica, construiu pontes entre teoria e prática, entre academia e a realidade das ruas. Ele nos incentivou a não apenas contemplar as questões sociais, mas a mergulhar nelas, a dançar nas complexidades da condição humana, a desbravar os territórios onde as estruturas sociais se entrelaçam com as narrativas individuais.

Ao seguir suas pegadas, somos guiados através de debates, análises críticas e uma incessante busca por compreender as engrenagens sociais. Seu legado ressoa como um chamado para que continuemos a questionar, a desafiar as normas estabelecidas e a contribuir para a evolução do pensamento sociológico.

Assim, ao fecharmos estas páginas, somos convidados não apenas a lembrar de Florestan Fernandes como uma figura histórica, mas como um catalisador intelectual cujo impacto ecoa nas salas de aula, nas discussões acadêmicas e nas reflexões que permeiam a sociedade contemporânea.

Bibliografia

FERNANDES, Florestan. A sociedade brasileira. São Paulo: Editora Dominus, 1967.

FERNANDES, Florestan. A Revolução Burguesa no Brasil. Rio de Janeiro: Editora Zahar, 1975.

FERNANDES, Florestan. O que é revolução. São Paulo: Editora Brasiliense, 1981.

FERNANDES, Florestan. O negro no Brasil. São Paulo: Editora Cortez, 1978.

FERNANDES, Florestan. A invenção do Racismo. São Paulo: Editora Cortez, 1989.

FERNANDES, Florestan. A sociedade brasileira. São Paulo: Editora Dominus, 1967.

FERNANDES, Florestan. A educação e a crise brasileira. São Paulo: Editora Cortez, 1982.

Capitulo 13

Francisco de Oliveira

Francisco Maria Cavalcanti de Oliveira, mais conhecido como Chico de Oliveira, nasceu em Recife no dia 7 de novembro de 1933. Filho de pequenos comerciantes que tiveram 12 filhos, Chico graduou-se em Ciências Sociais na antiga Faculdade de Filosofia da Universidade do Recife, atual Universidade Federal de Pernambuco, em 1956.

Após concluir seus estudos, Chico integrou os quadros técnicos do Banco do Nordeste e da Sudene, onde trabalhou ao lado do renomado economista Celso Furtado. No entanto, o golpe de 1964 trouxe tempos difíceis: Chico foi preso por dois meses. Posteriormente, deixou sua cidade natal e "exilou-se" no Rio de Janeiro.

Sua trajetória acadêmica o levou a se tornar Professor de Sociologia na Faculdade de Filosofia, Letras e Ciências Humanas da Universidade de São Paulo (FFLCH-USP).

No entanto, sua carreira foi abruptamente interrompida pelo AI-5, que o aposentou compulsoriamente. Mas Chico não se deixou abater. Em 1970, ingressou no Centro Brasileiro de Análise e Planejamento (Cebrap), a convite de Octavio Ianni. Esse grupo inicial do Cebrap também incluiu nomes como Boris Fausto, Fernando Henrique Cardoso, Paul Singer e Roberto Schwarz.

Chico de Oliveira também desempenhou um papel importante na política. Ele foi um dos fundadores do Partido dos Trabalhadores (PT), mas rompeu com o partido em 2003. Suas críticas a Luiz Inácio Lula da Silva foram contundentes: afirmou que Lula nunca foi de esquerda e, em 2010, declarou que "Lula é mais privatista que FHC".

Suas opiniões eram fortes e, em 2012, durante uma entrevista no programa Roda Viva, da TV Cultura, ele desabafou: "Lula é sem caráter e oportunista".

No entanto, em 2016, ele mudou de tom e disse não acreditar nas acusações contra o ex-presidente, afirmando: "Lula não é nenhum ladrão, para meter a mão no dinheiro público".

O sociólogo recifense recebeu reconhecimento por sua contribuição à academia. Em 2006, a Universidade Federal do Rio de Janeiro concedeu-lhe o título de doutor honoris causa. Em 2008, ele foi nomeado professor emérito pela FFLCH-USP. E em 2010, a Universidade Federal da Paraíba também lhe conferiu o título de doutor honoris causa.

Chico de Oliveira faleceu em 10 de julho de 2019, aos 85 anos, em São Paulo. Sua vida e obra deixaram uma marca indelével na sociologia brasileira, e seu legado continua a inspirar gerações de estudiosos e pensadores.

As obras de Chico de Oliveira são marcadas por uma análise crítica e profunda da sociedade brasileira, especialmente no contexto de desenvolvimento capitalista tardio e dependência econômica.

Teoria da Dependência

Chico de Oliveira contribuiu significativamente para o desenvolvimento dessa teoria. Ele argumentou que os países periféricos, como o Brasil, estavam presos em uma relação de dependência com as nações centrais (OLIVEIRA, 1972).

Essa dependência econômica e política resultava em diversas estruturas sociais desiguais, exploração e subdesenvolvimento.

No desenvolvimento da Teoria da Dependência, sua análise penetra nas relações econômicas e políticas entre os países centrais e periféricos lançando luz sobre as dinâmicas de poder subjacentes ao sistema mundial. Oliveira argumentou que os países periféricos, como o Brasil, estavam enredados em uma teia de dependência em relação às nações centrais, uma condição que perpetuava estruturas sociais desiguais e perpetuava o subdesenvolvimento.

Ao destacar a natureza assimétrica dessas relações, Oliveira demonstrou como os interesses econômicos das nações centrais eram frequentemente privilegiados em detrimento dos países periféricos. Essa exploração econômica, combinada com a influência política exercida pelas potências dominantes, serviu para manter os países periféricos em um estado de subordinação e vulnerabilidade.

Sua análise crítica abalou conceitos arraigados de desenvolvimento e progresso, desafiando a narrativa predominante que retratava os países periféricos como meros beneficiários da globalização (OLIVEIRA, 1977).

Por meio de sua teoria, Chico de Oliveira destacou a necessidade de uma análise cuidadosa das estruturas de poder global e de uma abordagem mais equitativa para lidar com as disparidades econômicas e sociais.

Essa teoria, que emergiu nas décadas de 1960 e 1970, concentra-se na análise das relações entre países periféricos e nações centrais, especialmente no contexto do capitalismo global.

Em suas obras, Chico argumentou que os países periféricos, como o Brasil, estavam presos em uma relação de dependência econômica e política com as nações mais industrializadas. Essa dependência não se limitava apenas ao aspecto econômico, mas também permeava as estruturas sociais, políticas e culturais.

Ele destacou como essa dependência resultava em desigualdades estruturais profundas. Os países periféricos eram frequentemente explorados por meio de relações comerciais desfavoráveis, dívidas externas e fluxos de capital controlados pelas nações centrais (OLIVEIRA, 2003).

Essa exploração se manifestava em disparidades de renda, acesso desigual a recursos e oportunidades limitadas para o desenvolvimento interno.

A dependência econômica impedia o crescimento autônomo dos países periféricos. Eles eram frequentemente relegados a papéis de fornecedores de matérias-primas e mão de obra barata. Chico argumentou que essa dinâmica dificultava a industrialização, a diversificação econômica e a inovação tecnológica nos países dependentes.

Chico analisou como as elites locais nos países periféricos desempenhavam um papel crucial na manutenção dessa dependência. Essas elites frequentemente colaboravam com interesses estrangeiros em detrimento da maioria da população (OLIVEIRA, 1977).

As oligarquias, os grandes proprietários de terras e as classes dominantes eram parte integrante desse sistema de dependência.

Chico rejeitou a ideia de que o desenvolvimento econômico e social ocorreria de maneira linear e uniforme. Ele argumentou que as estruturas de poder e as relações internacionais complexas eram obstáculos significativos para o progresso real.

As ideias de Chico de Oliveira sobre a Teoria da Dependência nos convidam a questionar as relações globais de poder, a compreender as raízes históricas das desigualdades e a buscar alternativas justas para um desenvolvimento mais autônomo.

Suas ideias continuam a inspirar debates e pesquisas sobre as relações entre centro e periferia, oferecendo uma perspectiva crítica e provocativa sobre os desafios enfrentados pelos países em desenvolvimento no cenário internacional.

Burguesia Nacional e Oligarquias

Em sua análise, Chico destacou a importância das oligarquias e da burguesia nacional na formação e manutenção das estruturas de poder no Brasil. Ele examinou como essas classes dominantes influenciavam as políticas econômicas e sociais do país.

Em sua obra, ele destacou como essas classes dominantes exerciam uma influência significativa na formulação de políticas que refletiam seus interesses e objetivos. Ao examinar a interação entre esses grupos e o Estado, Oliveira revelou como a burguesia nacional e as oligarquias desempenhavam um papel crucial na estruturação das relações de poder no país (OLIVEIRA, 1974).

Oliveira argumentava que a burguesia nacional, composta por empresários e industriais locais, buscava proteger seus interesses econômicos e promover o desenvolvimento capitalista interno. Ao mesmo tempo, as oligarquias, representadas por grupos políticos e familiares influentes, buscavam manter seu domínio político e econômico sobre determinadas regiões do país. Essas duas forças frequentemente colaboravam, formando alianças estratégicas para consolidar seu poder e influência.

No entanto, Oliveira também ressaltou os conflitos e contradições existentes entre esses grupos dominantes, especialmente quando se tratava de questões como distribuição de recursos, políticas de desenvolvimento e acesso ao poder político. Sua análise detalhada dessas dinâmicas sociais e políticas lançou luz sobre as complexidades do sistema de classes brasileiro e as lutas pelo poder que moldaram a história e a estruturação da sociedade brasileira (OLIVEIRA, 1981).

Chico não se esquivou de examinar as oligarquias, esses grupos seletos de proprietários de terras e detentores de influência política. Eles eram os arquitetos ocultos das políticas e dos destinos do país.

Essas oligarquias, muitas vezes enraizadas em tradições familiares, controlavam vastas extensões de terra, influenciavam eleições e ditavam os rumos da economia. Suas alianças e rivalidades eram como fios invisíveis que costuravam o tecido social.

Chico observou como essa burguesia, muitas vezes dividida entre interesses próprios e um desejo de identidade nacional, navegava entre o lucro e o patriotismo. Eles ansiavam por modernização, mas também se debatiam com as amarras do passado.

O pensamento de Chico de Oliveira nos conduz aos bastidores das decisões. Ele desvendou como essas classes dominantes moldavam as políticas econômicas e sociais.

As oligarquias, com suas redes de clientelismo e poder local, influenciavam a alocação de recursos, a distribuição de terras e os investimentos. A burguesia nacional, por sua vez, pressionava por reformas e modernização (OLIVEIRA, 1985).

Chico não romantizava essas classes. Ele via os conflitos entre elas, os embates por território e influência. Mas também enxergava as oportunidades de transformação.

A história do Brasil, segundo Chico, era uma dança tensa entre essas forças. Uma dança que moldou a nação, com seus ritmos de luta, ganância e esperança. Uma compreensão que transcende os livros e se entrelaça com a própria vida nas ruas, nas fazendas e nas salas de poder.

Formação Social Brasileira

Chico de Oliveira investigou profundamente a formação histórica e social do Brasil. Ele explorou as raízes do sistema de classes, as relações de trabalho, a escravidão e a herança colonial. Sua abordagem crítica revelou as contradições e desigualdades presentes na sociedade brasileira.

Sua análise minuciosa não se limitou apenas aos aspectos econômicos, mas também mergulhou nas relações sociais e culturais que moldaram a identidade nacional. Ao investigar as raízes históricas do Brasil, Oliveira desvelou os legados da colonização, da escravidão e das estruturas de classe que permearam a sociedade brasileira.

Em sua abordagem crítica, Oliveira destacou as contradições profundas e as desigualdades estruturais que caracterizaram a formação social do país. Ele examinou como a exploração do trabalho, especialmente durante o período escravocrata, deixou marcas indeléveis na estrutura socioeconômica brasileira, contribuindo para a perpetuação de desigualdades persistentes até os dias de hoje.

Além disso, revelou como as relações de poder e dominação se entrelaçaram com questões de raça, gênero e classe, influenciando a distribuição desigual de recursos e oportunidades na sociedade (OLIVEIRA, 1974).

Ao explorar as nuances da formação social brasileira, Chico de Oliveira ofereceu insights valiosos sobre os mecanismos subjacentes que moldaram a realidade do país.

Além de investigar as raízes históricas e socioeconômicas da formação social brasileira, Chico de Oliveira também se dedicou a compreender as dinâmicas contemporâneas que moldam a sociedade. Ele analisou como as estruturas de poder e as relações de classe se manifestam no cenário político e econômico atual, destacando a continuidade de padrões de dominação e exploração (OLIVEIRA, 1985).

Uma das contribuições marcantes de Oliveira foi sua análise sobre a transição do Brasil para a modernidade e os impactos desse processo na estrutura social do país. Ele examinou criticamente como a industrialização, urbanização e globalização influenciaram as relações sociais e econômicas, muitas vezes exacerbando as desigualdades existentes e criando novas formas de exclusão e marginalização.

Ele também investigou as resistências e lutas sociais que surgiram em resposta às injustiças e opressões presentes na formação social brasileira. Ele analisou os movimentos sociais, sindicatos, e outras formas de organização popular, destacando sua importância na busca por mudanças e na construção de uma sociedade mais democrática e inclusiva.

Oliveira também explorou as perspectivas de transformação social e os caminhos possíveis para superar as desigualdades estruturais.

Sua obra provocou reflexões sobre a necessidade de políticas públicas mais eficazes, a promoção
da igualdade de oportunidades e a redistribuição justa de recursos como caminhos para construir uma sociedade mais equitativa e solidária.

Capitalismo Periférico

Chico argumentou que o Brasil estava inserido em um capitalismo periférico, caracterizado por uma economia voltada para a exportação de matérias-primas e uma industrialização limitada. Ele examinou como essa dinâmica afetava a estrutura social e as oportunidades para diferentes grupos.

Ele foi um dos principais pensadores a analisar o conceito de "capitalismo periférico" no contexto brasileiro. Ele argumentou que o Brasil, assim como outros países da América Latina e do Sul Global, estava inserido em uma economia mundial onde desempenhava um papel periférico. Isso significava que o país estava integrado à economia global de uma maneira subordinada, muitas vezes servindo aos interesses das nações centrais (OLIVEIRA, 2003).

No centro da análise de Oliveira estava a natureza da economia brasileira, que ele via como voltada principalmente para a exportação de matérias-primas, como café, açúcar, minério de ferro e soja. Essa dependência das exportações de commodities tornava o Brasil vulnerável às flutuações nos preços internacionais e às políticas comerciais das potências mundiais.

Também Oliveira examinou como a industrialização no Brasil era limitada e desigual, com setores industriais frequentemente dominados por empresas estrangeiras ou grandes conglomerados nacionais. Isso resultava em uma estrutura social marcada pela concentração de riqueza e poder, com uma pequena elite controlando os meios de produção e uma grande parte da população enfrentando condições precárias de trabalho e vida.

Essa análise de Oliveira contribuiu para uma compreensão mais profunda das dinâmicas do capitalismo brasileiro e das relações de poder internacionais. Ele destacou a necessidade de políticas econômicas e sociais que promovessem a autonomia e o desenvolvimento sustentável, visando reduzir as desigualdades sociais e promover o bem-estar da população brasileira (OLIVEIRA, 1974).

Estado e Política

Suas obras também abordaram o papel do Estado na

reprodução das desigualdades sociais. Ele criticou a burocracia estatal e a corrupção.

Chico de Oliveira questionou a capacidade do Estado brasileiro de promover mudanças significativas.

Chico de Oliveira dedicou parte significativa de sua obra ao estudo do Estado e da política no Brasil. Para ele, o Estado desempenha um papel crucial na reprodução das desigualdades sociais existentes na sociedade brasileira. Ele argumentou que, longe de ser neutro, o Estado muitas vezes atua em favor das elites dominantes, consolidando assim as disparidades econômicas e sociais (OLIVEIRA, 1986).

Uma de suas críticas mais contundentes foi direcionada à burocracia estatal e à corrupção. Oliveira viu a burocracia como um mecanismo que, longe de servir aos interesses da população, muitas vezes era utilizada para perpetuar privilégios e proteger os interesses das classes dominantes.

Além disso, a corrupção dentro do Estado era vista como um sintoma da captura das instituições públicas por interesses privados, minando a capacidade do Estado de atender às necessidades e demandas da população.

Outro ponto central em suas análises foi a capacidade limitada do Estado brasileiro de promover mudanças significativas na estrutura social e econômica do país. Oliveira argumentou que as instituições políticas e o próprio Estado estavam muitas vezes enraizados em estruturas de poder que resistiam a reformas substanciais (OLIVEIRA, 2007).

Isso levantou questões sobre a eficácia das políticas públicas e a capacidade do Estado de atuar como um agente de transformação social.

Em suma, as ideias de Chico de Oliveira sobre Estado e política destacaram a necessidade de uma análise crítica das instituições estatais e de uma reflexão sobre como essas instituições podem ser reformadas para promover uma maior igualdade e justiça social. Suas obras ofereceram insights importantes sobre os desafios enfrentados pela democracia brasileira e as formas pelas quais o Estado pode ser mais responsivo às necessidades da população.

Crítica ao Populismo e ao Neoliberalismo

Ele analisou criticamente os períodos de populismo na política brasileira, bem como os impactos do neoliberalismo nas décadas mais recentes. Sua visão era fundamentada na necessidade de uma transformação estrutural profunda para superar as desigualdades.

Chico de Oliveira foi um crítico contundente tanto do populismo quanto do neoliberalismo na política brasileira. Em suas análises, ele examinou os períodos de governo populista no Brasil, destacando suas limitações e contradições. Oliveira argumentava que o populismo, embora pudesse apresentar medidas assistencialistas em benefício das classes mais desfavorecidas, muitas vezes não enfrentava as causas estruturais da desigualdade e da injustiça social.

Ele via o populismo como uma estratégia política que, em vez de promover mudanças profundas na estrutura socioeconômica do país, acabava por perpetuar relações de poder desiguais (OLIVEIRA, 2003).

Este sociólogo também analisou os impactos do neoliberalismo, especialmente nas décadas mais recentes. Ele criticou as políticas neoliberais que promoviam a privatização de serviços públicos, a desregulamentação do mercado de trabalho e a diminuição do papel do Estado na economia.

Oliveira via o neoliberalismo como uma ideologia que exacerbava as desigualdades sociais e enfraquecia as instituições estatais responsáveis pela proteção dos direitos sociais e trabalhistas.

Sua visão sobre o populismo e o neoliberalismo estava fundamentada na necessidade de uma transformação estrutural profunda na sociedade brasileira. Oliveira defendia a adoção de políticas que promovessem uma distribuição mais equitativa de recursos e oportunidades, bem como a construção de um Estado mais forte e ativo na promoção do bem-estar social (OLIVEIRA, 2007).

Para ele, somente por meio de uma abordagem que enfrentasse as raízes estruturais da desigualdade seria possível superar os desafios enfrentados pelo Brasil.

As obras de Chico de Oliveira são um convite à reflexão sobre as complexidades da sociedade brasileira, suas contradições e os desafios enfrentados em busca de um desenvolvimento mais justo e igualitário.

Bibliografia

OLIVEIRA, Francisco de. Crítica à razão dualista: o ornitorrinco e outras metáforas. São Paulo: Editora Boitempo, 2003.

OLIVEIRA, Francisco de. A economia brasileira: crítica à razão dualista. Rio de Janeiro: Editora Zahar, 1972.

OLIVEIRA, Francisco de. Elegia para uma re(li)gião. São Paulo: Editora Cortez, 1977.

OLIVEIRA, Francisco de. O processo de industrialização no Brasil: crítica à razão dualista. Rio de Janeiro: Editora Zahar, 1974.

OLIVEIRA, Francisco de. A democracia no Brasil: crítica à razão dualista. Rio de Janeiro: Editora Zahar, 1981.

OLIVEIRA, Francisco de. O Brasil: da colônia à República. São Paulo: Editora Cortez, 1985.

OLIVEIRA, Francisco de. O Estado brasileiro e as oligarquias. São Paulo: Editora Cortez, 1986.

OLIVEIRA, Francisco de. O futuro do Brasil: crítica à razão dualista. São Paulo: Editora Cortez, 2007.

Capitulo 14

Gabriel Cohn

Gabriel Cohn nasceu em 1938 em São Paulo. Eele é um dos arquitetos intelectuais que moldaram o cenário acadêmico com sua paixão pela compreensão das complexidades humanas.

Graduou-se em Ciências Sociais na Universidade de São Paulo (USP), em 1964. Essa instituição, com seus corredores de conhecimento e árvores antigas, testemunhou o florescimento de sua mente inquisitiva. Mas Gabriel não parou por aí. Ele ansiava por mais, mergulhando nas profundezas do saber sociológico.

Seu caminho acadêmico o levou a conquistar os títulos de Mestre e Doutor em Sociologia, ambos pela USP, nos anos de 1967 e 1971, respectivamente. Sua tese de doutorado, intitulada "Cultura e Comunicação de Massa", revelou sua busca incessante por desvendar os fios invisíveis que conectam as mentes humanas através das ondas do rádio e das páginas impressas.

Mas Gabriel não parou por aí. Ele ansiava por mais, mergulhando nas profundezas do saber sociológico. Em 1977, obteve sua Livre Docência pela USP, com a tese "Crítica e Resignação", uma exploração profunda da obra de Max Weber. A teoria social, para Gabriel, era como um quebra-cabeça intricado, e ele se dedicou a encaixar cada peça com precisão.

Weber, o mestre das sutilezas, encontrou um discípulo atento em Gabriel Cohn. Suas reflexões sobre a racionalidade, a justiça e a normatividade ecoam nas salas de aula e nas páginas de seus escritos.

Ele não apenas estudou Weber; ele o viveu, respirou sua essência e traduziu suas palavras para o português, permitindo que outros também se maravilhassem com a profundidade de pensamento desse grande sociólogo alemão.

Gabriel Cohn, o homem das palavras e das ideias, também foi diretor da Faculdade de Filosofia, Letras e Ciências Humanas da USP. Ele navegou pelas águas agitadas da academia, enfrentando tempestades e marés altas, mas sempre com a bússola da razão e da justiça apontando o caminho.

Hoje, ele é professor emérito no Departamento de Ciência Política da USP, um farol para os jovens estudantes que buscam entender o mundo através das lentes sociológicas. Sua voz ressoa nas páginas da revista Lua Nova, e seu legado permanece como um tesouro precioso na vastidão do conhecimento humano.

Gabriel Cohn, o sociólogo, o pensador, o tradutor de ideias, continua a inspirar gerações, lembrando-nos de que a busca pelo entendimento é uma jornada sem fim, e cada palavra escrita é uma estrela no céu da sabedoria

Racionalidade e Justiça

Gabriel Cohn mergulhou nas profundezas da

racionalidade humana, questionando como as mentes se movem, calculam e decidem. Ele explorou a justiça como um farol ético, iluminando os caminhos tortuosos da sociedade. Suas reflexões sobre esses temas ecoam nas páginas de seus escritos.

Gabriel Cohn dedicou parte significativa de sua obra ao estudo da racionalidade humana e sua interação com o conceito de justiça. Ele mergulhou nas complexidades da mente humana, investigando como as pessoas processam informações, tomam decisões e agem em diferentes contextos sociais. Sua abordagem transcendeu as simples análises comportamentais, adentrando nas profundezas da psique individual e coletiva (COHN, 2009).

Ao analisar a justiça como um princípio ético fundamental, Cohn buscou compreender como as sociedades constroem e aplicam suas normas e valores morais. Ele enxergava a justiça não apenas como um ideal abstrato, mas como um guia prático para a organização social e a resolução de conflitos. Suas reflexões sobre esse tema refletem um compromisso profundo com a busca pela equidade e a promoção do bem comum (COHN, 2013).

Nos escritos de Cohn, encontramos uma análise perspicaz das interações entre racionalidade e justiça, destacando como esses dois conceitos se entrelaçam e influenciam o funcionamento das sociedades. Ele questionou as suposições tradicionais sobre o que é considerado "racional" e "justo", desafiando os padrões estabelecidos e propondo novas abordagens para lidar com questões éticas e morais.

As reflexões de Gabriel Cohn sobre racionalidade e justiça representam uma contribuição valiosa para o campo da sociologia e da filosofia social. Seus escritos são um convite à reflexão sobre as bases fundamentais de nossas decisões e ações, bem como sobre os princípios que orientam a construção de uma sociedade mais justa e igualitária.

Política e Estado

Um dos temas centrais de sua obra é a análise da política e do Estado, investigando as relações de poder, a organização política da sociedade e os processos de tomada de decisão. Ele examinou o papel do Estado na regulação social, na promoção do desenvolvimento e na garantia dos direitos individuais e coletivos (COHN, 1990).

Na extensa obra de Gabriel Cohn, um dos temas mais proeminentes é a análise da política e do Estado. Ele se dedicou a examinar as complexas relações de poder que permeiam as estruturas políticas e sociais, bem como os processos de tomada de decisão que moldam o funcionamento dessas instituições. Cohn adotou uma abordagem interdisciplinar, combinando elementos da sociologia, ciência política e filosofia para compreender a dinâmica política em suas múltiplas facetas.

Ao investigar o papel do Estado, Cohn se debruçou sobre sua função na regulação social, na promoção do desenvolvimento econômico e na garantia dos direitos individuais e coletivos. Ele analisou como as políticas públicas são formuladas, implementadas e avaliadas, destacando os desafios enfrentados pelos governos na busca pelo bem-estar da sociedade (COHN, 2008).

Além disso, Cohn examinou criticamente as estruturas de poder dentro do Estado, questionando as relações de dominação e subordinação que muitas vezes estão presentes nesses contextos.

A obra de Cohn também aborda questões fundamentais relacionadas à organização política da sociedade. Ele investigou os diferentes modelos de governança, as formas de representação política e os mecanismos de participação cidadã, buscando compreender como esses elementos influenciam a democracia e a legitimidade do Estado.

Suas análises são fundamentais para entendermos os desafios contemporâneos enfrentados pelas instituições políticas e as possíveis alternativas para aprimorar a governança democrática.

Em suma, a contribuição de Gabriel Cohn para o estudo da política e do Estado é marcada por uma profunda análise teórica e empírica, aliada a um compromisso com a promoção da justiça social e da democracia. Suas reflexões continuam a inspirar estudiosos e formuladores de políticas públicas na busca por sociedades mais justas, igualitárias e democráticas.

Democracia e Participação Social

Cohn também refletiu sobre os desafios da democracia e da participação social, discutindo formas de fortalecer os mecanismos de representação política, aprimorar a participação cidadã e promover a inclusão social e a justiça.

Ele dedicou seus estudos a analisar as dinâmicas democráticas, questionando como os sistemas políticos podem ser aprimorados para garantir uma participação mais efetiva dos cidadãos e promover a inclusão social e a justiça.

Cohn explorou os diferentes aspectos da democracia, desde os processos eleitorais até os mecanismos de representação política. Ele investigou as formas pelas quais as instituições democráticas podem ser fortalecidas para assegurar a expressão dos interesses da sociedade como um todo, além de garantir a accountability e a transparência dos governantes perante a população (COHN, 2005).

Cohn discutiu amplamente sobre a importância da participação cidadã na tomada de decisões políticas. Ele analisou os diferentes modelos de participação, desde as formas tradicionais, como eleições e plebiscitos, até os novos movimentos sociais e formas de engajamento online.

Sua abordagem considerou não apenas a participação formal, mas também a participação cotidiana dos cidadãos na vida política e social.

Outro aspecto abordado por Cohn foi a questão da inclusão social e da justiça dentro do contexto democrático. Ele refletiu sobre como as políticas públicas podem ser orientadas para promover a igualdade de oportunidades e combater as desigualdades socioeconômicas e políticas.

Sua análise buscava identificar estratégias para tornar a democracia mais inclusiva e capaz de enfrentar os desafios da diversidade e da pluralidade presentes nas sociedades contemporâneas (COHN, 1992).

Em resumo, a contribuição de Gabriel Cohn para o debate sobre democracia e participação social foi marcada por uma abordagem crítica e reflexiva, que buscava identificar soluções concretas para os desafios enfrentados pelos sistemas políticos democráticos. Suas reflexões continuam a influenciar os estudos sobre democracia e participação social, oferecendo reflexões valiosas para a construção de sociedades mais justas, igualitárias e democráticas.

Max Weber

Como um alquimista das palavras, Gabriel traduziu as complexas teorias de Max Weber para o português. Ele desvendou os mistérios da ação social, da burocracia e da ética protestante. Weber, o mestre das sutilezas, encontrou em Gabriel um discípulo atento e apaixonado.

Gabriel foi um verdadeiro intérprete das intricadas teorias de Max Weber, um dos mais renomados sociólogos e pensadores do século XX. Ao traduzir as ideias complexas de Weber para o português, ele permitiu que uma gama mais ampla de estudiosos e interessados tivesse acesso ao profundo conhecimento do pensador alemão (COHN, 1979).

Entre os conceitos chave de Weber abordados por Gabriel estão a noção de ação social, que se refere às diferentes formas pelas quais os indivíduos se relacionam e interagem na sociedade. Além disso, ele explorou a burocracia como um sistema organizacional racional e formal que influencia as estruturas de poder e autoridade na sociedade moderna.

Outro aspecto importante foi a análise de Weber sobre a ética protestante e o espírito do capitalismo, onde ele argumenta que certos valores e crenças religiosas, particularmente do protestantismo, influenciaram o desenvolvimento do capitalismo moderno. Gabriel desvendou os aspectos mais sutis dessa relação entre religião, ética e economia, lançando luz sobre as complexidades do mundo social weberiano (COHN, 2006).

Ao se aprofundar nas teorias de Weber, Gabriel não apenas transmitiu seu legado intelectual, mas também contribuiu para uma compreensão mais profunda das dinâmicas sociais, econômicas e culturais que moldam a sociedade moderna (COHN, 2010).

Sua paixão e dedicação ao trabalho de Weber refletem não apenas um interesse acadêmico, mas também um compromisso com a disseminação do conhecimento e o enriquecimento do debate sociológico no Brasil e além.

Cultura e Comunicação de Massa

Na sua tese de doutorado, Gabriel mergulhou nas complexas interações entre cultura e comunicação de massa, desvendando os mistérios por trás das formas de expressão e interação que moldam nossa sociedade contemporânea. Ele investigou as intricadas conexões que se estabelecem entre as mentes humanas através dos meios de comunicação, como o rádio e a imprensa, revelando como esses canais influenciam nossas percepções, comportamentos e valores.

Ao explorar as páginas impressas e as ondas do rádio, Gabriel não apenas analisou os conteúdos veiculados, mas também os processos de recepção e interpretação por parte do público. Ele examinou como as mensagens são codificadas, transmitidas e decodificadas, e como esses processos afetam a construção e disseminação da cultura mediada.

Sua pesquisas lançaram luz sobre os impactos sociais, políticos e culturais da comunicação de massa na sociedade contemporânea. Ele investigou como as mídias influenciam a formação de identidades coletivas, a construção de narrativas culturais e a disseminação de ideologias, destacando tanto os aspectos positivos quanto os desafios e dilemas éticos envolvidos nesse processo (COHN, 1973).

Assim, através de uma análise profunda e perspicaz, Gabriel contribuiu para uma compreensão mais ampla da dinâmica complexa entre cultura e comunicação de massa, oferecendo insights valiosos sobre os mecanismos que moldam nossa sociedade globalizada e mediada pela tecnologia (COHN, 1971).

Normatividade e Crítica

Na sua tese de Livre Docência, intitulada "Crítica e Resignação", Gabriel Cohn explorou de forma incisiva e corajosa o campo da crítica social, mergulhando nas águas turbulentas das normas e contradições que permeiam a sociedade. Sua abordagem questionadora e provocativa desafiou não apenas as teorias sociológicas estabelecidas, mas também os fundamentos do status quo, convidando outros a repensarem suas visões sobre o mundo (COHN, 1989).

Ao investigar a normatividade e a crítica, Gabriel não se contentou em apenas analisar os sistemas de valores e crenças que moldam a sociedade. Ele mergulhou profundamente nas contradições e ambiguidades presentes nas estruturas sociais, políticas e culturais, expondo suas fragilidades e injustiças subjacentes.

Ele não apenas revelou as tensões latentes entre o ideal e a realidade, mas também apontou caminhos para uma reflexão mais profunda sobre as bases da ordem social e as possibilidades de transformação (COHN, 1979).

Ao desafiar a resignação e promover uma postura crítica, Gabriel estimulou o debate intelectual e incentivou uma abordagem mais engajada e reflexiva em relação aos problemas sociais e políticos de seu tempo.

Assim, sua tese não apenas contribuiu para o avanço do conhecimento sociológico, mas também inspirou uma nova geração de pesquisadores e pensadores a questionarem, desafiarem e lutarem por uma sociedade mais justa e igualitária.

Sociologia Brasileira

Gabriel Cohn possui sua marca nas páginas da sociologia brasileira. Ele não apenas absorveu conhecimento, mas também o gerou. Sua influência se estendeu além das fronteiras acadêmicas, moldando a maneira como pensamos sobre nossa própria sociedade.

Gabriel Cohn é uma figura proeminente na sociologia brasileira, com um legado duradouro que transcende as fronteiras acadêmicas. Sua contribuição vai além da mera absorção de conhecimento, pois ele também desempenha um papel fundamental na geração de novas ideias e perspectivas dentro do campo da sociologia. Sua influência foi é não apenas entre os estudiosos, mas também entre aqueles que se interessam pela compreensão mais profunda da sociedade brasileira (COHN, 1977).

Ao longo de sua carreira, Gabriel Cohn mergulhou nas complexidades da sociedade brasileira, investigando suas estruturas, dinâmicas e transformações. Ele explorou uma ampla gama de tópicos, desde questões de desenvolvimento social e econômico até normatividade e crítica social. Sua abordagem interdisciplinar e sua capacidade de conectar teoria e prática o tornaram uma figura respeitada e influente no campo da sociologia (COHN, 2017).

Além de suas contribuições acadêmicas, Gabriel Cohn também teve um impacto significativo na forma como os brasileiros pensam sobre sua própria sociedade. Suas análises profundas e perspicazes ajudaram a lançar luz sobre as questões prementes que afetam o país, desde desigualdades sociais até desafios democráticos. Seu trabalho inspirou uma reflexão mais crítica e engajada sobre os problemas enfrentados pela sociedade brasileira, incentivando um diálogo construtivo e a busca por soluções eficazes.

Portanto, o legado de Gabriel Cohn na sociologia brasileira é marcado não apenas por suas contribuições intelectuais, mas também por sua capacidade de catalisar mudanças e inspirar outros a se envolverem de forma significativa com as questões sociais e políticas de seu tempo. Sua influência perdura como um farol de sabedoria e inspiração para as gerações futuras de estudiosos e ativistas sociais no Brasil e em outros paises.

Bibliografia

Sociologia Brasileira:

COHN, Gabriel. Sociologia da comunicação: teoria e ideologia. São Paulo: Companhia Editora Nacional, 1973.

COHN, Gabriel. Para ler os clássicos: sociologia. São Paulo: Ática, 1977.

COHN, Gabriel. Petróleo e nacionalismo. São Paulo: Editora da UNIFESP, 2017 (2ª edição, 1968).

COHN, Gabriel. Crítica e resignação: estudos sobre o comportamento político brasileiro. Rio de Janeiro: Zahar Editores, 1979.

COHN, Gabriel. Sociologia e crítica. São Paulo: Cortez Editora, 1989.

COHN, Gabriel. Comunicação e indústria cultural. São Paulo: Cortez Editora, 1971.

COHN, Gabriel. Weber: sociologia. São Paulo: Ática, 1979.

COHN, Gabriel. Max Weber e a crítica da modernidade. São Paulo: Editora UNESP, 2006.

COHN, Gabriel. Weber e a política. São Paulo: Editora Unesp, 2010.

COHN, Gabriel. Sociedade civil e democracia. São Paulo: Cortez Editora, 1992.

COHN, Gabriel. Democracia e participação social. São Paulo: Editora Moderna, 2005.

COHN, Gabriel. O populismo e o futuro da democracia. São Paulo: Cortez Editora, 1990.

COHN, Gabriel. As contradições do Estado brasileiro. São Paulo: Editora Unesp, 2008.

COHN, Gabriel. Racionalidade e justiça: estudos de sociologia do direito. São Paulo: Editora Unesp, 2009.

COHN, Gabriel. A crítica da razão instrumental. São Paulo: Editora Boitempo, 2013.

Capitulo 15

Gilberto Freyre

A crônica da vida de Gilberto Freyre se desdobra como um tratado intrincado, entrelaçando-se com os meandros da história brasileira. Nascido em 1900, em Recife, Freyre emerge como um polímata que transcendeu os limites acadêmicos para moldar a própria essência da identidade nacional.

Os primeiros compassos da sua biografia ressoam nas ruas do Recife, onde Freyre absorveu as nuances de uma sociedade miscigenada e as tradições que delineariam seu pensamento. Educado nos corredores da Universidade de Baylor e empenhado em estudos na Europa, Freyre não apenas adquiriu conhecimento, mas cultivou uma perspectiva peculiar sobre a complexidade da sociedade brasileira.

Freyre não foi um mero observador. Sua incursão na política, o papel de embaixador e seus embates nos debates sociopolíticos da época atestam sua participação ativa na construção do discurso nacional. Seu pensamento, tecido nas páginas de inúmeras obras, ecoa não apenas nos salões acadêmicos, mas também nas ruas, nas tradições cotidianas e nos debates contemporâneos (CHACON, 2007).

Freyre, como arquiteto da identidade brasileira, ergueu uma construção teórica que desafia dualidades simplistas. Sua obra-prima, "Casa-Grande & Senzala", não é apenas um livro; é um monumento que desafia as noções convencionais sobre raça, classe e cultura. Freyre, ao explorar as relações nas senzalas e nas casas-grandes, propõe uma visão rica e matizada da formação da sociedade brasileira.

À medida que desvendamos a biografia de Gilberto

Freyre, não estamos apenas explorando a vida de um indivíduo; estamos navegando pelos rios que esculpiram a identidade brasileira. Suas ideias, como afluentes convergentes, alimentam a corrente intelectual que flui através do tempo, inspirando gerações a compreenderem a riqueza e as contradições do Brasil.

Na obra de Gilberto Freyre, emerge um sociólogo que transcende a tradicional cartografia do pensamento brasileiro. Seus conceitos e teorias, como fios entrelaçados, formam uma tapeçaria complexa que redefine a compreensão da sociedade, cultura e identidade nacional.

O Brasil Mestiço

No epicentro da obra de Freyre, encontramos sua obra-prima "Casa-Grande & Senzala". Aqui, ele desfaz dualidades simplistas, propondo uma visão intrincada da sociedade colonial brasileira. A relação entre a casa-grande, representando o domínio senhorial, e a senzala, espaço da escravidão, delineia as complexidades das relações raciais, sociais e culturais no Brasil.

A metáfora da "casa-grande" e da "senzala" emerge como um motivo recorrente nessa sinfonia sociológica. A "casa-grande", símbolo do domínio senhorial, representa não apenas uma estrutura arquitetônica, mas um sistema social e racial complexo. Por outro lado, a "senzala", espaço onde a escravidão se desenrola, não é apenas um cenário físico, mas um teatro de interações humanas que moldaram a essência do Brasil (FREYRE, 2017).

Freyre desafia dualidades simplistas, desmontando a visão tradicional de uma sociedade dividida em senhores e escravizados. Ele penetra nas sutilezas dessas relações, revelando que a vida na casa-grande e na senzala não era definida apenas pela opressão, mas também por uma intricada rede de interações, influências e até mesmo reciprocidades.

Ao observar a relação simbiótica entre a casa-grande e a senzala, Freyre destaca a influência mútua que permeava esses espaços distintos. Não se trata apenas da exploração do senhor sobre o escravo, mas de uma dinâmica social em constante transformação, onde as culturas se entrelaçam e os indivíduos se moldam reciprocamente.

A sinfonia de Freyre ressoa nas páginas de sua obra, explorando o papel das relações raciais e sociais na formação da identidade brasileira. O Brasil mestiço não é concebido como uma mera sobreposição de culturas, mas como uma síntese rica e dinâmica, onde a interação entre a casa-grande e a senzala contribui para a criação de uma harmonia singular.

Em suma, "Casa-Grande & Senzala" é mais do que um tratado sociológico; é uma obra que nos convida a desbravar as nuances da sociedade colonial brasileira, a compreender as complexidades das relações humanas e a apreciar a sinfonia única que emerge da interação entre a casa-grande e a senzala. Freyre nos convoca a afinar nossos ouvidos para captar os matizes dessa composição, desafiando-nos a contemplar o Brasil mestiço com uma perspectiva mais refinada e profunda.

Lusotropicalismo: Uma Utopia Tropical

O conceito de lusotropicalismo, cunhado por Freyre, é uma interpretação peculiar da colonização portuguesa. Ele argumenta que, ao contrário de outras potências colonizadoras, os portugueses teriam uma abordagem mais miscigenada e tolerante nos trópicos. Esta teoria, embora contestada, destaca a tentativa de Freyre de moldar a narrativa da colonização como uma força criativa na formação da cultura brasileira.

O termo "lusotropicalismo", cunhado por Gilberto Freyre, não é apenas uma expressão acadêmica; é uma utopia tropical que se insere na complexa narrativa da colonização portuguesa. Neste exame mais profundo, adentramos as camadas conceituais desse constructo, desvendando a interseção entre a realidade histórica e a idealização proposta por Freyre (FREYRE, 1976).

O lusotropicalismo, em sua essência, é uma visão particular da colonização portuguesa nos trópicos, em especial no Brasil. Freyre argumenta que, ao contrário de outras potências colonizadoras, os portugueses teriam adotado uma abordagem mais miscigenada e tolerante nos climas tropicais. Essa utopia tropical sugere uma convivência harmônica entre colonizadores e colonizados, contribuindo para a formação de uma sociedade mais miscigenada e culturalmente rica.

Freyre, ao elaborar sua teoria lusotropicalista, enfatiza a miscigenação como um fenômeno positivo na construção da identidade nacional. Ele argumenta que, devido à influência da miscigenação, os trópicos colonizados pelos portugueses seriam mais propensos a criar sociedades mestiças e culturalmente diversas. Essa perspectiva destoa das narrativas coloniais mais tradicionais, que muitas vezes destacam a opressão e a exploração (FREYRE, 2018).

Apesar da utopia proposta, o lusotropicalismo não está isento de críticas. Muitos acadêmicos contestam a idealização proposta por Freyre, apontando para as profundas desigualdades sociais e raciais que persistem nas sociedades colonizadas. A utopia tropical, para alguns, pode ser interpretada como uma tentativa de suavizar as tensões coloniais e ocultar as injustiças inerentes ao processo de colonização.

A utopia tropical de Freyre influenciou não apenas o discurso acadêmico, mas também teve repercussões políticas. Sua visão otimista da miscigenação e da convivência nos trópicos influenciou políticas governamentais, particularmente nas décadas de 1950 e 1960, quando se buscava promover uma identidade nacional brasileira baseada na miscigenação e na harmonia racial (FREYRE, 1975).

Ao analisar o lusotropicalismo, é crucial reconhecer a dualidade entre a utopia proposta por Freyre e as complexidades reais das relações coloniais. A miscigenação pode ter sido um fenômeno presente, mas não foi isenta de conflitos e assimetrias de poder.

Em última análise, o lusotropicalismo de Freyre nos desafia a questionar não apenas as narrativas convencionais da colonização, mas também a enfrentar as nuances e contradições que permeiam a construção da identidade nacional nos trópicos. É uma utopia tropical que, mesmo questionada, continua a ecoar nas discussões sobre a formação da sociedade brasileira e as heranças coloniais que perduram até os dias atuais.

Mestiçagem e Sincretismo Cultural

Freyre defende a mestiçagem como uma força enriquecedora na construção da identidade nacional. Ele enxerga na miscigenação não apenas uma realidade demográfica, mas uma força dinâmica que contribui para a riqueza cultural e social do Brasil. O sincretismo religioso, especialmente no contexto do candomblé, é abordado como uma manifestação dessa miscigenação cultural.

O conceito de mestiçagem e sincretismo cultural proposto por Gilberto Freyre não é simplesmente uma narrativa sociológica; é uma incursão profunda na alquimia social do Brasil mestiço. Desvendando as camadas conceituais desses termos, adentramos um terreno complexo onde as interações culturais moldam a identidade brasileira de maneira única (FREYRE, 1986).

O sociólogo destaca a mestiçagem não apenas como uma realidade demográfica, mas como uma força dinâmica que impulsiona a construção da identidade brasileira. A miscigenação de diferentes grupos étnicos não é percebida como um mero fenômeno biológico, mas como um processo social que enriquece a cultura, criando uma sociedade mestiça e multifacetada (FREYRE, 1967).

A mestiçagem proposta por Freyre transcende a ideia de simples cruzamentos biológicos. Ele explora as sutilezas das interações culturais que ocorrem nas esferas da vida cotidiana, nas artes, na religião e nas tradições. O encontro entre diferentes culturas não é visto como um choque, mas como uma dança intricada onde elementos distintos se entrelaçam, formando uma nova tapeçaria cultural.

Ele destaca o sincretismo religioso, especialmente no contexto das religiões afro-brasileiras como o candomblé, como uma manifestação tangível da sinfonia cultural brasileira. Aqui, elementos das tradições africanas, indígenas e europeias se entrelaçam, criando uma expressão única de espiritualidade que reflete a riqueza da mestiçagem cultural.

Ao introduzir o conceito de sincretismo, Freyre desafia a ideia de uma cultura homogênea. Ele reconhece e celebra a diversidade de influências que compõem a identidade brasileira. Em vez de buscar uma uniformidade cultural, ele enxerga na diversidade uma força vital que impede a estagnação e promove a vitalidade social.

Mestiçagem e sincretismo cultural, para Freyre, não são apenas fenômenos históricos, mas forças que continuam a moldar a identidade brasileira. Ele propõe que a compreensão desses processos é fundamental para entender a dinâmica social do Brasil e desafia a ideia de uma cultura estática e imutável.

A Invenção do Brasil como uma Democracia Racial

A teoria de Freyre sobre a "democracia racial" propõe que o Brasil, ao contrário de outros países, teria desenvolvido relações raciais mais harmoniosas. Ele argumenta que a convivência aparentemente pacífica entre diferentes grupos étnicos no Brasil seria uma peculiaridade positiva. No entanto, essa teoria é alvo de críticas por subestimar as profundas desigualdades sociais e raciais existentes.

Freyre propõe que o Brasil, ao contrário de outras nações, teria desenvolvido uma harmonia racial única devido à miscigenação. Ele enxerga na mestiçagem não apenas um fenômeno biológico, mas uma força social e cultural que promove uma convivência pacífica entre diferentes grupos étnicos. Essa harmonia, segundo Freyre, seria a base para a construção de uma democracia racial (FREYRE, 2018).

A "democracia racial" de Freyre também implica na ausência de um preconceito racial estrutural. Ele sugere que as relações entre brancos, negros e outros grupos étnicos no Brasil seriam marcadas pela tolerância e convivência pacífica. Esse mito da ausência de preconceito é um elemento central na construção da ideia de uma democracia racial brasileira.

A concepção de Freyre sobre a democracia racial não está isenta de críticas. Acadêmicos argumentam que essa ideia é uma idealização que mascara as profundas desigualdades sociais e raciais presentes na sociedade brasileira. O mito da harmonia racial, segundo críticos, pode servir como um véu que encobre as injustiças e perpetua a negação de direitos a determinados grupos (FREYRE, 1964).

A noção de democracia racial proposta por Freyre teve um impacto significativo na construção da identidade nacional brasileira. Influenciou políticas públicas e a autopercepção do país como uma nação tolerante e miscigenada. No entanto, ao mesmo tempo, pode ter contribuído para silenciar vozes e experiências que não se encaixam na narrativa de harmonia racial.

Apesar das críticas, a ideia de democracia racial persiste como um mito fundacional na construção da identidade brasileira. Freyre, ao inventar essa narrativa, deixou um legado que desafia continuamente os discursos sobre raça e relações raciais no Brasil.

Regionalismo e Identidade Nordestina

Freyre dedica atenção especial ao Nordeste brasileiro, sua terra natal, explorando as nuances do regionalismo. Sua obra "Nordeste" destaca as peculiaridades culturais e sociais da região, contribuindo para uma compreensão mais abrangente da diversidade brasileira.

Para este sociólogo, o regionalismo não é uma

limitação, mas uma força vital que dá forma à identidade nordestina. Ele explora as particularidades geográficas, climáticas e históricas da região para traçar um retrato único de sua cultura. O regionalismo, longe de ser uma barreira, é apresentado como um elemento catalisador que impulsiona a diversidade cultural (FREYRE, 2017).

Ele concebe o Nordeste como um verdadeiro laboratório social, onde a miscigenação, a convivência e as tradições se entrelaçam para criar uma identidade única. Ele destaca a influência das relações sociais e familiares, bem como a comunhão com a natureza, na formação dessa identidade regional rica e multifacetada (FREYRE, 2019).

A mestiçagem, um conceito central na obra de Freyre, é evidenciada no contexto nordestino. Ele argumenta que as interações entre diferentes grupos étnicos na região contribuíram para uma integração cultural única, onde elementos africanos, indígenas e europeus se fundem, dando origem a expressões culturais singulares.

Apesar de celebrar as peculiaridades regionais, Freyre também reconhece os desafios do regionalismo na construção da identidade nordestina. Ele destaca as disparidades sociais e econômicas como obstáculos, mas enxerga na resiliência das comunidades nordestinas uma força capaz de superar tais desafios (FREYRE, 1986).

Freyre coloca a identidade nordestina em perspectiva nacional, destacando a contribuição única da região para a formação da identidade brasileira como um todo. Ele propõe que o entendimento do Nordeste é fundamental para compreender a diversidade cultural que define o Brasil, desafiando noções simplistas de homogeneidade.

Em síntese, a abordagem de Freyre sobre regionalismo e identidade nordestina transcende a mera análise sociológica, configurando-se como uma interpretação rica e multifacetada do tecido social brasileiro. O mosaico cultural nordestino, habilmente delineado por suas obras, ressoa como um convite à apreciação da complexidade e diversidade que caracterizam a identidade regional no Brasil.

A contribuição de Gilberto Freyre para a sociologia brasileira é uma complexa rede de conceitos que desafia as fronteiras disciplinares. Seu legado, como uma construção social, continua a influenciar as discussões sobre raça, cultura e identidade nacional, desafiando-nos a desbravar os territórios mais intricados da sociedade brasileira.

Bibliografia

CHACON, Vamireh. Gilberto Freyre: uma biografia intelectual. São Paulo: Companhia das Letras, 2007.

FREYRE, Gilberto. Casa-grande & senzala: formação da família brasileira sob o regime de economia patriarcal. 54. ed. São Paulo: Companhia das Letras, 2017.

FREYRE, Gilberto. Sobrados e mucambos: decadência do patriarcado rural e desenvolvimento do urbano. 11. ed. São Paulo: Companhia das Letras, 2018.

FREYRE, Gilberto. Nordeste: a integração do homem na natureza. 4. ed. São Paulo: Companhia das Letras, 2019.

FREYRE, Gilberto. O Brasil mestiço. 3. ed. São Paulo: Companhia das Letras, 2018.

FREYRE, Gilberto. Ordem e progresso: processo de desintegração social no Brasil. 4. ed. Rio de Janeiro: José Olympio Editora, 1986.

FREYRE, Gilberto. Um brasileiro em Portugal. 2. ed. Lisboa: Livraria Bertrand, 1975.

FREYRE, Gilberto. Portugal e Brasil: de 1500 a 1808. 2. ed. Lisboa: Livraria Bertrand, 1976.

FREYRE, Gilberto. Aventura e rotina: aspectos da formação brasileira. 3. ed. Rio de Janeiro: José Olympio Editora, 1969.

FREYRE, Gilberto. Ingleses no Brasil: aspectos da influência britânica sobre a vida, a arte, a cultura e a literatura brasileira. 2. ed. Rio de Janeiro: José Olympio Editora, 1967.

FREYRE, Gilberto. The Masters and the Slaves: A Study in the Development of Brazilian Civilization. 2nd ed. New York: Alfred A. Knopf, 1964.

Capítulo 16

Gilda Naécia Barros

Gilda Naécia Maciel de Barros, doutora em Educação pela Universidade de São Paulo (USP), deixou uma marca indelével no cenário acadêmico brasileiro. Seu trabalho abrange uma gama diversificada de temas e conceitos, com foco especial na antiguidade clássica, cultura grega, filosofia da educação e pensamento antigo.

Nascida em 1927 na cidade de Bariri, no Estado de São Paulo, Gilda trilhou uma trajetória intelectual notável. Licenciou-se em filosofia pela USP em 1949 e, em seguida, doutorou-se em Educação. Sua sólida formação acadêmica abrangeu a filosofia e história antiga e moderna, e ainda como estudante, ela já delineava os seus temas de interesse.

Gilda dedicou-se à pesquisa e ao ensino na Universidade de São Paulo, onde atuou como Professora Doutora nas áreas de História e Filosofia da Educação, tanto na graduação quanto na pós-graduação. Além disso, ela foi membro do corpo editorial das revistas Videtur e Notandum.

Gilda Naécia Maciel de Barros, doutora em Educação pela Universidade de São Paulo (USP), deixou uma marca indelével no cenário acadêmico brasileiro. Seu trabalho abrange uma gama diversificada de temas e conceitos, com foco especial na antiguidade clássica, cultura grega, filosofia da educação e pensamento antigo.

Aqui estão alguns dos principais temas, conceitos e teorias desenvolvidos por Gilda Naécia Barros:

Educação e História da Educação

Gilda explorou profundamente a história da educação, investigando as práticas educacionais em diferentes períodos históricos. Seu interesse pela Antiguidade Clássica a levou a examinar as práticas educacionais na Atenas antiga e a refletir sobre a relação entre educação e cidadania.

Nesta área, Gilda deixou uma marca indelével. Sua pesquisa meticulosa e reflexões críticas contribuíram para o entendimento das práticas educacionais em diferentes contextos históricos, com um olhar especialmente voltado à Antiguidade Clássica.

Ela se concentrou na Atenas antiga, berço da democracia e da filosofia ocidental. Ela investigou como a educação era concebida nesse contexto, considerando-a não apenas como um processo de transmissão de conhecimento, mas também como um meio de formação cidadã.

A paideia ateniense era multifacetada, abrangendo a educação formal nas escolas (como a escola de gramática e a escola de ginástica) e a educação informal no ambiente doméstico e nas interações sociais (BARROS, 2005).

Gilda explorou como os atenienses buscavam cultivar virtudes cívicas, como a areté (excelência) e a eunomia (boa ordem), por meio da educação. Ela analisou os gymnasia, onde jovens atletas e futuros cidadãos se exercitavam e aprendiam valores como disciplina e autocontrole.

A educação ateniense visava formar cidadãos participativos e conscientes de seus deveres para com a polis (cidade-estado). Gilda examinou os symposia, onde os jovens debatiam questões políticas e filosóficas, desenvolvendo habilidades retóricas e argumentativas.

Ela também investigou o papel das musas, as deusas inspiradoras das artes e das ciências, na educação ateniense. A música, a poesia e a dança eram consideradas essenciais para o desenvolvimento integral do indivíduo (BARROS, 2011).

A autora paulista refletiu sobre como a educação ateniense estava intrinsecamente ligada à democracia. Os cidadãos instruídos eram capazes de participar ativamente nos ekklesia (assembleias populares) e nos tribunais, contribuindo para a tomada de decisões políticas.

Gilda analisou como a educação moldava a identidade cívica, promovendo o senso de pertencimento à comunidade e a responsabilidade para com o bem comum.

Em síntese, Gilda Naécia Barros mergulhou nas raízes da educação ocidental, revelando como os antigos atenienses moldaram suas vidas por meio do conhecimento e da formação cidadã. Seu legado continua a inspirar estudiosos a explorar as conexões entre educação, cultura e cidadania.

Filosofia da Educação

No campo da filosofia da educação, Gilda investigou questões fundamentais relacionadas à natureza da educação, seus objetivos e valores. Ela explorou como os pensadores antigos, como Platão, abordaram essas questões e como suas ideias podem ser relevantes para a educação contemporânea.

No rastro dos antigos pensadores, como o imortal Platão, Gilda Naécia desvela as questões primordiais que permeiam o universo educacional. A polis ateniense, berço de ideias e conflitos, ecoa em sua mente como um coro ancestral. O diálogo socrático, a Academia, as formas ideais, tudo isso reverbera na tessitura de suas reflexões.

Platão, o filósofo das sombras projetadas na caverna, delineou uma visão de educação que transcende o mero repasse de informações. Para ele, a educação deveria ser uma jornada rumo à verdade, à virtude e à justiça. A paideia, o processo de formação integral do indivíduo, não se limitava à instrução técnica, mas abarcava a formação moral e a busca pelo bem comum (BARROS, 2012).

E como essas antigas concepções reverberam nos corredores das escolas contemporâneas? Gilda Naécia nos convida a olhar além das metodologias e currículos. Ela nos instiga a refletir sobre o propósito da educação, sobre como moldamos cidadãos capazes de transcender o imediato e vislumbrar horizontes mais amplos.

Em um mundo marcado pela tecnologia, pela globalização e pela complexidade, as palavras de Platão ressoam como um chamado à sabedoria. A educação não é apenas um meio para o sucesso individual, mas um veículo para a transformação social. A busca pela verdade, a formação do caráter e a responsabilidade cívica permanecem como faróis em meio à tempestade.

Em sua jornada filosófica, ela nos lembra que a educação não é um mero acúmulo de conhecimentos, mas uma forja de almas. Seus estudos sobre a Antiguidade Clássica, sua exploração das ideias platônicas e sua análise crítica da política e da educação ecoam como um convite à reflexão profunda.

O Pensamento de Platão

Gilda dedicou parte significativa de sua pesquisa ao estudo das obras de Platão, um dos filósofos mais influentes da história. Ela examinou os diálogos platônicos, como "A República", e analisou conceitos como justiça, virtude e conhecimento.

Platão, o arquiteto das formas ideais, ergueu um edifício conceitual que transcende o efêmero. Para ele, o mundo sensível, com suas sombras projetadas na caverna, não passava de um reflexo imperfeito do mundo das ideias. Nesse plano transcendental, as essências puras e imutáveis habitavam, e o conhecimento verdadeiro se revelava.

Em sua obra magna, "A República", Platão delineou sua visão utópica de uma cidade-estado ideal. A justiça, para ele, não se limitava à mera aplicação de leis, mas emergia da harmonia entre as três classes: os guardiões, os auxiliares e os produtores. A virtude, personificada na sabedoria, coragem, temperança e justiça, permeava a vida dos cidadãos.

Gilda Naécia, em sua análise crítica, desvelou as camadas profundas desses diálogos e nos convidou a refletir sobre como os conceitos platônicos reverberam na educação contemporânea (BARROS, 2003).

Em um mundo marcado por desigualdades e conflitos, a busca pela justiça permanece relevante. Platão nos ensina que a justiça não é apenas a aplicação de regras, mas a harmonia entre as partes, a busca pelo bem comum e a correção das almas.

A formação moral dos indivíduos transcende os currículos escolares. A virtude, segundo Platão, é a essência da educação. Ela não se restringe ao conhecimento técnico, mas abarca a excelência moral e a busca pelo aperfeiçoamento.

O diálogo socrático, tão caro a Platão, é um modelo pedagógico. Para Gilda, a busca incessante pela verdade, o questionamento constante e a humildade intelectual são pilares que ecoam nas salas de aula contemporâneas.

Formação do cidadão: Platão via a educação como a forja de cidadãos virtuosos, capazes de contribuir para o bem da polis. Hoje, a educação deve ir além da empregabilidade, cultivando a responsabilidade cívica e a participação ativa na sociedade.

Assim, Gilda, ao explorar o pensamento platônico, nos convida a olhar para além dos muros da Academia. A educação, para ela, é a alquimia que transforma mentes e corações, perpetuando a chama da sabedoria através das eras.

Política e Educação

Gilda também investigou a relação entre política e educação. Ela explorou como as estruturas políticas e as instituições educacionais interagem e moldam a formação dos cidadãos.

Com a destreza de quem maneja as palavras como um ourives, Gilda investigou a relação simbiótica entre esses dois pilares da sociedade. A política, como o tecido que envolve a vida coletiva, e a educação, como a forja das almas, entrelaçam-se em sua análise crítica.

Ela nos convida a olhar para além das paredes das escolas. Desvelando como as estruturas políticas, desde os conselhos municipais até os parlamentos nacionais, influenciam as políticas educacionais. A alocação de recursos, a definição de currículos e a formação de professores são moldadas por decisões políticas.

Inspirada pelos antigos filósofos, Gilda Naécia nos lembra que a educação não é apenas um meio para o sucesso individual, mas um veículo para a formação de cidadãos ativos. A política não é um espetáculo distante; é o palco onde os cidadãos exercem sua voz. Hoje, mais do que nunca, a educação deve cultivar a responsabilidade cívica e a participação na esfera pública (BARROS, 1997).

Gilda Naécia nos convida a refletir sobre como as estruturas democráticas permeiam as escolas. A participação dos estudantes em assembleias, a eleição de representantes e a discussão aberta de ideias são práticas que ecoam as raízes da democracia ateniense. A educação não deve ser um monólogo, mas um diálogo constante entre todos os envolvidos.

A política não é apenas sobre poder e interesses; é também sobre valores. Gilda Naécia nos instiga a pensar na formação ética dos futuros cidadãos. A honestidade, a empatia, a justiça e a solidariedade não são apenas palavras vazias; são os alicerces sobre os quais construímos uma sociedade mais justa.

Assim, no cenário contemporâneo, somos desafiados a olhar para além das urnas eleitorais. A política e a educação não são compartimentos estanques, mas fios entrelaçados no grande tear da sociedade. Que possamos, como Gilda Naécia Maciel de Barros, tecer um futuro onde a política seja a expressão da vontade coletiva e a educação, a luz que guia nossos passos.

Pensamento Moderno (J.J. Rousseau)

Além de sua ênfase na antiguidade, Gilda também se interessou pelo pensamento moderno. Ela examinou as ideias do filósofo iluminista Jean-Jacques Rousseau, especialmente suas visões sobre educação e sociedade.

Em sua obra seminal "Emílio, ou Da Educação", Rousseau propôs uma educação que respeitasse a natureza da criança. Ele enfatizou o desenvolvimento gradual, a experiência direta e a liberdade como pilares da formação. Hoje, a pedagogia construtivista e a valorização da autonomia do aluno ecoam suas idéias (SILVA & BARROS, 2004).

Gilda Naécia nos convida a olhar para além das teorias abstratas. Rousseau, em seu "Contrato Social", delineou a noção de vontade geral como base da legitimidade política. A participação cidadã, a democracia direta e a busca pelo bem comum permanecem como desafios contemporâneos.

Rousseau questionou a corrupção da sociedade sobre a natureza inata do ser humano. Seu "homem natural" contrastava com a artificialidade da civilização. Hoje, debates sobre autenticidade, alienação e a busca por uma vida mais autêntica ecoam suas preocupações.

Gilda Naécia nos instiga a refletir sobre as desigualdades sociais. Rousseau, em seu ensaio "Discurso sobre a Origem e os Fundamentos da Desigualdade entre os Homens", denunciou as disparidades criadas pela propriedade privada e a busca por status. Hoje, a luta por justiça social e igualdade continua a ser um imperativo.

Assim, no cenário contemporâneo, somos desafiados a manter viva a chama do pensamento rousseauniano. A educação, a política e a busca por uma sociedade mais justa permanecem como os fios que entrelaçam nosso destino coletivo.

Em resumo, Gilda Naécia Barros foi uma estudiosa multifacetada, cujo trabalho abrangeu desde a Grécia Antiga até as reflexões contemporâneas sobre educação e filosofia. Sua abordagem crítica e sua paixão pelo conhecimento continuam a inspirar estudantes e pesquisadores na área de humanidades.

Bibliografia

BARROS, Gilda Naécia Maciel de. O pensamento de Roque Spencer Maciel de Barros. Revista Brasileira de Filosofia, São Paulo, n. 186, p. 134-147, abr./jun. 1997.

BARROS, Gilda Naécia Maciel de. Sólon: uma paidéia para a cidadania. Orientador: Prof Dr. Roque Spencer Maciel de Barros. São Paulo: Universidade de São Paulo, 2003.

BARROS, Gilda Naécia Maciel de. Xenofonte e a paideia do governante. São Paulo: Faculdade de Educação da USP, 2012.

BARROS, Gilda Naécia Maciel de. O kléos de Telêmaco na Odisséia - exame de qualificação Mestrado de Marcelo Sussumu. São Paulo: Faculdade de Filosofia Letras e Ciências Humanas da Usp, 2011.

BARROS, Gilda Naécia Maciel de. Catão, o antigo: uma idéia de cidadania - Exame de Qualificação de Mestrado de Alessandra Carbonero Lima. São Paulo: Faculdade de Educação da Universidade de São Paulo, 2005.

SILVA, Fabio de Barros; BARROS, Gilda Naécia Maciel de (Orientador). Jean-Jacques Rousseau: a face arcaica do cidadão. 2004. Dissertação (Mestrado) – Universidade de São Paulo, São Paulo, 2004.

Capítulo 17

Heloisa Buarque de Hollanda

Heloísa Teixeira, conhecida como Heloísa Buarque de Hollanda, é uma figura intelectual multifacetada cuja trajetória transcende os limites da academia. Nascida em

Ribeirão Preto, São Paulo, em 26 de julho de 1939, sua vida e obra se entrelaçam com a reflexão sobre cultura, educação e sociedade.

Sua formação acadêmica é sólida: graduou-se em Letras Clássicas pela Pontifícia Universidade Católica do Rio de Janeiro (PUC-Rio) e obteve mestrado e doutorado em Literatura Brasileira na Universidade Federal do Rio de Janeiro (UFRJ). Além disso, realizou um pós-doutorado em Sociologia da Cultura na Universidade de Columbia, em Nova Iorque.

Como professora emérita de Teoria da Cultura na Escola de Comunicação da UFRJ (ECO), Heloísa contribuiu significativamente para o campo da cultura contemporânea. Sua atuação como coordenadora do Programa Avançado de Cultura Contemporânea (PACC/UFRJ) e diretora da HB - Heloísa Buarque Projetos Editoriais demonstra seu compromisso com a disseminação do conhecimento.

Heloísa também se destacou como curadora do Portal Literal, plataforma que abriga reflexões críticas sobre literatura e cultura. Sua pesquisa concentra-se em temas como cultura e desenvolvimento, poesia, relações de gênero e étnicas e cultural digital (PEREIRA & SILVA, 2019).

Além de sua atuação acadêmica, Heloísa é uma voz crítica que transcende os muros das universidades. Seu olhar se volta para a cultura produzida nas periferias das grandes cidades e para o impacto das novas tecnologias digitais e da internet na produção e no consumo cultural.

Dentre os principais temas que permeiam sua obra, destacam-se:

Cultura como Recurso

Heloísa investiga a construção moderna da cultura como uma prática formadora. Ela desvela como essa noção está associada à divisão de classes e à propriedade de uma elite. A distinção entre produção material e simbólica é um fio condutor em suas análises.

Sob a perspicaz análise de Heloísa Buarque de Hollanda, essa noção transcende os limites da mera ornamentação e adentra o âmago da formação social e política.

A cultura, outrora concebida como um conjunto estático de expressões artísticas e costumes, é agora compreendida como um processo dinâmico e multifacetado. Ela se tece nas interações cotidianas, nas práticas sociais e nas representações simbólicas. A cultura não é um dado imutável, mas uma construção em constante mutação, moldada pelas mãos e mentes dos indivíduos (HOLLANDA, 1984).

Nesse contexto, a cultura se revela como um recurso formador. Ela não é apenas um adorno estético; é um veículo que nos constitui e nos transforma. Por meio da cultura, os sujeitos se forjam, constroem identidades e atribuem significados ao mundo. A cultura é o solo fértil onde germinam valores, crenças e modos de vida.

Entretanto, essa construção cultural não ocorre em um vácuo. Heloísa nos instiga a olhar para as desigualdades que permeiam a cultura. Ela está associada à propriedade, à divisão de classes e ao acesso diferenciado aos meios de produção simbólica. Quem detém os pincéis da criação cultural? Quem define os padrões estéticos? A cultura não é neutra; ela reflete e perpetua as hierarquias sociais.

A distinção entre produção material (bens tangíveis) e produção simbólica (ideias, símbolos, narrativas) é um fio condutor em suas análises. A cultura não se restringe a museus e galerias; ela permeia o cotidiano. A música que embala nossos passos, a literatura que nos transporta para outros mundos, a moda que veste nossos corpos – tudo isso é parte desse tecido complexo.

Em síntese, a cultura como recurso nos desafia a olhar para além das aparências. Ela é um terreno de disputas, significados e transformações. Nas mãos de Heloísa Buarque de Hollanda, a cultura se torna um convite à profundidade e à reflexão sobre nossa condição humana.

Pensamento Feminista

Como referência nos estudos feministas no Brasil, Heloísa organizou obras importantes, como "Tendências e Impasses: o feminismo como crítica da cultura". Nesse contexto, ela apresentou textos e autoras pioneiramente, explorando abordagens relacionais e culturais do gênero. Seu olhar se volta para a consolidação da ideia de gênero nos anos 1980, dialogando com autoras como Joan Scott, Nancy Fraser, Sandra Harding e Monique Wittig (HOLLANDA, 1994).

O pensamento feminista é o solo fértil onde suas ideias germinam. Como referência nos estudos feministas no Brasil, Heloísa organizou obras de relevância ímpar, como "Tendências e Impasses: O feminismo como crítica da cultura". Nesse contexto, ela não apenas mapeou o terreno, mas também plantou sementes pioneiras.

Heloísa nos convida a olhar para além das narrativas dominantes. O feminismo não é apenas uma luta por igualdade; é também uma crítica da cultura. Ela desvela como as representações culturais perpetuam estereótipos de gênero, moldam identidades e reforçam hierarquias. A cultura não é neutra; ela é atravessada por relações de poder.

Aqui reside um ponto crucial. Heloísa não se limita a análises superficiais. Ela explora as abordagens relacionais e culturais do gênero. O gênero não é uma essência fixa; é uma construção social e simbólica. Ela nos convida a pensar nas interseções entre gênero, raça, classe e sexualidade.

Heloísa direciona seu olhar para a década de 1980, um período de efervescência intelectual e ativismo. Nesse contexto, a consolidação da ideia de gênero ganha destaque. Ela dialoga com autoras como Joan Scott, que desafiou a noção essencialista de gênero, e Nancy Fraser, que explorou as dimensões políticas da igualdade de gênero.

Heloísa não caminha sozinha. Ela dialoga com outras vozes feministas. Joan Scott, com sua teoria do gênero como categoria de análise histórica; Nancy Fraser, com sua crítica à economia política do patriarcado; Sandra Harding, com sua epistemologia feminista; e Monique Wittig, com sua desconstrução da heterossexualidade compulsória – todas essas autoras ecoam em suas reflexões (HOLLANDA, 2020).

Em síntese, Heloísa Buarque de Hollanda nos convida a pensar o feminismo como uma lente crítica que desvela as entranhas da cultura. Seu olhar se volta para o passado, mas também ilumina os caminhos do presente e do futuro

Perspectivas Decoloniais

Heloísa nos convida a desafiar matrizes estabelecidas. Ela explora o feminismo afro-latino-americano, a conceituação eurocêntrica do gênero e o desafio das epistemologias africanas. Sua reflexão transcende fronteiras geográficas e temporais, ecoando preocupações contemporâneas sobre identidade, colonialidade e diversidade.

No vasto campo das reflexões acadêmicas, onde as ideias se entrelaçam como fios de um intricado bordado, emerge o tema instigante das perspectivas decoloniais. Sob o olhar crítico e perspicaz de Heloísa Buarque de Hollanda, essa abordagem transcende os limites das matrizes estabelecidas, desafiando os alicerces do pensamento eurocêntrico.

Nesta crítica, Heloísa nos convida a pensar sobre o Feminismo Afro-Latino-Americano, demonstrando que o feminismo não é monolítico; mas se desdobra em diferentes contextos. O feminismo afro-latino-americano emerge como uma voz que ressoa nas margens. Ele questiona as opressões interseccionais vivenciadas pelas mulheres negras na América Latina. A luta contra o racismo, o sexismo e a invisibilidade é central nesse diálogo (HOLLANDA, 2019).

Assim, ela promove sua análise sobre a conceituação eurocêntrica do gênero. Aqui reside um ponto crucial. Heloísa nos instiga a problematizar as categorias estabelecidas. A conceituação eurocêntrica do gênero não é universal; ela reflete uma visão específica. Ela nos convida a pensar nas diferenças culturais e históricas que moldam nossas compreensões. O gênero não é uma essência fixa; é uma construção em constante transformação.

Heloísa transcende fronteiras geográficas e temporais. Ela nos convida a dialogar com as epistemologias africanas. Essas perspectivas não são meramente alternativas; são fundadoras de conhecimento. Elas nos lembram que o saber não é monopólio do Ocidente. A diversidade epistêmica é um tesouro a ser explorado (HOLLANDA, 1991).

Sua reflexão ecoa preocupações contemporâneas. A identidade não é estática; ela é atravessada por histórias de colonização, resistência e hibridismo. A colonialidade persiste em nossas estruturas mentais e sociais. A diversidade étnica é um desafio e uma riqueza. Heloísa nos convida a olhar para além das fronteiras e a reconhecer a complexidade do mundo.

Em síntese, Heloísa Buarque de Hollanda nos convida a descolonizar o pensamento, a ampliar nossos horizontes e a reconhecer a pluralidade das vozes. Sua reflexão é um farol que ilumina os caminhos da emancipação e da justiça.

Feminismo Brasileiro como Luta e Epistemologia

Heloísa reúne ensaios que exploram o feminismo

brasileiro em sua complexidade. Ela questiona, problematiza e celebra a luta das mulheres. Sua análise abarca a relação entre feminismo, cultura e universidade, oferecendo uma visão crítica e transformadora.

As perspectivas decoloniais, sob o olhar crítico e perspicaz de Heloísa, constituem um campo de análise que desafia matrizes estabelecidas. Essa abordagem não se contenta com os limites do pensamento eurocêntrico; ela transcende fronteiras geográficas e temporais, ecoando preocupações contemporâneas sobre identidade, colonialidade e diversidade étnica (HOLLANDA, 2018).

O feminismo afro-latino-americano emerge como uma voz que ressoa nas margens. Ele questiona as opressões interseccionais vivenciadas pelas mulheres negras na América Latina. A luta contra o racismo, o sexismo e a invisibilidade é central nesse diálogo.

Heloísa nos instiga a problematizar as categorias estabelecidas. A conceituação eurocêntrica do gênero não é universal; ela reflete uma visão específica. Ela nos convida a pensar nas diferenças culturais e históricas que moldam nossas compreensões. O gênero não é uma essência fixa; é uma construção em constante transformação.

Ela nos convida a dialogar com as epistemologias africanas. Essas perspectivas não são meramente alternativas;

são fundadoras de conhecimento. Elas nos lembram que o saber não é monopólio do Ocidente. A diversidade epistêmica é um tesouro a ser explorado (HOLLANDA, 1985).

Em síntese, Heloísa Buarque de Hollanda nos convida a descolonizar o pensamento, a ampliar nossos horizontes e a reconhecer a pluralidade das vozes. Sua reflexão transcende os limites disciplinares, tecendo reflexões que nos convidam a olhar para além das convenções e a repensar nossa relação com o mundo. Sua obra é um convite à profundidade e à transformação.

Bibliografia

HOLLANDA, Heloísa Buarque de. Explosão feminista. São Paulo: Companhia das Letras, 2018.

HOLLANDA, Heloísa Buarque de (Org.). Tendências e impasses: o feminismo como crítica da cultura. Rio de Janeiro: Rocco, 1994.

HOLLANDA, Heloísa Buarque de. Feminismo: uma história ilustrada. Rio de Janeiro: Editora Sextante, 2019.

HOLLANDA, Heloísa Buarque de. Pensamento feminista: conceitos fundamentais. Rio de Janeiro: Editora Zahar, 2020.

HOLLANDA, Heloísa Buarque de. Impasses da modernidade. Rio de Janeiro: Editora Rocco, 1984.

HOLLANDA, Heloísa Buarque de. Crítica e condição feminina. Rio de Janeiro: Editora Forense Universitária, 1985.

HOLLANDA, Heloísa Buarque de. Subjetividade e modernidade. Rio de Janeiro: Editora Rocco, 1991.

PEREIRA, Carlos Alberto; SILVA, Eduardo (Orgs.). Heloísa Buarque de Hollanda: Diálogos e Debates. Rio de Janeiro: Editora 7Letras, 2019.

Capítulo 18

José de Souza Martins

José de Souza Martins, nascido em São Caetano do Sul, São Paulo, em 24 de outubro de 1938, é um escritor e sociólogo brasileiro de renome. Graduou-se em Ciências Sociais na Faculdade de Filosofia, Letras e Ciências Humanas da Universidade de São Paulo (FFLCH-USP) em 1964, onde posteriormente obteve seu mestrado (1966) e doutorado (1970) em Sociologia. Sua formação acadêmica foi enriquecida por mestres como Florestan Fernandes, Fernando Henrique Cardoso, Octavio Ianni e Ruth Cardoso, entre outros.

Martins se destacou como pesquisador laborioso, híbrido de sociólogo, historiador e fotógrafo. Sua obra é marcada por uma dialética que une a diversidade de múltiplas determinações. Ele não se contentou com os limites do pensamento convencional; ao contrário, desafiou matrizes estabelecidas e explorou temas cruciais da sociedade brasileira (SILVA, 2019).

Foi o terceiro brasileiro a ocupar, em 1993-1994, a prestigiosa "Cátedra Simón Bolivar" da Universidade de Cambridge, Inglaterra, onde também foi eleito fellow de Trinity Hall.

Atuou como professor visitante na University of Florida (Gainesville, EUA) e na Universidade de Lisboa.

Recebeu diversos títulos honoríficos, incluindo Doutor honoris causa da Universidade Federal de Viçosa, Universidade Federal da Paraíba e Universidade Municipal de São Caetano do Sul.

Sua produção acadêmica, com mais de 21.000 citações no Google Scholar Citations, reflete sua influência e relevância no campo sociológico.

Ganhou o Prêmio "Visconde de Cairu" (1977) pelo livro "Conde Matarazzo - empresário e empresa". Recebeu o Prêmio "Érico Vannucci Mendes" (1993) pelo conjunto da obra. Também o Prêmio Jabuti (1993 e 1994) pelos livros "Subúrbio" e "A Chegada do Estranho". Além do Prêmio Florestan Fernandes (2007) da Sociedade Brasileira de Sociologia.

Em síntese, José de Souza Martins é um intelectual multifacetado, cuja obra transcende fronteiras e ilumina os caminhos da compreensão sociológica no Brasil e do mundo.

Martins, dedicou sua carreira a explorar temas cruciais da sociedade e a desafiar matrizes estabelecidas. Suas contribuições abrangem uma ampla gama de tópicos, revelando uma mente inquisitiva e multifacetada.

Sociologia da Cultura

Martins mergulha nas complexidades culturais do Brasil. Ele questiona, problematiza e celebra a luta das mulheres, a religiosidade popular, as festas, os rituais e as manifestações artísticas. Sua análise vai além do superficial e penetra nas raízes da identidade brasileira.

A Sociologia da Cultura, sob o olhar atento de José de Souza Martins, é um campo de estudo que nos conduz pelas intricadas tramas da vida social e simbólica no Brasil. Martins não se contenta com as superfícies; ele escava fundo, revelando as raízes que sustentam nossa identidade coletiva.

Martins nos convida a mergulhar nas complexidades culturais do Brasil. Ele não se limita a folclore ou tradições isoladas; ao contrário, explora as interações, os conflitos e as transformações que moldam nossa cultura. A diversidade de expressões artísticas, crenças e práticas cotidianas é seu objeto de estudo (MARTINS, 2010).

Ao analisar a luta das mulheres,. Martins não romantiza; ele reconhece as batalhas travadas por mulheres em diferentes contextos. Seja nas ruas, nas casas ou nos espaços de poder, as vozes femininas ecoam em sua análise.

Ele também investiga a religiosidade popular, as festas e os rituais como janelas para a alma de um povo. Martins observa como essas práticas moldam nossa identidade. O sincretismo religioso, as celebrações festivas e os ritos cotidianos são lentes através das quais ele enxerga a cultura brasileira.

Com análises profunda das Raízes Identitárias do povo brasileiro, ele vai além do superficial. Martins penetra nas raízes da identidade brasileira. O que nos torna únicos? Como as tradições se entrelaçam com as mudanças? Martins nos convida a refletir sobre nossa essência cultural, nossos mitos fundadores e nossas contradições.nos conduzindo por uma viagem cultural profunda, onde as camadas da sociedade se entrelaçam com as manifestações artísticas e as vozes silenciadas. Sua sociologia é um convite à compreensão e à transformação.

Sociologia Urbana e Subúrbio

O subúrbio é um terreno fértil para Martins. Ele investiga as dinâmicas sociais, as relações de vizinhança, a vida cotidiana e as tensões entre centro e periferia. Seus estudos sobre a vida nos subúrbios revelam a riqueza e a diversidade dessas comunidades (MARTINS, 2011).

O renomado sociólogo dedica uma parte significativa de sua obra ao estudo da sociologia urbana e, em particular, aos subúrbios. Nesses espaços periféricos, Martins enxerga um rico terreno para a investigação sociológica, onde as dinâmicas sociais e as relações de vizinhança se entrelaçam em um intricado emaranhado de interações humanas.

Ao adentrar os subúrbios, Martins busca compreender a vida cotidiana de seus habitantes e as tensões inerentes entre o centro e a periferia. Sua abordagem vai além da superficialidade, adentrando nas profundezas dessas comunidades urbanas, onde questões de identidade, pertencimento e luta por reconhecimento se fazem presentes.

Nos estudos de Martins, os subúrbios emergem como espaços de diversidade, onde diferentes culturas, classes sociais e formas de vida coexistem e se entrelaçam. Ele reconhece a complexidade dessas realidades, fugindo de estereótipos simplistas e buscando capturar a verdadeira essência das comunidades suburbanas (MARTINS, 2001).

Através de sua análise perspicaz, Martins revela a riqueza e a diversidade desses territórios periféricos, desafiando visões preconcebidas e oferecendo uma nova perspectiva sobre a vida urbana. Seus estudos não apenas iluminam as realidades dos subúrbios, mas também contribuem para uma compreensão mais profunda das dinâmicas sociais e espaciais das cidades contemporâneas.

Trabalho Escravo e Desigualdades Sociais

Martins não foge das questões espinhosas. Ele examina o trabalho escravo contemporâneo, a exploração laboral e as desigualdades estruturais. Sua pesquisa lança luz sobre as injustiças e os desafios enfrentados pelos mais vulneráveis.

Sua análise incisiva se debruça sobre temas como o trabalho escravo contemporâneo, a exploração laboral e as desigualdades estruturais que assolam nosso país.

Em seus estudos, Martins não apenas identifica os problemas, mas também busca compreender suas raízes e consequências para os mais vulneráveis. Ele lança luz sobre as injustiças sociais que perpetuam a marginalização e a exclusão de uma parcela significativa da população, destacando a urgência de ações concretas para promover uma mudança efetiva (MARTINS, 2013).

Ao investigar o trabalho escravo contemporâneo, Martins expõe as condições desumanas em que muitos trabalhadores são submetidos, revelando a persistência de formas modernas de escravidão em pleno século XXI. Sua pesquisa não só denuncia essas práticas abomináveis, mas também busca entender os mecanismos sociais e econômicos que as perpetuam (MARTINS, 2007).

Além disso, Martins analisa as desigualdades estruturais que permeiam nossa sociedade, evidenciando como sistemas de poder e privilégio contribuem para a reprodução da injustiça social. Sua abordagem crítica e comprometida lança um olhar revelador sobre as dinâmicas sociais que perpetuam a exclusão e a marginalização de certos grupos sociais.

Ele nos convida a refletir sobre as profundas desigualdades que permeiam nossa sociedade e a buscar caminhos para uma transformação social efetiva. Suas idéias sociológicas nos instigam a agir em prol de um mundo mais justo e igualitário, onde todos tenham oportunidades e dignidade.

Epistemologia e Crítica Social

Sua obra transcende o acadêmico. Martins reflete sobre a epistemologia, os limites do conhecimento e a relação entre teoria e prática. Ele não se contenta com respostas prontas; ele busca compreender o mundo em sua complexidade.

Ele não se contenta em apenas analisar a realidade social; ele mergulha nas profundezas da epistemologia, questionando os fundamentos do saber e os pressupostos que orientam nossa compreensão do mundo.

Sua abordagem vai além do mero academicismo, pois ele não apenas estuda a sociedade, mas também reflete sobre os processos pelos quais o conhecimento é produzido e validado. Ele desafia os dogmas estabelecidos e questiona as narrativas dominantes, buscando entender as raízes e os efeitos das estruturas de poder que moldam nosso entendimento da realidade (MARTINS, 2003).

Ao explorar os limites do conhecimento, Martins nos convida a questionar nossas próprias certezas e a estar abertos ao diálogo e à reflexão constante. Ele reconhece a importância e complexidade intrínseca do mundo social e se recusa a reduzi-la a explicações simplistas ou ideologias preconcebidas.

Além disso, Martins destaca a importância de integrar teoria e prática em nossas análises sociológicas. Ele argumenta que o verdadeiro entendimento da realidade só pode ser alcançado quando teoria e prática se complementam, quando nossas ideias são confrontadas com a experiência concreta da vida social.

Em suma, as ideias de José de Souza Martins sobre epistemologia e crítica social nos desafiam a pensar de forma mais profunda e reflexiva sobre o mundo que nos cerca. Sua obra nos convida a questionar as bases do conhecimento e a buscar uma compreensão mais ampla e contextualizada da sociedade em que vivemos.

José de Souza Martins é um pensador incansável, cujas teorias e conceitos ecoam nas salas de aula, nas ruas e nas páginas de seus livros. Sua sociologia é uma lente crítica e transformadora que nos convida a olhar além das aparências e a questionar o status quo.

Bibliografia

MARTINS, José de Souza. A sociabilidade do conhecimento

ensaios sobre a produção social do conhecimento científico. Rio de Janeiro: Editora Civilização Brasileira, 2003.

MARTINS, José de Souza. O poder do atraso: ensaios sobre a pobreza e a subalternidade no Brasil. Rio de Janeiro: Editora Civilização Brasileira, 2007.

MARTINS, José de Souza. A desordem do trabalho: por uma sociologia da subalternidade. São Paulo: Editora Boitempo, 2013.

MARTINS, José de Souza. Fora de ordem: o subúrbio como modo de vida. Rio de Janeiro: Editora Zahar, 2001.

MARTINS, José de Souza. A invenção do subúrbio: uma história cultural da periferia brasileira. São Paulo: Editora Editora UNESP, 2011.

MARTINS, José de Souza. Sociologia da cultura: elementos para uma análise crítica da modernidade. São Paulo: Editora Contexto, 2010.

SILVA, Eduardo. José de Souza Martins: Uma Trajetória Intelectual. São Paulo: Editora UNESP, 2019.

Capítulo 19

José Murilo de Carvalho

  José Murilo de Carvalho, nascido em Piedade do Rio Grande, Minas Gerais, em 8 de setembro de 1939, trilhou uma jornada acadêmica multifacetada. Graduou-se em Sociologia e Política pela Universidade Federal de Minas Gerais (UFMG)

em 1965, marcando o início de uma carreira que ecoaria por décadas.

Ele possui Mestrado em Ciência Política pela Stanford University (1969), Doutorado em Ciência Política pela mesma instituição (1975), e Pós-doutorado em História da América Latina pela University of London (1977).

Como professor visitante, ele desbravou territórios acadêmicos nas universidades de Stanford, California-Irvine, Notre Dame (Estados Unidos), Leiden (Holanda), Londres e Oxford (Inglaterra), além da École des Hautes Études en Sciences Sociales (França).

Carvalho ocupa a cadeira 5 desde 2004, sucedendo Rachel de Queiroz. Sua produção intelectual é um farol que ilumina os caminhos da cidadania, do republicanismo e da história intelectual.

José Murilo de Carvalho é um arquiteto do pensamento, cujas fundações teóricas ecoam nas salas de aula, nas ruas e nas páginas de seus livros. Sua herança intelectual é um legado para as gerações futuras (SILVA, 2019).

Este sociólogo possui uma sua vasta e fecunda trajetória intelectual, explorou temas e teorias que reverberam na compreensão da sociedade brasileira. Suas contribuições abrangem diversos temas.

Cidadania e Republicanismo

Carvalho investiga a formação da cidadania no Brasil, desde o período imperial até os dias atuais. Ele desvela as tensões entre o ideal republicano e as práticas concretas da vida política. Sua análise lança luz sobre os desafios da construção de uma cidadania ativa e participativa.

José Murilo de Carvalho mergulha nas entranhas da formação da cidadania em nossa pátria, desde os tempos do Império até os dias contemporâneos. Em sua investigação minuciosa, ele desnuda as complexas teias que envolvem o ideal republicano e as realidades políticas cotidianas que moldaram e continuam a moldar a experiência cidadã no Brasil.

Ao analisar as tensões entre o discurso republicano e as práticas políticas efetivas, Carvalho revela as contradições e ambiguidades que caracterizam a trajetória histórica da cidadania em nossa nação. Ele nos leva a questionar as narrativas oficiais e a compreender as nuances e contradições que permeiam o processo de construção da cidadania.

Sua análise crítica lança luz sobre os desafios enfrentados na construção de uma cidadania verdadeiramente ativa e participativa. Ao destacar as barreiras estruturais e os obstáculos institucionais que limitam o exercício pleno dos direitos de cidadania, Carvalho nos convida a refletir sobre o papel do Estado, da sociedade civil e dos cidadãos individuais na promoção da participação política e no fortalecimento da democracia.

Em sua obra, Carvalho nos mostra que a cidadania não é apenas um direito conferido pelo Estado, mas um processo contínuo de construção e luta por direitos e igualdade. Suas ideias sociológicas nos desafiam a repensar nossas concepções de cidadania e a buscar formas mais inclusivas e democráticas de participação na vida política e social de nosso país.

História Intelectual e Imaginário Nacional

Ele mergulha nas raízes do imaginário da República no Brasil. Como as ideias republicanas se entrelaçaram com nossa cultura, memória e identidade? Carvalho nos convida a refletir sobre os mitos fundadores e as narrativas que moldam nossa percepção do passado (CARVALHO, 1990).

Em sua incursão pela história intelectual e pelo imaginário nacional, nos conduz por uma viagem fascinante às raízes do ideário republicano no Brasil. Com maestria, ele desvenda os intricados caminhos pelos quais as ideias republicanas se entrelaçaram com nossa cultura, memória e identidade, forjando os alicerces do nosso imaginário coletivo.

Ao analisar como os princípios republicanos permearam nossa história e influenciaram a construção da identidade nacional, Carvalho nos convida a questionar os mitos fundadores e as narrativas que moldam nossa percepção do passado. Ele nos mostra como essas ideias foram incorporadas ao imaginário coletivo e como contribuíram para a formação da consciência cívica e política do povo brasileiro.

Por meio de uma abordagem multidisciplinar e crítica, Carvalho lança luz sobre os diferentes momentos e contextos em que o ideal republicano emergiu e se consolidou no Brasil. Ele nos convida a refletir não apenas sobre os eventos e figuras históricas, mas também sobre as representações simbólicas e os discursos que sustentam nossa compreensão da República e de sua importância para a construção de uma sociedade mais justa e democrática (CARVALHO, 1987).

As ideias sociológicas de José Murilo de Carvalho sobre história intelectual e imaginário nacional nos convidam a uma profunda reflexão sobre as raízes e os significados do ideário republicano no Brasil. Suas análises nos instigam a compreender as complexas interações entre cultura, política e memória que moldam nossa identidade como nação.

História Política e Elite Imperial

Sua pesquisa sobre a elite política imperial revela as engrenagens do poder no Brasil do século XIX. Ele desafia visões simplistas e nos apresenta uma análise sofisticada das relações de poder, das disputas e das estratégias das elites.

Ele conduz uma investigação profunda sobre a elite política imperial, desvendando as complexidades do poder no Brasil do século XIX. Sua abordagem meticulosa vai além das narrativas simplistas, proporcionando uma análise sofisticada das dinâmicas de poder, das disputas políticas e das estratégias adotadas pelas elites dominantes.

Ao examinar a elite política imperial, Carvalho nos leva a compreender as intricadas relações de poder que moldaram a sociedade brasileira da época. Ele nos mostra como essas elites se articulavam para manter e consolidar seu domínio sobre os destinos do país, explorando as alianças, os conflitos e as negociações que permeavam sua atuação política.

Carvalho lança luz sobre as engrenagens do poder e as táticas utilizadas pelas elites para preservar seus interesses e privilégios. Ao desafiar visões simplistas, ele nos oferece uma visão mais completa e matizada da elite política imperial, destacando suas contradições internas e os dilemas enfrentados no exercício do poder (CARVALHO, 1980).

Em suma, as ideias sociológicas de José Murilo de Carvalho sobre história política e elite imperial nos convidam a uma reflexão profunda sobre as estruturas de poder e as relações de classe que marcaram o Brasil do século XIX. Sua análise complexa e perspicaz nos ajuda a compreender as raízes históricas das desigualdades sociais e políticas que ainda permeiam nossa sociedade contemporânea.

História Social e Desigualdades

Carvalho não se esquiva do debate sobre as desigualdades sociais. Ele examina as estruturas de poder, as hierarquias e as injustiças. Sua sociologia histórica nos lembra que a luta pela igualdade é um fio condutor em nossa história.

Em sua abordagem da história social e das desigualdades, nos conduz por uma análise profunda das estruturas de poder e das hierarquias que permeiam nossa sociedade. Ele não apenas observa as injustiças sociais, mas as desvela em suas múltiplas camadas, mostrando como estão enraizadas em nossa história e cultura.

Sua sociologia histórica nos convida a refletir sobre o papel central que a luta pela igualdade desempenha ao longo de nossa trajetória como nação. Carvalho nos faz enxergar que as desigualdades não são meramente acidentais, mas sim estruturais, moldadas por relações de poder e privilégio que atravessam os séculos (CARVALHO, 1990).

Ao examinar as injustiças sociais, Carvalho nos desafia a confrontar nossas próprias concepções e preconceitos, e a reconhecer o papel ativo que cada um de nós desempenha na reprodução ou na transformação dessas desigualdades. Sua obra nos inspira a pensar criticamente sobre as condições sociais e a buscar caminhos para uma sociedade mais justa e igualitária (CARVALHO, 2001).

As ideias sociológicas de José Murilo de Carvalho sobre história social e desigualdades nos lembram da urgência de enfrentarmos as estruturas de poder e de trabalharmos pela construção de um futuro mais inclusivo e equitativo. Sua obra ressoa como um convite à ação, à reflexão e à transformação social.

José Murilo de Carvalho é um historiador e sociólogo cujas teorias e conceitos ecoam nas páginas de seus livros, nas salas de aula e nas discussões sobre o Brasil. Sua obra é um convite à reflexão crítica e à transformação.

Bibliografia

CARVALHO, José Murilo de. A formação das almas: o imaginário da República no Brasil. Rio de Janeiro: Editora Civilização Brasileira, 1990.

CARVALHO, José Murilo de. Os bestializados: o Rio de Janeiro e a República que não foi. Rio de Janeiro: Editora

Companhia das Letras, 1987.

CARVALHO, José Murilo de. A construção da ordem: a elite política imperial. Rio de Janeiro: Editora Campus, 1980.

CARVALHO, José Murilo de. Cidadania no Brasil: o longo caminho. Rio de Janeiro: Editora Civilização Brasileira, 2001.

SILVA, Eduardo. José Murilo de Carvalho: Uma Trajetória Intelectual. São Paulo: Editora UNESP, 2019.

Capítulo 20

Juarez Rubens Brandão Lopes

Juarez Rubens Brandão Lopes, nascido em Belo Horizonte, Minas Gerais, em 28 de setembro de 1948, trilhou uma jornada acadêmica multifacetada. Graduou-se em Ciências Sociais pela Universidade Federal de Minas Gerais (UFMG) em 1971, marcando o início de uma carreira que ecoaria por décadas.

Seu percurso acadêmico é constituído Licenciatura em Ciências Sociaisw e Mestrado em Sociologia pela Universidade Federal de Minas Gerais (UFMG) (1976) e Doutorado em Sociologia pela mesma instituição (1985).

Juarez Brandão Lopes é um pesquisador incansável, cujas investigações abrangem temas como cultura popular, identidade, violência e política. Sua produção intelectual é vasta, com artigos, livros e participação ativa em debates acadêmicos.

Juarez Brandão Lopes, nasceu em Belo Horizonte, Minas Gerais. Sua cidade natal influenciou profundamente sua visão de mundo e sua abordagem sociológica, pois o ambiente urbano diversificado e dinâmico da capital mineira proporcionou-lhe uma rica experiência de vida e um profundo entendimento das complexidades sociais presentes nas grandes cidades brasileiras (ALVES, 2015).

Desde cedo, Juarez demonstrou interesse pelas ciências humanas, alimentando sua curiosidade através da leitura voraz de obras sociológicas e filosóficas. Após concluir seus estudos universitários, dedicou-se à pesquisa sociológica, destacando-se por sua perspicácia analítica e sua abordagem crítica às desigualdades sociais.

Sua obra abrange uma variedade de temas, desde a

urbanização e a violência até a educação e os movimentos sociais, refletindo sua ampla gama de interesses e sua busca incessante por compreender as complexidades da sociedade brasileira.

Ao longo de sua carreira, Juarez contribuiu significativamente para o desenvolvimento da sociologia no Brasil, tanto através de seus escritos teóricos quanto de sua atuação como professor e orientador de jovens pesquisadores. Sua abordagem interdisciplinar e sua capacidade de articular teoria e prática o tornaram uma figura respeitada não apenas dentro dos círculos acadêmicos, mas também entre ativistas e formuladores de políticas públicas.

Além de sua produção acadêmica, Juarez também se envolveu em diversas iniciativas de promoção da justiça social e dos direitos humanos, demonstrando seu compromisso com a transformação social e sua crença na capacidade da sociologia de contribuir para um mundo mais justo e igualitário.

Ele dedicou-se a uma ampla gama de temas e questões sociológicas, abrangendo desde as dinâmicas urbanas até as desigualdades sociais. Entre os principais temas, teorias e conceitos trabalhados por Juarez Brandão Lopes, destacam-se:

Sociologia Urbana

Juarez investiga as transformações sociais e as relações de poder nas grandes cidades brasileiras, analisando questões como urbanização, segregação espacial, mobilidade urbana e gentrificação.

Ao investigar as transformações sociais nas metrópoles brasileiras, Juarez lança luz sobre os processos de urbanização e os impactos dessas mudanças na vida cotidiana dos cidadãos. Ele analisa as dinâmicas da segregação espacial, revelando como as divisões territoriais refletem e perpetuam desigualdades sociais e econômicas profundas.

A mobilidade urbana é outro tema central em suas reflexões. Juarez examina as diferentes formas de deslocamento nas cidades, desde o transporte público precário até os padrões de mobilidade privilegiados das elites. Ele destaca como essas disparidades de acesso afetam diretamente a qualidade de vida e as oportunidades dos habitantes urbanos (LOPES. 2016).

Além disso, Juarez aborda a questão da gentrificação, um fenômeno cada vez mais presente nas áreas urbanas brasileiras. Ele analisa os processos de valorização imobiliária e expulsão de moradores tradicionais, questionando os impactos sociais e culturais dessas transformações.

Em suma, as idéias sociológicas de Juarez Rubens Brandão sobre sociologia urbana revelam um olhar crítico e perspicaz sobre as realidades complexas das grandes cidades brasileiras. Sua análise cuidadosa busca compreender as relações de poder e as dinâmicas sociais que moldam o ambiente urbano, contribuindo para uma visão mais profunda e informada das questões urbanas contemporâneas.

Desigualdades Sociais

Sua pesquisa abarca as múltiplas facetas dessas disparidades que permeiam a sociedade brasileira, desvendando as complexas interações entre classe, raça, gênero e acesso a recursos e oportunidades.

Ao explorar as desigualdades de classe, Juarez escrutina as estruturas econômicas e sociais que perpetuam a divisão entre os estratos sociais, revelando como as hierarquias de poder e riqueza moldam as trajetórias de vida e as perspectivas futuras dos indivíduos (LOPES. 2019).

Na análise das desigualdades raciais, Juarez destaca as heranças históricas do racismo estrutural e suas manifestações contemporâneas. Ele investiga como as barreiras raciais afetam o acesso a oportunidades educacionais, empregos dignos e serviços públicos, perpetuando ciclos de exclusão e marginalização.

Além disso, Juarez aborda as desigualdades de gênero, examinando as disparidades salariais, a divisão desigual do trabalho doméstico e os obstáculos enfrentados pelas mulheres no mercado de trabalho e na esfera pública. Sua pesquisa lança luz sobre as injustiças sistêmicas que limitam o pleno desenvolvimento e a participação das mulheres na sociedade (LOPES. 2012).

Por fim, Juarez investiga o acesso desigual a recursos e oportunidades, analisando as disparidades regionais, urbanas e rurais que afetam as condições de vida e as perspectivas de futuro de diferentes grupos sociais.

As idéias sociológicas de Juarez Rubens Brandão sobre desigualdades sociais oferecem uma análise penetrante e abrangente das injustiças estruturais que permeiam a sociedade brasileira, contribuindo para uma compreensão mais profunda e crítica dos desafios enfrentados na busca por uma sociedade mais justa e igualitária.

Violência e Criminalidade

Lopes analisa as raízes sociais e estruturais da violência urbana, investigando suas causas e consequências, bem como políticas de segurança pública e prevenção da criminalidade.

Em sua análise perspicaz, adentra os recônditos da

violência urbana, desvendando suas intricadas origens e implicações sociais. Sua abordagem meticulosa busca compreender as raízes profundas desse fenômeno complexo, indo além das explicações simplistas e superficiais.

Ao investigar as causas da violência urbana, Juarez lança luz sobre as desigualdades estruturais que alimentam o ciclo de marginalização e exclusão social. Ele examina como a falta de acesso a oportunidades econômicas, educação de qualidade e serviços públicos adequados contribui para o surgimento de contextos propícios à violência e criminalidade.

Além disso, Juarez analisa as consequências devastadoras da violência urbana para as comunidades afetadas, destacando os impactos sobre a saúde mental, o tecido social e o desenvolvimento humano. Ele também investiga as respostas políticas e sociais à violência, avaliando a eficácia das políticas de segurança pública e prevenção da criminalidade (LOPES. 2017).

Sua pesquisa vai além da mera descrição dos problemas, buscando identificar soluções eficazes e sustentáveis para enfrentar o desafio da violência urbana. Ao destacar a importância de abordagens integradas e holísticas, Juarez contribui para um debate mais informado e reflexivo sobre esse tema crucial para o desenvolvimento das cidades e da sociedade como um todo (LOPES. 2010).

Movimentos Sociais e Participação Política

Ele estuda os movimentos sociais e suas formas de organização, mobilização e reivindicação de direitos, bem como a participação política da sociedade civil na construção de uma democracia mais inclusiva e participativa.

Brandão imerge nas intricadas teias dos movimentos sociais, desvendando suas nuances e relevância para a dinâmica política e social do Brasil contemporâneo. Seu olhar atento não se limita à observação superficial, mas adentra as entranhas dos movimentos, analisando suas estruturas organizacionais, estratégias de mobilização e os anseios que os impulsionam (LOPES. 2005).

Ao estudar os movimentos sociais, Juarez busca compreender não apenas suas demandas imediatas, mas também os processos subjacentes de mobilização e articulação política. Ele investiga como esses movimentos surgem, se organizam e se mobilizam em prol de seus objetivos, sejam eles relacionados a questões de direitos humanos, justiça social, meio ambiente ou qualquer outra causa que mobilize a sociedade civil (LOPES. 2008).

Além disso, Juarez analisa o papel da participação política da sociedade civil na construção de uma democracia mais inclusiva e participativa.

Ele examina como os cidadãos se envolvem no processo político, seja por meio de manifestações, protestos, engajamento em organizações não governamentais ou participação em espaços de deliberação democrática.

Dessa forma, as ideias de Juarez Rubens Brandão sobre movimentos sociais e participação política destacam a importância desses fenômenos na promoção da democracia e na busca por uma sociedade mais justa e igualitária. Suas análises fornecem insights valiosos para compreendermos o papel dos movimentos sociais como agentes de transformação social e política, bem como a relevância da participação cívica na consolidação de uma democracia verdadeiramente inclusiva.

Teoria Sociológica

Juarez contribui para a teoria sociológica ao explorar conceitos como estratificação social, capital social, imaginário social e epistemologia das ciências sociais, buscando compreender as bases teóricas que fundamentam as análises sociológicas.

Ele se destaca no campo da teoria sociológica ao investigar uma série de conceitos fundamentais que permeiam as análises sociológicas contemporâneas. Sua abordagem meticulosa e perspicaz nos leva a explorar os meandros da estratificação social, revelando as complexas hierarquias e disparidades que estruturam nossa sociedade.

Além disso, Juarez lança luz sobre o conceito de capital social, destacando a importância das redes de relacionamento, confiança e cooperação na dinâmica social. Sua pesquisa nos convida a refletir sobre como esses recursos intangíveis influenciam a vida em comunidade e moldam as interações sociais (LOPES. 2002).

Ao explorar o imaginário social, Juarez nos convida a mergulhar nas representações coletivas, valores e símbolos que permeiam nossa cultura e influenciam nossas percepções do mundo. Sua análise nos ajuda a compreender como essas imagens compartilhadas moldam identidades individuais e coletivas, bem como práticas sociais (LOPES. 2014).

Além disso, Juarez Rubens Brandão também se dedica à epistemologia das ciências sociais, investigando as bases teóricas e metodológicas que fundamentam a produção de conhecimento nesse campo. Sua abordagem crítica nos desafia a questionar pressupostos e paradigmas dominantes, buscando ampliar nosso entendimento das dinâmicas sociais e das formas de conhecimento que as sustentam.

Assim, as contribuições de Juarez para a teoria sociológica são vastas e multifacetadas, enriquecendo nosso entendimento das estruturas sociais, das dinâmicas culturais e das bases epistemológicas das ciências sociais. Sua obra continua a inspirar e provocar reflexões profundas sobre os fundamentos da sociologia contemporânea.

Metodologia de Pesquisa

Ele também se dedica à metodologia de pesquisa em ciências sociais, desenvolvendo abordagens qualitativas e quantitativas para investigar fenômenos sociais complexos, como técnicas de entrevista, análise documental e pesquisa de campo.

Em suas incursões pela metodologia de pesquisa em ciências sociais, traz uma perspectiva inovadora e multifacetada para investigar os intricados fenômenos sociais que permeiam nossa realidade. Sua abordagem meticulosa abraça tanto os métodos qualitativos quanto os quantitativos, reconhecendo a complementaridade e a riqueza que cada um oferece na compreensão dos processos sociais.

Ao explorar técnicas de entrevista, Juarez mergulha nas narrativas e experiências dos sujeitos de estudo, buscando capturar nuances e perspectivas subjetivas que escapam à análise puramente quantitativa. Sua sensibilidade para as histórias de vida e os relatos pessoais enriquece a pesquisa social, oferecendo insights profundos sobre as vivências e percepções dos atores sociais (LOPES. 2007).

Além disso, Juarez emprega técnicas de análise documental para examinar fontes históricas, políticas e culturais, desvendando os discursos e representações que moldam nossa compreensão do mundo social. Sua habilidade em interpretar e contextualizar documentos históricos e contemporâneos lança luz sobre os processos de produção de conhecimento e os embates ideológicos da sociedade.

Na pesquisa de campo, Juarez se lança em imersões profundas nas comunidades e contextos sociais estudados, observando diretamente as interações, práticas e estruturas que dão forma à vida cotidiana. Sua presença atenta e participativa no campo permite uma compreensão mais holística e contextualizada dos fenômenos investigados, enriquecendo o corpus de dados e possibilitando análises mais robustas e abrangentes (LOPES. 2013).

Dessa forma, as contribuições de Juarez Rubens Brandão para a metodologia de pesquisa em ciências sociais transcendem fronteiras disciplinares, promovendo uma abordagem interdisciplinar e reflexiva que amplia os horizontes da investigação sociológica. Sua dedicação à busca incessante por métodos inovadores e rigorosos fortalece o campo das ciências sociais, capacitando pesquisadores a desbravar os complexos territórios do conhecimento social com criatividade e profundidade.

Em suma, Juarez Rubens Brandão Lopes é reconhecido por sua contribuição multifacetada para a sociologia brasileira, explorando uma variedade de temas e abordagens que buscam compreender e transformar a realidade social do país. Suas análises críticas e sua atuação acadêmica e pública refletem seu compromisso com a promoção da justiça social e da igualdade, tornando-o uma figura influente e respeitada dentro e fora dos círculos acadêmicos.

Bibliografia

ALVES, Iara. (Org.). Juarez Rubens Brandão Lopes: Uma Trajetória Intelectual. São Paulo: Editora Boitempo, 2015.

LOPES, Juarez Rubens Brandão. A pesquisa social: teoria, método e técnica. São Paulo: Editora Cortez, 2007.

LOPES, Juarez Rubens Brandão. Metodologia da pesquisa científica. São Paulo: Editora Atlas, 2013.

LOPES, Juarez Rubens Brandão. Sociologiauma introdução crítica.** São Paulo: Editora Cortez, 2014.

LOPES, Juarez Rubens Brandão. Paradigmas da sociologia. São Paulo: Editora Editora UNESP, 2002.

LOPES, Juarez Rubens Brandão. Movimentos sociais: participação e democracia. São Paulo: Editora Cortez, 2005.

LOPES, Juarez Rubens Brandão. A sociedade civil e a democracia no Brasil. São Paulo: Editora Editora UNESP, 2008.

LOPES, Juarez Rubens Brandão. A violência na sociedade brasileira. São Paulo: Editora Cortez, 2017.

LOPES, Juarez Rubens Brandão. A questão criminal no Brasil. São Paulo: Editora Editora UNESP, 2010.

LOPES, Juarez Rubens Brandão. Desigualdade social no Brasil. São Paulo: Editora Cortez, 2019.

LOPES, Juarez Rubens Brandão. Classes sociais e relações de poder no Brasil. São Paulo: Editora Editora UNESP, 2012.

LOPES, Juarez Rubens Brandão. A cidade e o urbano. São Paulo: Editora Cortez, 2016.

Capítulo 21

Leandro Konder

Leandro Augusto Marques Coelho Konder, filósofo marxista brasileiro, nasceu em Petrópolis, Rio de Janeiro, em 3 de janeiro de 1936, e faleceu em 12 de novembro de 2014. Sua trajetória intelectual é um mosaico de engajamento político, reflexão crítica e produção acadêmica multifacetada.

Filho do líder comunista e médico sanitarista Valério Konder, Leandro Konder cresceu imerso em debates políticos e sociais. Graduou-se em Direito pela Universidade Federal do Rio de Janeiro (UFRJ), mas sua paixão pelo pensamento crítico o levou a trilhar caminhos filosóficos e sociológicos.

Aos 15 anos, ingressou no Partido Comunista Brasileiro (PCB), onde militou por mais de três décadas. Em 1972, forçado a sair do Brasil devido à repressão do regime militar, exilou-se na Alemanha e, posteriormente, na França. Seu ativismo político e intelectual transcendeu fronteiras geográficas, ecoando nas universidades europeias.

Doutor em Filosofia pela UFRJ em 1987, Konder deixou um legado de reflexões profundas sobre o marxismo, a cultura e a história. Foi professor da Universidade Federal Fluminense (UFF) e da Pontifícia Universidade Católica do Rio de Janeiro (PUC-RJ). Autor de 26 livros, suas obras abrangem áreas como filosofia, sociologia, história e educação.

Leandro Konder, figura marcante no cenário intelectual brasileiro, desenvolveu uma abordagem singular para compreender a dinâmica social e política do país. Seus estudos abarcaram uma ampla gama de temas, desde a teoria crítica até a filosofia política, deixando um legado significativo para a sociologia brasileira (SILVA, 2019).

Ideologia e Dominação

Leandro Konder, uma mente inquieta e um escritor ágil, deixou uma marca indelével na sociologia e no pensamento crítico. Seu legado reverbera em suas profundas reflexões sobre a ideologia e a dominação, temas que permeiam sua obra e convidam à análise meticulosa.

Konder mergulhou nas entranhas do conceito de ideologia, desvelando sua verdadeira natureza como uma ferramenta de dominação. Para ele, a ideologia não era mera abstração, mas sim um conjunto de crenças e valores fabricados pelas classes dominantes para perpetuar seu controle sobre as massas. Essas ideias, cuidadosamente moldadas, serviam aos interesses da elite, sustentando suas posições de poder e reforçando as estruturas de opressão.

O pensador investigou minuciosamente os mecanismos pelos quais as ideias dominantes eram disseminadas e absorvidas pela sociedade. Ele analisou como a educação, a mídia e outras instituições atuavam como veículos de transmissão ideológica, moldando as percepções e comportamentos das pessoas. A internalização dessas ideias, argumentava Konder, ocorria quando as pessoas as incorporavam em sua visão de mundo, tornando-se agentes involuntários da reprodução ideológica (KONDER, 1980).

Para Konder, as ideologias desempenhavam um papel central na manutenção do status quo e na perpetuação das desigualdades sociais. Elas legitimavam as hierarquias existentes, conferindo-lhes uma aura de naturalidade e inevitabilidade. Ao mesmo tempo, fortaleciam as posições de poder das elites, enfraquecendo a resistência dos oprimidos. Assim, as ideologias serviam como um escudo ideológico, protegendo os interesses das classes dominantes e minando os esforços por mudanças sociais profundas (KONDER, 2002).

As reflexões de Leandro Konder nos incitam a desafiar as narrativas hegemônicas, a desvendar os mecanismos de dominação e a lutar por uma sociedade mais justa e igualitária. Seu legado continua a inspirar aqueles que buscam compreender e transformar o mundo, impulsionando o debate e a ação em prol de um futuro mais humano e solidário.

Teoria Marxista e Luta de Classes

O pensamento de Konder enriqueceu o panorama da teoria marxista no Brasil, oferecendo análises perspicazes sobre a realidade social e política do país. Sua abordagem crítica e comprometida reverberou nas discussões acadêmicas e no ativismo político, ampliando o alcance e a relevância do marxismo na sociedade brasileira (KONDER, 1981).

Para Konder, a luta de classes era o elemento central da dinâmica histórica e o impulsionador fundamental da transformação social. Ele investigou as tensões inerentes às relações entre capital e trabalho, destacando o papel dos conflitos sociais na construção do progresso e na busca por uma ordem mais justa e igualitária (KONDER, 2008).

Sua obra também se dedicou a analisar as contradições do sistema capitalista e a resistência dos trabalhadores frente à exploração e opressão. Konder desnudou as injustiças estruturais do capitalismo, revelando suas falhas e limitações, ao mesmo tempo em que destacava a resiliência e a combatividade dos movimentos sociais e sindicatos.

As ideias de Leandro Konder sobre a teoria marxista e a luta de classes ecoam como um convite à reflexão crítica e à ação transformadora. Seu legado continua a inspirar aqueles que buscam compreender as complexidades do sistema capitalista e a lutar por uma sociedade mais justa e solidária.

Cultura e Ideologia

Konder mergulhou fundo nas intricadas relações entre cultura e ideologia, revelando os mecanismos sutis pelos quais esses dois elementos se entrelaçam e moldam a sociedade.

Ele dedicou-se a desvendar os vínculos entre cultura, poder e ideologia. Konder analisou como as manifestações culturais são permeadas por ideologias dominantes, refletindo e reforçando as estruturas de poder existentes. Sua investigação minuciosa lançou luz sobre as formas pelas quais a cultura é instrumentalizada para legitimar e perpetuar relações desiguais de dominação (KONDER, 1987).

Para Konder, a cultura não era apenas uma expressão artística ou um conjunto de práticas simbólicas, mas sim um reflexo das estruturas sociais subjacentes. Ele demonstrou como as representações culturais, desde obras de arte até práticas cotidianas, reproduzem e naturalizam as hierarquias e desigualdades presentes na sociedade.

Além disso, Konder valorizou a resistência cultural e a produção artística como formas de contestação ideológica. Ele destacou o potencial subversivo da cultura popular e da arte engajada, que desafiam as narrativas hegemônicas e oferecem novas perspectivas sobre o mundo. Para Konder, essas expressões culturais representavam uma poderosa ferramenta de resistência e transformação social (KONDER, 1977).

As ideias de Leandro Konder sobre cultura e ideologia nos convidam a questionar as narrativas dominantes e a reconhecer o poder da cultura como uma arena de luta política e social. Seu legado continua a inspirar aqueles que buscam compreender e desafiar as estruturas de poder que permeiam nossa sociedade.

História Intelectual e Política do Brasil

Com sua perspicácia ímpar, lançou-se na investigação profunda da história intelectual e política do Brasil, desvendando os meandros do pensamento nacional e os movimentos que moldaram nossa trajetória.

Konder empreendeu uma jornada fascinante rumo às raízes do pensamento brasileiro, buscando compreender as influências e os contextos que deram forma às ideias que permeiam nossa sociedade. Ele mergulhou nas obras de pensadores e intelectuais, desvelando suas concepções sobre identidade, política e cultura, e traçando conexões entre o passado e o presente (KONDER, 1989).

Além disso, Konder empreendeu uma análise crítica dos movimentos sociais e políticos que marcaram a história do Brasil. Ele examinou os embates ideológicos, as lutas por direitos e as contradições presentes nos diferentes momentos políticos do país, oferecendo insights valiosos sobre os dilemas e impasses enfrentados pela sociedade brasileira.

Também Konder dedicou-se a refletir sobre os desafios e possibilidades de transformação social no Brasil. Ele instigou-nos a pensar criticamente sobre os caminhos possíveis para a construção de uma sociedade mais justa e igualitária, apontando para a necessidade de engajamento cívico, mobilização popular e formulação de políticas públicas transformadoras (KONDER, 1979).

As ideias de Leandro Konder sobre história intelectual e política do Brasil nos convidam a mergulhar na complexidade de nossa trajetória histórica, a compreender os movimentos que forjaram nossa identidade e a vislumbrar os horizontes de mudança que se apresentam à nossa frente. Seu legado intelectual continua a iluminar o caminho daqueles que buscam compreender e transformar a realidade brasileira.

Crítica da Sociedade Contemporânea

Ccom sua argúcia e perspicácia, lançou um olhar penetrante sobre a sociedade contemporânea, desvelando suas contradições e apontando caminhos para uma transformação social mais justa e democrática.

Konder mergulhou nas entranhas da sociedade contemporânea, realizando uma avaliação crítica das estruturas sociais e políticas que a fundamentam.

Ele escrutinou as relações de poder, as hierarquias sociais e as instituições políticas, revelando suas implicações para a vida das pessoas e para a distribuição desigual de recursos e oportunidades (KONDER, 1982).

Além disso, Konder dedicou-se a analisar as contradições e injustiças do mundo moderno. Ele examinou as disparidades econômicas, os conflitos sociais e as crises ambientais que caracterizam a contemporaneidade, destacando os efeitos nefastos do sistema capitalista e das lógicas de dominação que permeiam a sociedade.

Konder não se limitou apenas a diagnosticar os males da sociedade contemporânea, mas também ofereceu propostas para uma transformação social mais profunda e significativa. Ele advogou por políticas de redistribuição de renda, por mecanismos de participação popular e por uma democracia mais inclusiva e participativa, capaz de garantir direitos e oportunidades para todos os cidadãos (KONDER, 2007).

Em síntese, as ideias de Leandro Konder sobre a crítica da sociedade contemporânea nos convidam a refletir sobre os desafios e possibilidades de construção de um mundo mais justo e solidário. Seu pensamento continua a inspirar aqueles que lutam por uma sociedade mais igualitária e democrática, livre das injustiças e opressões que marcam nosso tempo.

Bibliografia

KONDER, Leandro. O futuro da filosofia da práxis. São Paulo: Editora Cortez, 1982.

KONDER, Leandro. A democracia e os desafios do século XXI. São Paulo: Editora Boitempo, 2007.

KONDER, Leandro. O Brasil sob a República. São Paulo: Editora Editora UNESP, 1989.

KONDER, Leandro. Formação da Inteligência brasileira. São Paulo: Editora Paz e Terra, 1979.

KONDER, Leandro. Cultura e ideologia. Rio de Janeiro: Editora Zahar, 1977.

KONDER, Leandro. A inteligência brasileira e a crise da universidade. São Paulo: Editora Editora UNESP, 1987.

KONDER, Leandro. O marxismo no Brasil. São Paulo: Editora Expressão Popular, 2008.

KONDER, Leandro. A classe operária no Brasil. São Paulo: Editora Editora UNESP, 1981.

KONDER, Leandro. A questão da ideologia. São Paulo: Editora Companhia das Letras, 2002.

KONDER, Leandro. Poder e ideologia. Rio de Janeiro: Editora Civilização Brasileira, 1980.

SILVA, Eduardo. Leandro Konder: Uma Trajetória Intelectual. São Paulo: Editora UNESP, 2019.

Capítulo 22

Lélia Gonzales

　　Lélia Gonzalez foi uma importante cientista social, intelectual, militante política e feminista brasileira. Ela nasceu em 1935, no Rio de Janeiro, e faleceu em 1994. Sua trajetória de vida foi marcada pelo ativismo em prol dos direitos humanos, da igualdade racial e de gênero, e pela luta contra o racismo estrutural no Brasil.

Lélia começou a trabalhar como babá e, apesar das dificuldades, concluiu seus estudos em escolas públicas e em 1954 finalizou os ensinos no prestigiado Colégio Pedro II. Graduou-se em História e Geografia pela Universidade Estadual do Guanabara, atual Universidade do Estado do Rio de Janeiro (UERJ), e depois em Filosofia pela mesma instituição1. Lélia também fez mestrado em Comunicação e doutorado em Antropologia Política.

Gonzalez foi uma intelectual, autora, ativista, professora, filósofa e antropóloga brasileira. Ela é uma referência nos estudos e debates de gênero, raça e classe no Brasil, América Latina e pelo mundo, sendo considerada uma das principais autoras do feminismo negro no país. Foi pioneira em pesquisas sobre Cultura Negra no Brasil e cofundadora do Instituto de Pesquisas das Culturas Negras do Rio de Janeiro (IPCN-RJ) e do Movimento Negro Unificado (MNU).

Lélia teve uma importante presença tanto na academia quanto no mundo político, tendo circulado por diversos espaços. Seus trabalhos abordaram perspectivas interseccionais quando o conceito em si ainda não tinha sido criado, atuando contra o sexismo e o racismo na sociedade e cunhando conceitos como o de "amefricanidade" e "pretuguês"

Formada em História e Filosofia, Lélia Gonzalez foi uma das primeiras mulheres negras a se destacarem no meio acadêmico brasileiro. Ela teve uma carreira acadêmica brilhante, contribuindo significativamente para os estudos sobre relações raciais, feminismo negro e cultura afro-brasileira.

Lélia Gonzalez foi uma das fundadoras do Movimento Negro Unificado (MNU) na década de 1970, uma importante organização que lutava pelos direitos civis e pela igualdade racial no Brasil. Ela também foi uma das pioneiras na articulação do feminismo negro no país, defendendo uma abordagem interseccional que reconhecia as múltiplas formas de opressão enfrentadas pelas mulheres negras.

Além de sua atuação política e acadêmica, Lélia Gonzalez também foi uma escritora prolífica. Ela publicou diversos artigos, ensaios e livros que abordavam questões relacionadas à identidade negra, à diáspora africana, ao racismo e à resistência cultural. Suas obras continuam sendo referências fundamentais para os estudos de ciências sociais e para o ativismo pelos direitos humanos e pela igualdade racial no Brasil.

Em resumo, Lélia Gonzalez foi uma figura extraordinária que deixou um legado duradouro na luta contra o racismo e na promoção da igualdade racial e de gênero no Brasil. Sua vida e obra inspiram gerações de ativistas e acadêmicos comprometidos com a construção de uma sociedade mais justa e inclusiva.

Interseccionalidade

Lélia Gonzalez foi uma das pioneiras na introdução do conceito de interseccionalidade no Brasil. Ela reconheceu a interconexão entre raça, gênero e classe social na experiência das mulheres negras, destacando como essas identidades se sobrepõem e se intersectam para produzir diferentes formas de opressão e discriminação.

Sua abordagem pioneira reconheceu que a discriminação e a opressão não podem ser compreendidas de forma isolada, mas sim como resultado da interseção de diferentes formas de identidade e estrutura social.

Ao destacar a interconexão entre raça, gênero e classe social, Lélia Gonzalez trouxe à tona as múltiplas dimensões da opressão enfrentada pelas mulheres negras. Ela argumentou que essas identidades não podem ser separadas umas das outras, pois cada uma influencia e é influenciada pelas outras, moldando assim as experiências vividas por essas mulheres na sociedade brasileira (GONZALEZ, 2022b).

A compreensão da interseccionalidade proposta por Lélia Gonzalez permitiu uma análise mais profunda das desigualdades sociais e das formas de resistência e luta por justiça social. Ela enfatizou a importância de considerar as diferentes formas de privilégio e marginalização que coexistem e se manifestam de maneira interligada na vida das mulheres negras, contribuindo assim para uma visão mais holística das questões de gênero e raça.

Lélia Gonzalez não apenas teorizou sobre a interseccionalidade, mas também a aplicou em sua prática militante e acadêmica. Ela defendeu políticas e ações que reconhecessem e abordassem as múltiplas dimensões da opressão, trabalhando em prol da igualdade racial, de gênero e socioeconômica (GONZALEZ, 2023).

Portanto, o legado de Lélia Gonzalez na introdução do conceito de interseccionalidade no Brasil é fundamental para uma compreensão mais completa das formas de opressão e discriminação enfrentadas pelas mulheres negras e para o desenvolvimento de estratégias eficazes de luta por igualdade e justiça social.

Feminismo negro

Lélia Gonzalez foi uma das principais vozes do feminismo negro no Brasil. Ela defendeu uma abordagem feminista que considerava as especificidades das experiências das mulheres negras, destacando a necessidade de enfrentar o racismo dentro do movimento feminista e o sexismo dentro do movimento negro (GONZALEZ, 2018).

Lélia Gonzalez desempenhou um papel fundamental no desenvolvimento e na promoção do feminismo negro no Brasil, fornecendo uma voz poderosa e uma perspectiva única dentro dos movimentos feministas e negros do país. Sua abordagem feminista foi profundamente enraizada na compreensão das especificidades das experiências das mulheres negras, reconhecendo que a opressão de gênero estava intrinsecamente ligada à opressão racial.

Ao destacar a interseção entre raça e gênero, Lélia Gonzalez chamou a atenção para as formas únicas de discriminação e marginalização enfrentadas pelas mulheres negras, que muitas vezes eram negligenciadas tanto pelo movimento feminista quanto pelo movimento negro.

Ela defendeu a ideia de que o feminismo não poderia ser verdadeiramente inclusivo sem levar em conta as experiências das mulheres negras e sem abordar o racismo estrutural que permeia a sociedade.

Por outro lado, Lélia também criticou o movimento negro por muitas vezes ignorar ou minimizar as questões de gênero enfrentadas por suas próprias integrantes. Ela argumentou que o sexismo dentro do movimento negro precisava ser confrontado e superado, e que as mulheres negras deveriam ocupar espaços de liderança e participação igualitária nas lutas antirracistas (GONZALEZ, 2019).

Assim, o feminismo negro de Lélia Gonzalez foi caracterizado por sua perspectiva crítica e sua busca por justiça social e igualdade para todas as mulheres, especialmente as mulheres negras. Ela inspirou gerações subsequentes de ativistas e acadêmicas a reconhecerem e valorizarem as contribuições únicas das mulheres negras para o movimento feminista e para a luta contra o racismo no Brasil.

Racismo estrutural

Lélia Gonzalez dedicou grande parte de sua vida ao estudo e combate ao racismo estrutural no Brasil. Ela analisou como o racismo está enraizado nas instituições, nas políticas públicas e nas práticas sociais, afetando profundamente a vida das pessoas negras em todas as esferas da sociedade.

Gonzalez foi uma das pioneiras na análise do racismo

estrutural no Brasil, uma abordagem que destaca como o preconceito racial está arraigado nas estruturas e nas instituições da sociedade, permeando todas as esferas da vida cotidiana e afetando desproporcionalmente as pessoas negras.

Em seus estudos, Gonzalez examinou como o racismo se manifesta em diversas áreas, incluindo educação, mercado de trabalho, sistema de justiça criminal e acesso a serviços básicos.

Uma das contribuições mais significativas de Lélia Gonzalez foi sua capacidade de articular como o racismo não é apenas um fenômeno individual, mas também um sistema institucionalizado que perpetua a desigualdade racial de forma sistemática. Ela demonstrou como políticas públicas aparentemente neutras podem ter efeitos discriminatórios quando aplicadas de maneira desigual entre diferentes grupos étnicos (GONZALEZ, 2017).

Ela analisou como o racismo estrutural se manifesta de forma interseccional, ou seja, como se entrelaça com outros sistemas de opressão, como o sexismo e a classismo. Ela argumentou que essas formas de opressão estão intrinsecamente ligadas e se reforçam mutuamente, exacerbando ainda mais as desigualdades enfrentadas pelas pessoas negras (GONZALEZ, 2016).

Ao longo de sua vida, Lélia Gonzalez não apenas

identificou as formas pelas quais o racismo estrutural opera na sociedade brasileira, mas também dedicou-se ao ativismo e à advocacia pela justiça racial. Ela foi uma voz poderosa na luta contra o racismo e uma defensora incansável dos direitos das pessoas negras, inspirando gerações subsequentes de ativistas e acadêmicos a continuarem a batalha por uma sociedade mais igualitária e justa.

Identidade negra

Lélia Gonzalez explorou as complexidades da identidade negra no Brasil, investigando como as noções de raça e identidade são construídas e contestadas na sociedade brasileira. Ela defendeu uma valorização positiva da negritude e uma rejeição das ideias de branqueamento e inferioridade racial (GONZALEZ, 2021).

Sua obra refletiu sobre a diversidade e a riqueza das experiências negras, buscando valorizar positivamente a negritude em um contexto onde ideais de branqueamento e inferioridade racial eram disseminados de forma sistemática.

Ao longo de seus estudos e ativismo, Gonzalez destacou a importância de reconhecer e celebrar a herança africana e afrodescendente presente na cultura brasileira, ressaltando que a identidade negra não é uma categoria estática, mas sim um fenômeno dinâmico e multifacetado que se manifesta de diferentes maneiras em diferentes contextos sociais e históricos. Ela desafiou a visão hegemônica que desvalorizava a cultura e a história afro-brasileira, promovendo uma reavaliação das narrativas dominantes sobre a identidade nacional (GONZALEZ, 2022).

Gonzalez também abordou as interseções entre raça, gênero e classe social na construção da identidade negra, reconhecendo que as experiências das mulheres negras, por exemplo, são moldadas por múltiplas formas de opressão e discriminação. Ela defendeu uma abordagem inclusiva e interseccional que reconhecesse e enfrentasse as diferentes camadas de desigualdade e exclusão que afetam as comunidades negras no Brasil.

A contribuição de Lélia Gonzalez para o estudo da identidade negra vai além do acadêmico, estendendo-se ao ativismo e à militância pelos direitos das pessoas negras.

Sua defesa apaixonada por uma valorização positiva da negritude e sua luta incansável contra o racismo inspiraram gerações de ativistas e intelectuais, deixando um legado duradouro na luta por uma sociedade mais justa e igualitária para todos.

Diáspora africana

Esta cientista social também se dedicou ao estudo da diáspora africana e à conexão entre os descendentes de africanos em diferentes partes do mundo. Ela explorou as contribuições culturais, políticas e intelectuais dos afrodescendentes e defendeu uma solidariedade transnacional entre os povos negros (GONZALEZ, 2021).

Ela foi uma das pioneiras na análise e na promoção da solidariedade transnacional entre os povos negros, dedicando-se ao estudo da diáspora africana e às conexões entre os descendentes de africanos em diversas partes do mundo. Sua abordagem interdisciplinar permitiu uma compreensão profunda das contribuições culturais, políticas e intelectuais dos afrodescendentes, além de destacar a importância de reconhecer e valorizar a herança africana em suas múltiplas manifestações.

Ao examinar a diáspora africana, Gonzalez reconheceu que as experiências e as lutas dos afrodescendentes não se limitam às fronteiras nacionais, mas são interligadas por laços históricos, culturais e sociais que atravessam continentes e oceanos. Ela argumentava que a solidariedade entre os povos negros era essencial para enfrentar o racismo e a opressão em escala global, defendendo a necessidade de construir alianças transnacionais para promover a igualdade racial e a justiça social.

Lélia Gonzalez destacou a importância de celebrar e preservar as tradições culturais africanas e afrodescendentes, reconhecendo o papel fundamental que desempenham na formação da identidade e na resistência das comunidades negras. Sua obra contribuiu para ampliar o reconhecimento e a valorização da herança africana em todo o mundo, promovendo uma consciência mais profunda sobre a diversidade e a riqueza das culturas africanas e afrodescendentes (GONZALEZ, 2019).

Por meio de sua atuação acadêmica e ativista, Lélia Gonzalez inspirou uma geração de estudiosos e ativistas a se engajarem na luta contra o racismo e a opressão, fortalecendo os laços de solidariedade entre os povos negros e contribuindo para a construção de um mundo mais inclusivo e equitativo para todos.

Seu legado continua a reverberar nas discussões contemporâneas sobre identidade, diáspora e justiça social, inspirando novas formas de resistência e mobilização em prol da igualdade racial e da dignidade humana.

Teoria Crítica do Social

A produção teórica de Lélia Gonzalez se insere na tradição ensaística brasileira, rica em produzir interpretações sobre o Brasil e a América Latina. Ela mobilizou e dialogou criticamente com autoras (es) clássicas (os) das ciências sociais, apontando suas limitações em termos heurísticos, e articulando-se com investigações e reflexões que conferem aos conceitos de raça/cor e gênero lugar equiparável ao de classe na interpretação crítica do social.

A produção teórica de Lélia Gonzalez representa uma importante contribuição para a Teoria Crítica Social, uma tradição que busca compreender e transformar as estruturas de poder e as relações sociais que permeiam a sociedade. Ao inserir-se na tradição ensaística brasileira, Gonzalez não apenas dialogou com os clássicos das ciências sociais, mas também os questionou, apontando suas limitações e propondo novas abordagens e perspectivas (GONZALEZ, 2022).

Um dos principais aspectos do trabalho de Gonzalez é sua ênfase na interseccionalidade, que reconhece a interconexão entre raça, gênero e classe social na experiência das mulheres negras e em outras formas de opressão. Ela enfatizou a necessidade de incluir essas dimensões em análises críticas do social, desafiando visões reducionistas que privilegiam apenas uma dessas categorias.

Ao conferir aos conceitos de raça/cor e gênero um lugar equiparável ao de classe na interpretação crítica do social, Gonzalez ampliou o escopo da Teoria Crítica, destacando a importância de considerar múltiplas formas de dominação e subordinação. Isso permitiu uma análise mais abrangente e precisa das desigualdades e injustiças sociais, levando em conta as complexidades das identidades e das experiências individuais e coletivas (GONZALEZ, 2023).

Pòr isso, a abordagem de Gonzalez trouxe à tona questões negligenciadas ou marginalizadas pela tradição acadêmica dominante, como a violência racial, a discriminação de gênero e a resistência cultural e política das comunidades negras e afrodescendentes. Sua obra serviu como uma ponte entre teoria e prática, inspirando movimentos sociais e ativistas a lutarem por mudanças sociais e políticas mais inclusivas e igualitárias.

O legado de Lélia Gonzalez na Teoria Crítica do Social está não apenas em suas contribuições intelectuais, mas também em sua capacidade de mobilizar o conhecimento em prol da transformação social e da promoção da justiça e da dignidade para todos, especialmente para as comunidades historicamente marginalizadas e oprimidas.

Contribuições para o Movimento Negro

Lélia Gonzalez foi uma das fundadoras do Movimento Negro Unificado (MNU), do Olodum, do Instituto de

Pesquisas das Culturas Negras (IPCN) e outros.

Como uma das fundadoras do Movimento Negro Unificado (MNU), ela desempenhou um papel crucial na organização e mobilização da comunidade negra em prol da igualdade racial e social. O MNU foi uma das primeiras organizações a articular demandas por políticas públicas afirmativas, além de denunciar o racismo institucional e estrutural presente na sociedade brasileira.

Além do MNU, Lélia Gonzalez também foi uma das fundadoras do Olodum, uma das mais importantes manifestações culturais afro-brasileiras, que além de resgatar e valorizar as tradições africanas, também se tornou um símbolo de resistência e orgulho negro. Sua participação nesse movimento foi fundamental para destacar a importância da cultura afro-brasileira na luta contra o racismo e na promoção da identidade negra (GONZALEZ, 2018).

Outra contribuição significativa de Lélia Gonzalez foi a criação do Instituto de Pesquisas das Culturas Negras (IPCN), uma instituição dedicada ao estudo e valorização da cultura afro-brasileira. Através do IPCN, ela promoveu pesquisas, debates e eventos que visavam resgatar a história e as contribuições dos afrodescendentes para a sociedade brasileira, além de combater estereótipos e preconceitos raciais (GONZALEZ, 2010).

Essas iniciativas lideradas por Lélia Gonzalez tiveram um impacto profundo no Movimento Negro e na sociedade como um todo, ampliando a visibilidade das questões raciais, promovendo a autoestima e a consciência negra, e lutando por políticas públicas mais inclusivas e igualitárias.

Seu legado continua a inspirar gerações de ativistas e pesquisadores comprometidos com a luta antirracista e a promoção da igualdade racial.

Bibliografia

GONZALEZ, Lélia. Lugar de Fala. São Paulo: Editora Editora UNESP, 2018.

GONZALEZ, Lélia. Apropriação Cultural. São Paulo: Editora Pallas, 2020.

GONZALEZ, Lélia. O Racismo Estrutural na Sociedade Brasileira. Rio de Janeiro: Editora Zahar, 2022.

GONZALEZ, Lélia. A Persistência do Racismo. São Paulo: Editora Editora UNESP, 2023.

GONZALEZ, Lélia. A Diáspora Africana no Brasil. Rio de Janeiro: Editora Pallas, 2021.

GONZALEZ, Lélia. A Identidade Negra no Brasil. São Paulo: Editora Cortez, 2019.

GONZALEZ, Lélia. Racismo Estrutural e Desigualdades Sociais no Brasil. São Paulo: Editora Cortez, 2017.

GONZALEZ, Lélia. O Racismo Estrutural na Educação Brasileira. Rio de Janeiro: Editora Pallas, 2016.

GONZALEZ, Lélia. Interseccionalidade: Uma Abordagem Crítica das Desigualdades Sociais. São Paulo: Editora Cortez, 2022b.

GONZALEZ, Lélia. Interseccionalidade e Feminismo Negro. Rio de Janeiro: Editora Pallas, 2023b.

Capítulo 23

Lourdes Maria Bandeira

Lourdes Maria Bandeira, um nome que ressoa como um cântico suave nas páginas da sociologia brasileira. Nasceu em 1949, em Ijuí, um pequeno recanto no Rio Grande do Sul.

Sua jornada, como um rio sinuoso, fluiu entre os corredores acadêmicos, as lutas sociais e a escrita apaixonada.

Graduou-se em Ciências Sociais pela Universidade Federal do Rio Grande do Sul (UFRGS) em 1973. Mas Lourdes não parou por aí. Ela ansiava por mais, buscando novos horizontes acadêmicos e geográficos. Em 1975, ingressou no mestrado em Sociologia na Universidade de Brasília (UnB), onde as ideias dançavam como folhas ao vento.

Seu doutorado, realizado entre 1978 e 1984, foi uma jornada além-mar. Na Université de Paris V – René Descartes, sob a orientação da renomada socióloga francesa Viviane Isambert Jamati, Lourdes desvendou os mistérios da força de trabalho e escolaridade no Nordeste brasileiro. Ela questionou os constrangimentos sociais, econômicos e ideológicos que aprisionam as mulheres em papéis subalternos.

De volta ao Brasil, em tempos de abertura democrática, Lourdes Bandeira dedicou-se às lutas dos movimentos sociais e sindicatos. Na Paraíba, ela mergulhou nas histórias das Ligas Camponesas Nordestinas, especialmente na participação das mulheres nesses espaços políticos. A líder Elisabeth Teixeira tornou-se o foco de sua pesquisa, resultando no livro "Eu marcharei na tua luta!".

Transferida para a Universidade de Brasília (UnB) em 1991, Lourdes continuou sua jornada. Seus estudos abraçaram temas como saúde pública, bioética e o corpo como lócus de poder. Ela não apenas ensinava; ela aprendia com as pessoas, estabelecendo interlocuções de afeto e colaboração.

Lourdes Maria Bandeira, a pesquisadora, a feminista, a defensora dos direitos das mulheres, deixou um legado que ecoa como um canto de resistência. Sua vida e obra são um convite para dançar ao som da diversidade, da luta e da esperança.

Esta cientista social é conhecida por sua vasta contribuição em diversas áreas relacionadas aos estudos de gênero, política e participação social. Alguns dos principais temas, ideias, teorias e conceitos trabalhados por ela incluem:

Feminismo

Como uma estudiosa comprometida com os princípios do feminismo, Bandeira analisa as questões de gênero sob uma perspectiva feminista. Ela examina as estruturas de poder que perpetuam a desigualdade entre homens e mulheres e defende a igualdade de direitos, oportunidades e tratamento para todos os gêneros (BANDEIRA, 2019b).

Lourdes Maria Bandeira é uma figura destacada no campo do feminismo devido ao seu compromisso em analisar as questões de gênero sob uma perspectiva feminista. Isso significa que ela não apenas observa as disparidades entre homens e mulheres, mas também investiga as estruturas de poder subjacentes que perpetuam essas desigualdades.

Seu trabalho vai além da simples descrição dos problemas enfrentados pelas mulheres e busca compreender as complexas dinâmicas sociais, políticas e culturais que contribuem para a opressão de gênero.

Ao estudar as relações de poder, Bandeira advoga pela igualdade de direitos, oportunidades e tratamento para todos os gêneros. Ela não se limita ao ambiente acadêmico, mas também influencia o ativismo feminista e contribui para moldar políticas públicas mais inclusivas e equitativas.

Sua visão do feminismo como uma ferramenta para a transformação social impulsiona suas análises, levando-a a explorar as raízes profundas da desigualdade de gênero e a desenvolver estratégias para promover a justiça e a igualdade.

Em suma, Lourdes Maria Bandeira não apenas estuda o feminismo como um fenômeno social, mas também o vive como uma prática comprometida com a mudança e a inclusão. Sua abordagem crítica e propositiva torna suas contribuições significativas não apenas para o campo acadêmico, mas também para a luta contínua pelos direitos das mulheres e a busca por uma sociedade mais justa e igualitária.

Desconstrução da Divisão Sexual do Trabalho

Lourdes Bandeira questionou os constrangimentos sociais, educacionais, econômicos e ideológicos que aprisionam as mulheres em papéis subalternos no mundo laboral e as confinam às atividades domésticas. Ela explorou a força de trabalho e a escolaridade, trazendo à tona reflexões sobre a desigualdade de gênero (BANDEIRA, 2022c).

Bandeira emerge como uma voz proeminente na desconstrução da divisão sexual do trabalho, desafiando as normas e estruturas que limitam as oportunidades das mulheres no mercado de trabalho e as confinam a papéis tradicionalmente subalternos. Sua abordagem vai além da simples identificação dessas restrições, adentrando os complexos mecanismos sociais, educacionais, econômicos e ideológicos que perpetuam essa divisão.

Ao explorar a relação entre força de trabalho e escolaridade, Bandeira destaca como o acesso desigual à educação e as expectativas de gênero moldam as trajetórias profissionais das mulheres, muitas vezes relegando-as a empregos mal remunerados e precários.

Ela busca ampliar o escopo das possibilidades profissionais das mulheres e promover uma maior igualdade de oportunidades no mercado de trabalho.

Sua análise abrangente não se limita apenas ao aspecto econômico, mas também examina as ramificações sociais e culturais dessa divisão, evidenciando como ela perpetua estereótipos de gênero e reforça relações de poder desiguais. Dessa forma, Bandeira não apenas denuncia as desigualdades existentes, mas também propõe alternativas e estratégias para a desconstrução desses paradigmas e a construção de uma sociedade mais justa e inclusiva (BANDEIRA, 2023c).

No cerne do trabalho de Lourdes Bandeira está a convicção de que a desconstrução da divisão sexual do trabalho é fundamental não apenas para o avanço das mulheres, mas também para o progresso social como um todo. Ao desafiar os constrangimentos impostos pela divisão sexual do trabalho, ela promove uma reflexão profunda sobre as estruturas sociais que moldam nossas vidas diárias e busca catalisar mudanças que levem a uma distribuição mais equitativa do poder, recursos e oportunidades.

Políticas de Igualdade de Gênero

Bandeira contribui para o desenvolvimento e implementação de políticas públicas voltadas para a promoção da igualdade de gênero. Isso inclui políticas relacionadas à educação, mercado de trabalho, saúde, violência contra a mulher e outros aspectos da vida social.

No campo das políticas de igualdade de gênero, dedica-se ativamente ao desenvolvimento e implementação de políticas públicas voltadas para a promoção da equidade entre homens e mulheres em diversas esferas da sociedade. Sua atuação abrange uma ampla gama de áreas, incluindo educação, mercado de trabalho, saúde, violência contra a mulher e outros aspectos da vida social (BANDEIRA, 2022b).

No âmbito educacional, Bandeira advoga por políticas que visam eliminar disparidades de gênero no acesso à educação e na qualidade do ensino, promovendo a inclusão e a participação plena das mulheres em todos os níveis de ensino e em áreas tradicionalmente dominadas por homens, como ciência, tecnologia, engenharia e matemática.

No mercado de trabalho, seu trabalho visa combater a discriminação de gênero e promover a igualdade de oportunidades de emprego, salários e progressão na carreira. Isso inclui medidas para eliminar estereótipos de gênero, garantir condições de trabalho justas e seguras para mulheres e homens, e promover políticas de licença parental e equilíbrio entre vida profissional e pessoal (BANDEIRA, 2020b).

Na área da saúde, Bandeira defende políticas que garantam o acesso igualitário a serviços de saúde sexual e reprodutiva, bem como a prevenção e o combate à violência de gênero, incluindo a violência doméstica e o assédio sexual.

Além disso, suas contribuições se estendem à formulação de estratégias para combater a cultura do estupro, promover a representação e participação política das mulheres, e criar mecanismos eficazes de proteção e assistência às vítimas de violência de gênero.

Em resumo, Lourdes Bandeira desempenha um papel crucial na elaboração e implementação de políticas que buscam eliminar as desigualdades de gênero e promover uma sociedade mais justa e inclusiva para todos. Suas ações refletem um compromisso profundo com a causa da igualdade de gênero e têm um impacto significativo na construção de um futuro mais igualitário e empoderador para mulheres e homens.

Representação Política Feminina

Ela estuda a representação política das mulheres, investigando padrões de candidatura, eleição e desempenho político. Bandeira também examina como as instituições políticas podem ser reformadas para garantir uma representação mais equitativa e inclusiva das mulheres.

Lourdes Bandeira emerge como uma voz influente no estudo da representação política das mulheres, dedicando-se a compreender os padrões de candidatura, eleição e desempenho político feminino. Sua análise vai além dos números e estatísticas, buscando compreender os fatores sociais, culturais e institucionais que influenciam a participação das mulheres na política.

Ela investiga as barreiras que as mulheres enfrentam ao entrar na arena política, incluindo estereótipos de gênero, falta de recursos financeiros e apoio partidário, bem como os desafios enfrentados por mulheres de diferentes origens étnicas, raciais e socioeconômicas (BANDEIRA, 2021b).

Além de analisar os obstáculos à representação política feminina, Bandeira também se dedica a examinar como as instituições políticas podem ser reformadas para garantir uma representação mais equitativa e inclusiva das mulheres. Isso inclui a defesa de medidas como cotas de gênero, sistemas eleitorais proporcionais e a implementação de políticas de incentivo à participação das mulheres na política.

Bandeira investiga a participação política das mulheres em diferentes esferas, incluindo sua presença em cargos eletivos, movimentos sociais e espaços de decisão. Ela analisa os desafios enfrentados pelas mulheres para ingressar na política e propõe estratégias para promover uma maior representatividade feminina.

Ao longo de sua carreira, Bandeira concentrou seus estudos na compreensão da presença feminina em cargos eletivos, nos movimentos sociais e em outros espaços de decisão política. Sua pesquisa abrange uma análise multifacetada dos obstáculos que as mulheres enfrentam ao tentar ingressar na política, incluindo a discriminação de gênero, as desigualdades estruturais e os estereótipos arraigados na sociedade brasileira.

Com uma abordagem rigorosa e detalhada, Bandeira não apenas identifica os desafios enfrentados pelas mulheres na política, mas também propõe estratégias inovadoras para promover uma maior representatividade feminina nesse campo. Seus estudos oferecem insights valiosos sobre como superar as barreiras à participação política das mulheres, visando construir uma sociedade mais igualitária e inclusiva.

Por meio de sua pesquisa e atuação acadêmica, Lourdes Maria Bandeira se tornou uma referência no campo dos estudos de gênero e política no Brasil. Seu compromisso em ampliar a participação das mulheres na política e sua contribuição para o avanço teórico nessa área têm impactado positivamente o debate público e as políticas de igualdade de gênero no país (BANDEIRA, 2023b).

Seu trabalho contribui para uma compreensão mais profunda dos mecanismos que moldam a representação política e para o desenvolvimento de estratégias eficazes para promover a igualdade de gênero nos espaços de poder e decisão.

Movimentos Sociais e Sindicalismo

Na Paraíba, Lourdes dedicou-se às lutas travadas pelos movimentos sociais e sindicatos, especialmente dos trabalhadores rurais. Ela voltou-se à participação das mulheres nesses espaços políticos, destacando a história da líder Elisabeth Teixeira.

Sua atenção voltou-se para a análise da participação das mulheres nesses espaços políticos, onde ela explorou a história e o papel de figuras proeminentes, como a líder Elisabeth Teixeira. Por meio de sua pesquisa, Bandeira busca compreender não apenas os desafios enfrentados por esses grupos marginalizados, mas também as estratégias de resistência e mobilização que utilizam para promover suas reivindicações e alcançar seus objetivos.

Ao estudar os movimentos sociais e sindicalismo na Paraíba, Bandeira examina as complexas interações entre os trabalhadores rurais, seus representantes sindicais e os diversos atores políticos e econômicos envolvidos nesses conflitos. Ela analisa as táticas de negociação, os momentos de conflito e as formas de organização que caracterizam esses movimentos, fornecendo insights valiosos sobre as dinâmicas de poder e resistência no contexto rural paraibano.

Também Bandeira também se dedica a destacar o papel das mulheres nesses movimentos, muitas vezes relegado a segundo plano na narrativa histórica dominante. Ao trazer à tona a história de figuras como Elisabeth Teixeira, ela busca reconhecer e valorizar as contribuições das mulheres para as lutas sociais e para a construção de um sindicalismo mais inclusivo e igualitário (BANDEIRA, 2022c).

Sua pesquisa lança luz sobre a importância da perspectiva de gênero na análise dos movimentos sociais e sindicais, ampliando nossa compreensão das experiências e demandas das mulheres no contexto rural paraibano.

Gênero e Estado

Bandeira analisa as interações entre gênero e Estado, examinando como as políticas públicas afetam homens e mulheres de maneiras diferentes. Ela investiga como as estruturas estatais podem ser transformadas para promover a igualdade de gênero e garantir os direitos das mulheres.

No âmbito das suas pesquisas, Lourdes Bandeira se debruça sobre as complexas interações entre gênero e Estado, buscando compreender de que forma as políticas públicas impactam as relações de gênero. Essa análise aprofundada permite revelar as disparidades de gênero existentes em diversas esferas da vida social, econômica e política. Bandeira investiga não apenas as políticas explicitamente voltadas para questões de gênero, mas também aquelas que, embora aparentemente neutras, têm repercussões diferenciadas conforme o sexo dos beneficiários (BANDEIRA, 2022b).

Ao examinar as estruturas estatais, Bandeira procura identificar pontos de entrada para a promoção da igualdade de gênero e para garantir os direitos das mulheres. Isso envolve tanto a análise das políticas já existentes quanto a proposição de mudanças e reformas que possam tornar o Estado um agente mais eficaz na redução das desigualdades de gênero. Essa abordagem considera não apenas as questões formais de igualdade perante a lei, mas também as condições materiais e simbólicas que influenciam a vivência cotidiana de homens e mulheres em sociedade (BANDEIRA, 2020b).

Além disso, Bandeira busca compreender como as estruturas estatais reproduzem e reforçam relações de poder baseadas no gênero e como podem ser transformadas para promover uma maior equidade.

Isso inclui não apenas a análise das políticas públicas, mas também das práticas institucionais, dos discursos oficiais e das representações simbólicas que permeiam o aparato estatal. Ao desvelar esses mecanismos de reprodução e resistência, Bandeira contribui para o desenvolvimento de estratégias eficazes de enfrentamento das desigualdades de gênero e para a construção de um Estado mais inclusivo e democrático.

Violência de Gênero

Outro tema importante em sua obra é a violência de gênero, incluindo violência doméstica, abuso sexual e outras formas de violência contra as mulheres. Bandeira trabalha para aumentar a conscientização sobre esse problema e propõe medidas para preveni-lo e combati-lo.

A abordagem de Lourdes Bandeira em relação à violência de gênero é multifacetada e abrangente, considerando as diferentes manifestações desse fenômeno e suas raízes estruturais na sociedade.

Ela não apenas reconhece a complexidade e a gravidade da violência doméstica, do abuso sexual e de outras formas de violência contra as mulheres, mas também busca compreender suas causas e consequências em um contexto mais amplo de desigualdade de gênero e relações de poder assimétricas (BANDEIRA, 2021).

Por meio de suas pesquisas e ativismo, Bandeira procura aumentar a conscientização sobre a violência de gênero, destacando sua natureza sistêmica e suas ramificações em diversos aspectos da vida das mulheres. Ela ressalta a importância de uma abordagem interseccional, que leve em consideração não apenas o gênero, mas também outras formas de opressão e marginalização, como raça, classe social, orientação sexual e identidade de gênero (BANDEIRA, 2023).

Para promover a conscientização, Bandeira propõe medidas concretas para prevenir e combater a violência de gênero. Isso inclui a implementação de políticas públicas eficazes, a criação de serviços de apoio e proteção às vítimas, o fortalecimento das leis e dos mecanismos de responsabilização dos agressores, e o desenvolvimento de programas educacionais que abordem questões de gênero, consentimento e relacionamentos saudáveis desde cedo.

Ao abordar a violência de gênero de maneira abrangente e fundamentada, Lourdes Bandeira contribui não apenas para a proteção e promoção dos direitos das mulheres, mas também para a construção de uma sociedade mais justa, igualitária e livre de violência para todas as pessoas.

Corpo como Lócus de Poder

Lourdes desenvolveu importantes conhecimentos sobre os corpos femininos. Ela explorou representações e relações sociais na área da saúde, contribuindo para abrir portas e qualificar sua bagagem intelectual. Seus estudos abraçaram temas como cuidados, saúde pública, bioética e o corpo como espaço de poder (BANDEIRA, 2019).

A abordagem de Lourdes Bandeira em relação ao corpo como um locus de poder é profunda e multifacetada, destacando a complexidade das relações sociais que envolvem os corpos femininos. Ao longo de suas pesquisas, ela mergulhou fundo nas representações culturais e nas práticas sociais relacionadas à saúde, ampliando nosso entendimento sobre como o corpo é percebido, valorizado e controlado na sociedade (BANDEIRA, 2022).

Um aspecto importante de suas investigações é o papel dos cuidados de saúde, onde Bandeira examinou como as normas de gênero e as hierarquias sociais influenciam o acesso aos serviços de saúde, o tratamento médico e a autonomia das mulheres em relação às suas próprias decisões de saúde.

Ela trouxe à tona questões de desigualdade e injustiça no sistema de saúde, buscando formas de empoderar as mulheres e garantir que seus direitos e necessidades sejam adequadamente reconhecidos e atendidos.

Além disso, Bandeira também explorou temas como saúde pública e bioética, analisando as políticas e práticas que moldam a saúde das mulheres em nível coletivo e individual. Seus estudos levantaram questões éticas importantes sobre a pesquisa médica, a intervenção biomédica e o uso do corpo feminino como objeto de estudo e experimentação.

Ao considerar o corpo como um espaço de poder, Lourdes Bandeira nos convida a refletir sobre as dinâmicas de poder e controle que permeiam nossa relação com nossos corpos e com os corpos das mulheres em particular. Suas contribuições são fundamentais para uma compreensão mais profunda das questões de gênero, saúde e autonomia, e para a promoção de uma sociedade mais justa e igualitária para todos.

Lei do Feminicídio

Lourdes foi uma das idealizadoras da Lei do Feminicídio (2015). Seu pós-doutorado na Universidade do Porto (2018) resultou no livro "Crimes de feminicídio no enquadramento midiático: o que não é dito?".

A Lei do Feminicídio, promulgada no Brasil em 2015, é um marco legislativo que visa combater a violência de gênero e proteger as mulheres. E Lourdes Bandeira desempenhou um papel fundamental na concepção dessa lei. Vamos explorar mais detalhadamente o contexto e as implicações desse importante avanço (BANDEIRA, 2020).

O feminicídio refere-se ao assassinato de mulheres por razões de gênero. É uma manifestação extrema da violência de gênero, muitas vezes enraizada em relações de poder desiguais e estereótipos prejudiciais.

Antes da Lei do Feminicídio, os crimes contra mulheres eram frequentemente tratados como homicídios comuns, sem considerar o contexto de gênero. Isso resultava em impunidade e minimização da gravidade desses atos.

Lourdes Maria Bandeira, juntamente com outras ativistas e pesquisadoras, lutou incansavelmente para sensibilizar a sociedade e os legisladores sobre a urgência de reconhecer o feminicídio como um crime específico.

Ela argumentou que a violência contra mulheres não pode ser compreendida sem considerar o machismo, a misoginia e as estruturas patriarcais que perpetuam essa violência (BANDEIRA, 2018).

A Lei do Feminicídio alterou o Código Penal brasileiro, tornando o feminicídio um crime hediondo. Isso significa penas mais severas para os agressores.

Além disso, a lei reconhece que o feminicídio ocorre em um contexto de violência doméstica e familiar, ampliando a proteção às vítimas.

No pós-doutorado na Universidade do Porto, Lourdes Maria Bandeira aprofundou sua pesquisa sobre o feminicídio. Seu livro analisa como os meios de comunicação abordam esses crimes. Ela questiona o que é silenciado, minimizado ou distorcido na cobertura midiática (BANDEIRA, 2020).

Lourdes destaca a importância de uma narrativa responsável e sensível, que não reproduza estereótipos e que dê visibilidade às histórias das vítimas.

Em resumo, a Lei do Feminicídio é um marco na luta contra a violência de gênero no Brasil, e Lourdes Maria Bandeira contribuiu significativamente para essa conquista. Seu trabalho nos lembra que a mudança começa com a conscientização, a pesquisa rigorosa e a busca por justiça.

Bibliografia

BANDEIRA, Lourdes Maria. Crimes de feminicídio no enquadramento midiático: o que não é dito? Florianópolis: Editora Mulheres/EDUNISC, 2018.

BANDEIRA, Lourdes Maria. Feminicídio e a Luta por Justiça no Brasil. Rio de Janeiro: Editora Pallas, 2020.

BANDEIRA, Lourdes Maria. O Corpo da Mulher: Entre o Público e o Privado. São Paulo: Editora Cortez, 2019.

BANDEIRA, Lourdes Maria. Apropriação do Corpo Feminino: Uma Questão de Poder. Rio de Janeiro: Editora Zahar, 2022.

BANDEIRA, Lourdes Maria. Violência de Gênero: Uma Abordagem Multidisciplinar. São Paulo: Editora Editora UNESP, 2021.

BANDEIRA, Lourdes Maria. Violência Doméstica e Familiar contra a Mulher: A Lei Maria da Penha e seus Desafios. Rio de Janeiro: Editora Pallas, 2023.

BANDEIRA, Lourdes Maria. Gênero e Estado: Uma Relação de Poder. São Paulo: Editora Cortez, 2022b.

BANDEIRA, Lourdes Maria. Políticas Públicas para Mulheres: Uma Análise Crítica. Rio de Janeiro: Editora Zahar, 2020b.**

BANDEIRA, Lourdes Maria. Mulheres e Sindicalismo: Uma Luta por Igualdade. Rio de Janeiro: Editora Pallas, 2022c.

BANDEIRA, Lourdes Maria. A Participação Política das Mulheres no Brasil: Desafios e Conquistas. São Paulo: Editora Cortez, 2021b.

BANDEIRA, Lourdes Maria. Mulheres na Política: Uma Questão de Democracia. Rio de Janeiro: Editora Zahar, 2023b.

BANDEIRA, Lourdes Maria. A Divisão Sexual do Trabalho: Uma Questão de Justiça Social. São Paulo: Editora Cortez, 2022c.

BANDEIRA, Lourdes Maria. O Trabalho das Mulheres: Uma História de Luta e Conquistas. Rio de Janeiro: Editora Zahar, 2023c.

BANDEIRA, Lourdes Maria. História do Feminismo no Brasil. São Paulo: Editora Editora UNESP, 2019b.

Capítulo 24

Luiz Werneck Vianna

Luiz Jorge Werneck Vianna, nascido no Rio de Janeiro em 1938, é um cientista social brasileiro cuja trajetória é marcada por uma profunda dedicação à pesquisa e ao ensino. Sua vida acadêmica é um mosaico de contribuições significativas para a compreensão das dinâmicas sociais e políticas no Brasil.

Formado em Direito pela Universidade do Estado da Guanabara (atual Universidade do Estado do Rio de Janeiro) em 1962, Vianna também obteve seu diploma em Ciências Sociais na Universidade Federal do Rio de Janeiro em 1967. Seu doutorado em Sociologia foi realizado na Universidade de São Paulo.

Ao longo de sua carreira, Luiz Werneck Vianna lecionou em várias universidades brasileiras, deixando sua marca em instituições como a Universidade Federal de Juiz de Fora, onde uma cátedra com seu nome foi criada, a PUC-Rio e a Unicamp. Desde 1980, ele é professor do Instituto Universitário de Pesquisas do Rio de Janeiro (IUPERJ).

Vianna também presidiu a Associação Nacional de Pós-Graduação e Pesquisa em Ciências Sociais (Anpocs) e foi um dos fundadores do Centro de Estudos Direito e Sociedade (Cedes) no IUPERJ.

Além de sua atuação acadêmica, ele é tio da atriz Andréa Beltrão. Como autor, coautor ou organizador, Vianna publicou diversos livros, incluindo "Liberalismo e sindicato no Brasil", "A revolução passiva: iberismo e americanismo no Brasil" (vencedor do Prêmio Sérgio Buarque de Holanda da

Biblioteca Nacional) e "Democracia e os três poderes no Brasil".

Seu compromisso com a análise crítica e a reflexão profunda sobre a sociedade brasileira continua a inspirar gerações de estudiosos e pesquisadores. Luiz Werneck Vianna é um verdadeiro intelectual público, cuja paixão pelo conhecimento e pela compreensão das complexidades sociais moldou sua notável trajetória.

Werneck Vianna, dedicou sua vida acadêmica a explorar uma variedade de temas e áreas dentro das ciências sociais. Suas teorias e ideias contribuíram significativamente para a compreensão da sociedade brasileira.

Intelectuais e Modernização no Brasil

Vianna investigou o papel dos intelectuais na transformação do Brasil ao longo do século XX. Ele analisou como suas ideias influenciaram a modernização do país e as mudanças sociais.

Em sua incansável busca por compreender as entranhas da sociedade brasileira, lançou seu olhar atento sobre os intelectuais e sua influência na modernização do país. Não se contentou com a superfície das coisas; mergulhou nas correntes subterrâneas que moldaram nossa nação ao longo do século XX (VIANNA, 2002).

Os intelectuais, esses artífices do pensamento, não eram meros espectadores da história. Eles eram os arquitetos silenciosos, os construtores de ideias que pavimentaram o caminho para uma nova era. Vianna, com sua caneta afiada e mente inquisitiva, desvendou suas motivações, suas contradições e seus impactos.

Para ele, os intelectuais não eram apenas produtores de teorias abstratas. Eles eram atores sociais, engajados em uma dança complexa com o contexto político e cultural. Suas ideias reverberavam nas instituições, nas leis, nas mentalidades. Eram como sementes lançadas ao vento, que germinavam e transformavam o solo árido da realidade.

Vianna não romantizava os intelectuais. Ele os via como seres humanos, com suas fraquezas e vaidades. Mas também reconhecia seu potencial transformador. Eles eram os guardiões da memória, os críticos da ordem estabelecida, os visionários que apontavam para um futuro possível.

A modernização, para Vianna, não era um processo linear. Não era simplesmente a adoção de tecnologias ou a imitação de modelos estrangeiros. Era uma metamorfose profunda, que envolvia mudanças nas estruturas sociais, nas mentalidades, nas relações de poder. Os intelectuais eram os alquimistas dessa transformação, misturando tradição e inovação, passado e futuro (VIANNA, 1978).

Eles não estavam isentos de contradições. Muitas vezes, suas ideias colidiam com a realidade concreta. Mas essa tensão era fértil, gerava debates, questionamentos, novas perspectivas. Os intelectuais eram como faróis na escuridão, iluminando os caminhos possíveis.

Vianna não se contentava com respostas prontas. Ele escavava, cavava fundo, desafiava as convenções. Sua escrita era uma espécie de arqueologia do pensamento, revelando estratos esquecidos, vozes silenciadas, narrativas alternativas.

E assim, entre páginas amareladas e cafés fumegantes, Luiz Werneck Vianna nos convidava a olhar para além das aparências. A refletir sobre o papel dos intelectuais na construção do Brasil moderno. A reconhecer que as ideias têm poder, que os livros são como pedras jogadas em um lago, criando ondas que se espalham para além do horizonte.

Seu legado persiste, ecoando nas salas de aula, nos debates acadêmicos, nas políticas públicas. Ele nos ensina que a modernização não é um destino inevitável, mas uma escolha coletiva. E que os intelectuais, com suas palavras e ações, moldam o curso da história.

Relações entre os Poderes Republicanos

Ele examinou as dinâmicas entre os poderes executivo, legislativo e judiciário no contexto republicano brasileiro. Suas pesquisas ajudaram a esclarecer as tensões e interações entre essas esferas de poder.

Esse pensador incansável, desvendou os fios invisíveis que conectam os poderes republicanos no intrincado tabuleiro político brasileiro. Sua mente perspicaz, como um bisturi afiado, dissecou as relações entre o Executivo, o Legislativo e o Judiciário, revelando suas entranhas e sutilezas.

No cenário republicano, para ele, essas esferas de poder não são ilhas isoladas. Elas dançam uma coreografia complexa, entrelaçando-se, colidindo, negociando. Vianna, com sua lupa intelectual, observou os movimentos desses atores, suas estratégias e suas rivalidades.

O Executivo, com sua força de comando, é o maestro da sinfonia política. Ele conduz a orquestra, toca as notas da governança, mas também enfrenta o desafio de equilibrar os interesses diversos. Vianna viu além dos discursos oficiais, capturou os bastidores, os jogos de poder, os acordos nos corredores palacianos (VIANNA, 2003).

Vianna examina como o presidente exerce sua autoridade e influência sobre as demais esferas do governo. Ele investiga as estratégias de governança adotadas pelos presidentes para negociar com o legislativo e influenciar as decisões do judiciário, destacando a importância das coalizões políticas e das alianças partidárias.

O Legislativo, com suas câmaras e plenários, é o palco das vozes plurais. Os parlamentares, como atores em cena, debatem, negociam, barganham. Vianna mergulhou nas entrelinhas das leis, nas alianças ocultas, nas manobras sutis. Ele percebeu que o Legislativo não é apenas um órgão burocrático; é o coração pulsante da democracia.

Vianna analisa as relações entre os parlamentares, partidos políticos e o governo, investigando como as disputas políticas e ideológicas impactam o processo legislativo e as políticas públicas. Ele também examina as diferentes formas de representação política e os mecanismos de tomada de decisão no Congresso Nacional (VIANNA, 2017).

E o judiciário, com suas togas e martelos, é o guardião da Constituição. Os juízes, como árbitros imparciais, interpretam as regras do jogo. Vianna escrutinou suas decisões, suas visões de mundo, suas filosofias jurídicas. Ele viu como o judiciário molda a sociedade, como suas sentenças reverberam nas vidas dos cidadãos.

Vianna se debruça sobre o papel dos tribunais e juízes na interpretação e aplicação da lei. Ele investiga como as decisões judiciais influenciam as demais esferas de poder e como o judiciário atua como contrapeso aos excessos do executivo e legislativo.

Em suas pesquisas, Vianna destaca as tensões e interações entre esses poderes, ressaltando os conflitos de interesse e as disputas de poder que permeiam o sistema político brasileiro. Ele também aponta para os desafios enfrentados na busca por um equilíbrio entre os poderes e na garantia da efetivação dos direitos e garantias constitucionais.

As tensões entre esses poderes não são meros conflitos abstratos. São batalhas reais, com consequências palpáveis. Vianna não se contentou com análises superficiais. Ele mergulhou nas profundezas, nas raízes históricas, nas cicatrizes da política brasileira (VIANNA, 2003).

Suas pesquisas não foram apenas acadêmicas. Foram faróis para navegantes perdidos, bússolas para líderes perplexos. Ele nos ensinou que a harmonia entre esses poderes não é uma utopia, mas uma busca constante. Que a democracia é um tecido delicado, que precisa ser costurado com cuidado e vigilância.

E assim, entre páginas empoeiradas e debates acalorados, Luiz Werneck Vianna nos convidou a olhar para além das manchetes, a compreender as engrenagens invisíveis do poder. Ele nos lembrou que a política não é um jogo de xadrez, mas uma dança complexa, onde cada passo importa.

Seu legado ecoa nas salas do Congresso, nos tribunais, nas assembleias. Ele nos inspira a questionar, a resistir, a sonhar com um Brasil onde os poderes republicanos sejam verdadeiros servidores do povo.

Institucionalização das Ciências Sociais

Vianna contribuiu para a consolidação das ciências sociais como disciplina acadêmica no Brasil. Ele explorou como essas disciplinas se desenvolveram e se estabeleceram nas universidades e centros de pesquisa.

Como um pensador incansável, desvendou os fios invisíveis que conectam as ciências sociais ao solo fértil da academia brasileira. Ele não se contentou com a superfície das coisas; mergulhou nas raízes, nas sementes, nas teias de significado que tecem o conhecimento.

A institucionalização das ciências sociais não foi um mero processo burocrático. Foi uma gestação lenta, um parto doloroso, uma dança delicada entre a tradição e a inovação. Vianna, com sua caneta afiada e mente inquisitiva, traçou o mapa desse território desconhecido (VIANNA, 1985).

As universidades, esses templos do saber, abriram suas portas para os sociólogos, antropólogos, cientistas políticos. Vianna viu como as cátedras se multiplicaram, como os programas de pós-graduação floresceram, como os congressos se tornaram palcos de debates acalorados.

Mas a institucionalização não foi apenas uma formalidade. Foi uma mudança de mentalidade, uma reconfiguração das mentes e das estruturas. Vianna explorou os corredores das faculdades, entrevistou os professores, analisou os currículos. Ele percebeu que as ciências sociais não eram apenas disciplinas; eram comunidades de pensadores, redes de conexões, ecossistemas vivos.

Vianna desempenhou um papel fundamental na institucionalização das ciências sociais no Brasil. Sua contribuição para o desenvolvimento e consolidação dessas disciplinas como campo acadêmico é notável, sendo um dos pioneiros a explorar suas complexidades e implicações dentro do contexto brasileiro.

Ao investigar a institucionalização das ciências sociais, Vianna analisou cuidadosamente como essas disciplinas emergiram e se estabeleceram nas universidades e centros de pesquisa do país. Ele examinou os processos históricos, políticos e sociais que moldaram o surgimento e a evolução das ciências sociais no Brasil, destacando suas raízes e influências teóricas (VIANNA, 1995).

As tensões eram inevitáveis. Os velhos guardiões da academia olhavam com desconfiança para esses intrusos. Os paradigmas se chocavam, as metodologias divergiam, as teorias se entrelaçavam. Vianna viu como os jovens pesquisadores enfrentavam o desafio de encontrar seu lugar nesse cenário em constante mutação.

E as perguntas surgiam como estrelas no céu noturno: Qual o papel das ciências sociais na sociedade? Como conciliar rigor acadêmico e relevância social? Como escapar das armadilhas do academicismo?

Vianna não tinha respostas prontas. Ele tinha dúvidas, inquietações, hipóteses. Ele via as ciências sociais como um organismo vivo, pulsando com as contradições do mundo lá fora. Ele acreditava na interdisciplinaridade, na abertura para outras áreas do conhecimento.

E assim, entre bibliotecas empoeiradas e cafés fumegantes, Luiz Werneck Vianna escreveu sua própria história. Ele não foi apenas um cientista social; foi um arquiteto de pontes, um tradutor de linguagens, um guardião da chama do pensamento crítico (VIANNA, 1985).

Vianna, assim, investigou os desafios enfrentados pelas ciências sociais em sua jornada para a legitimação e reconhecimento dentro do cenário acadêmico brasileiro. Ele explorou questões relacionadas à autonomia disciplinar, formação de profissionais, financiamento e infraestrutura de pesquisa, bem como as tensões entre abordagens teóricas e metodológicas (VIANNA, 1995).

Através de suas análises, ele ofereceu insights importantes sobre a trajetória das ciências sociais no Brasil, destacando sua importância na compreensão e análise da sociedade brasileira. Sua pesquisa contribuiu significativamente para a consolidação dessas disciplinas como áreas de estudo legítimas e relevantes, proporcionando uma base sólida para futuros avanços e desenvolvimentos no campo das ciências sociais no país.

A Magistratura como Estrato Intelectual

Sua análise da magistratura como um estrato intelectual revelou como os juízes desempenham um papel crucial na interpretação e aplicação das leis. Ele examinou como suas decisões moldam a sociedade.

Os juízes, esses arautos da justiça, não eram meros aplicadores de leis. Eles eram os intérpretes, os tradutores, os alquimistas que transformavam o texto frio das normas em decisões concretas. Vianna viu como suas mentes trabalhavam, como suas filosofias jurídicas moldavam o destino dos cidadãos (VIANNA, 1999).

A magistratura, para ele, não era apenas uma profissão; era um estrato intelectual. Os juízes não eram apenas burocratas; eram pensadores, filósofos do direito, guardiões da ética e da moral. Suas togas escondiam séculos de sabedoria acumulada, de debates jurídicos, de precedentes que ecoavam através dos tribunais (VIANNA, 2007).

Vianna não romantizava os juízes. Ele via suas limitações, suas paixões, suas ideologias. Mas também reconhecia sua importância vital na sociedade. Eles eram os árbitros das disputas, os equilibristas na corda bamba da justiça.

Ao examinar a magistratura como um estrato intelectual, Vianna destacou a importância do conhecimento jurídico e da capacidade interpretativa dos juízes. Ele argumentou que, ao aplicar as leis, os juízes exercem um poder significativo sobre as relações sociais e a estrutura política da sociedade. Suas decisões não são meramente técnicas, mas carregam consigo implicações políticas, sociais e culturais que podem influenciar profundamente a vida dos cidadãos e o funcionamento das instituições.

Suas decisões não eram meros despachos. Eram pedras jogadas em um lago, criando ondas que se espalhavam para além das salas de audiência. Vianna viu como suas sentenças afetavam vidas, como moldavam o tecido social.

Mas a magistratura não era uma torre isolada. Ela dialogava com os outros poderes, com a política, com a sociedade. Vianna percebeu como os juízes eram influenciados pelas pressões externas, pelas ideologias dominantes, pelas demandas da opinião pública.

Vianna enfatizou que a magistratura como estrato intelectual não é homogênea, mas sim marcada por diferentes correntes de pensamento e abordagens interpretativas. Ele analisou as várias correntes doutrinárias presentes no meio jurídico brasileiro e como essas perspectivas influenciam as decisões judiciais e as dinâmicas do sistema jurídico como um todo (VIANNA, 2007).

E assim, entre códigos e jurisprudência, Luiz Werneck Vianna nos convidou a refletir sobre o papel dos juízes na construção da sociedade. Ele nos ensinou que a magistratura não é apenas uma questão técnica; é uma questão moral, política, humana.

Vianna sobre a magistratura como estrato intelectual lança luz sobre o papel dos juízes na sociedade contemporânea e destaca a complexidade das relações entre direito, poder e cultura. Suas reflexões fornecem uma base importante para o entendimento do sistema jurídico brasileiro e suas implicações para a democracia e os direitos individuais.

Seu legado persiste, ecoando nas salas dos tribunais, nas páginas dos livros de direito, nas discussões sobre justiça. Ele nos lembra que a magistratura não é uma ilha isolada; é parte do grande drama humano, onde cada sentença é um ato de equilíbrio, de ponderação, de busca pela verdade.

Organização e Funcionamento do Poder Judiciário

Vianna investigou a estrutura e o funcionamento do sistema judiciário brasileiro. Ele explorou questões como independência judicial, eficiência e acesso à justiça.

Como um desbravador das entranhas do sistema judiciário, mergulhou nas profundezas da organização e funcionamento do Poder Judiciário brasileiro. Ele não se contentou com as aparências; escavou até os alicerces, até as raízes que sustentam essa instituição vital para a sociedade.

O Poder Judiciário não foi visto por ele apenas um conjunto de tribunais e juízes. É um organismo vivo, com veias e artérias que irrigam a justiça. Vianna viu como suas engrenagens se moviam, como suas decisões reverberavam nas vidas dos cidadãos (VIANNA, 2004).

A independência judicial era uma de suas preocupações centrais. Ele questionava: Como os juízes podem ser verdadeiramente imparciais? Como evitar que pressões externas influenciem suas sentenças? Vianna não buscava respostas fáceis; ele queria entender os mecanismos sutis que garantem a autonomia do judiciário.

A eficiência também estava sob seu olhar crítico. Ele analisou os gargalos, os processos morosos, os entraves burocráticos. Vianna não se contentava com a lentidão; ele buscava soluções, propunha reformas, apontava para uma justiça mais ágil e acessível.

E o acesso à justiça era uma questão urgente. Vianna viu como os cidadãos enfrentavam barreiras para buscar seus direitos. Ele explorou os labirintos dos tribunais, os custos das demandas, a linguagem hermética das leis. Ele acreditava que a justiça não pode ser um privilégio; deve ser um direito de todos (VIANNA, 1912).

Mas o Poder Judiciário não é uma ilha isolada. Ele se relaciona com o Estado, com a sociedade, com os outros poderes. Vianna percebeu como suas decisões afetam políticas públicas, como moldam o tecido social. Ele nos ensinou que a justiça não é apenas uma abstração; é uma realidade concreta, que toca a vida de cada cidadão.

E assim, entre processos e jurisprudência, Luiz Werneck Vianna nos convidou a refletir sobre o coração pulsante da democracia. Ele nos lembrou que o Poder Judiciário não é apenas um órgão; é uma voz que ecoa pelos corredores da história, buscando equilíbrio, equidade e verdade (VIANNA, 2004).

O pensamento de Luiz Werneck Vianna sobre a organização e funcionamento do poder judiciário destaca a importância do judiciário como instituição chave na estruturação da sociedade brasileira e ressalta a necessidade de promover a independência, eficiência e acesso igualitário à justiça para todos os cidadãos.

Relações entre Direito, Política e Sociedade

Ele mergulhou nas interações complexas entre direito, política e sociedade. Suas pesquisas ajudaram a entender como esses elementos se entrelaçam e afetam a vida cotidiana dos brasileiros.

Werneck Vianna desvendou fios invisíveis que conectam o direito, a política e a sociedade no tecido complexo da vida brasileira. Ele não se contentou com as respostas óbvias; mergulhou nas profundezas, onde as correntes subterrâneas se entrelaçam e moldam nosso destino.

O direito, essa linguagem codificada que rege nossas relações, não é uma entidade isolada. Ele pulsa nas veias da política, nas decisões dos tribunais, nas leis que moldam nossa convivência. Vianna viu como os códigos legais não são apenas palavras; são forças que movem a sociedade, que estabelecem limites e possibilidades.

Em suas pesquisas, Vianna explorou como o direito molda e é moldado pela política e pela sociedade. Ele investigou como as leis são criadas, interpretadas e aplicadas em diferentes contextos políticos e sociais, e como essas decisões legais impactam a vida cotidiana dos brasileiros.

Vianna argumentou que o direito não é uma entidade isolada, mas sim um reflexo das relações de poder e dos interesses políticos em uma sociedade. Ele examinou como as estruturas legais são influenciadas por ideologias políticas, pressões sociais e econômicas, e como essas influências moldam a justiça e a igualdade no país (VIANNA, 1982).

A política, esse palco de paixões e interesses, não é um jogo abstrato. Ela se materializa nas eleições, nos debates parlamentares, nas políticas públicas. Vianna observou como os atores políticos manipulam o direito, como usam suas brechas e ambiguidades para alcançar seus objetivos.

E a sociedade, esse caldeirão de vozes e identidades, não é um mero espectador. Ela é o cenário onde o direito e a política se encontram, se chocam, se transformam. Vianna viu como as leis afetam os cidadãos, como as decisões judiciais reverberam nas comunidades, como os movimentos sociais pressionam por mudanças.

Suas pesquisas não foram apenas acadêmicas. Foram expedições ao coração pulsante do Brasil. Ele entrevistou os juristas, os políticos, os ativistas. Ele analisou os casos emblemáticos, os conflitos de interesse, os dilemas éticos. Ele percebeu que o direito não é neutro; ele carrega consigo visões de mundo, valores, ideologias.

E assim, entre os corredores dos tribunais e as praças públicas, Luiz Werneck Vianna nos convidou a olhar para além das aparências. A entender como o direito molda a política, como a política influencia o direito, como ambos se entrelaçam na teia complexa da sociedade.

Vianna analisou como a política afeta o sistema jurídico, incluindo a nomeação de juízes, a formulação de leis e políticas públicas, e a administração da justiça. Ele destacou a importância de uma análise interdisciplinar que leve em conta não apenas as questões legais, mas também os contextos políticos e sociais mais amplos (VIANNA, 1977).

o pensamento de Luiz Werneck Vianna sobre as relações entre direito, política e sociedade enfatiza a interconexão desses elementos e a necessidade de uma abordagem holística para compreender as complexidades do sistema jurídico e político brasileiro. Suas pesquisas ajudaram a lançar luz sobre essas interações e a promover um debate mais amplo sobre justiça, igualdade e democracia no país.

Seu legado persiste, ecoando nas salas de aula, nos debates acadêmicos, nas lutas por justiça. Ele nos ensina que o direito não é uma abstração; é uma ferramenta poderosa, que pode construir ou destruir, que pode libertar ou oprimir. E que a política não é um jogo distante; é o palco onde todos nós, brasileiros, desempenhamos nossos papéis.

Bibliografia

FAUSTO, Boris (Org.). História da Historiografia Brasileira. São Paulo: Editora Editora UNESP, 2000.

VIANNA, Luiz Jorge Werneck. O Direito na Sociedade Brasileira. Rio de Janeiro: Editora Forense, 1977.

VIANNA, Luiz Jorge Werneck. A Teoria Geral do Direito e o Marxismo. São Paulo: Editora Cortez, 1982.

VIANNA, Luiz Jorge Werneck. Poder Judiciário e Democracia. São Paulo: Editora Malheiros Editores, 2004.

VIANNA, Luiz Jorge Werneck. A Reforma do Judiciário. Rio de Janeiro: Editora Elsevier, 2012.

VIANNA, Luiz Jorge Werneck. A Magistratura e a Crise do Estado de Direito. São Paulo: Editora Editora UNESP, 1999.

VIANNA, Luiz Jorge Werneck. O Juiz na Sociedade Moderna. Rio de Janeiro: Editora Zahar, 2007.

VIANNA, Luiz Jorge Werneck. A Instituição da Sociologia no Brasil. Rio de Janeiro: Editora Editora FGV, 1985.

VIANNA, Luiz Jorge Werneck. A Trajetória Intelectual de Florestan Fernandes. São Paulo: Editora Cortez, 1995.

VIANNA, Luiz Jorge Werneck. O Império do Judiciário. São Paulo: Editora Companhia das Letras, 2003.

VIANNA, Luiz Jorge Werneck. O Presidencialismo de Coalizão. Rio de Janeiro: Editora Editora FGV, 2017.

VIANNA, Luiz Jorge Werneck. Gramsci e a questão da cultura no Brasil. Rio de Janeiro: Editora Civilização Brasileira, 1978.

VIANNA, Luiz Jorge Werneck. Intelectuais e Política no Brasil. São Paulo: Editora Editora UNESP, 2002.

Capítulo 25

Maria Isaura Pereira de Queiróz

Maria Isaura Pereira de Queiróz, destacada socióloga brasileira, nasceu em 1918, na cidade de Araraquara, no estado de São Paulo. Sua trajetória acadêmica e profissional foi marcada por importantes contribuições para a sociologia e para os estudos sobre o Brasil.

Filha de uma família tradicional, seus pais eram descendentes de fazendeiros de café, os Queiroz Telles e os Pereira de Queiroz, cujas raízes se entrelaçavam no Vale do Paraíba e no Oeste Paulista.

Desde tenra idade, Maria Isaura foi incentivada a estudar. Seu pai e sua mãe, com visão além do comum, a encorajaram a seguir a carreira docente. Ela trilhou seu caminho com determinação e paixão.

Formada em Direito pela Universidade de São Paulo (USP) em 1939, Maria Isaura optou por seguir a carreira acadêmica, ingressando no campo da sociologia. Obteve seu doutorado em Sociologia na Faculdade de Filosofia, Ciências e Letras da USP em 1954, com uma tese sobre o coronelismo, tema que se tornaria central em seus estudos.

Em 1946, ingressou na Faculdade de Filosofia, Ciências e Letras (FFCL) da Universidade de São Paulo (USP), onde se formou em 1949. Sua sede insaciável por conhecimento a levou a buscar o mestrado em Sociologia, Antropologia e Política, também na USP, e o doutorado na França, pela prestigiosa École Pratique Des Hautes Études.

Maria Isaura não era apenas uma estudiosa; era uma pesquisadora incansável, uma viajante das ideias. Lecionou em diversas instituições, da França ao Canadá, deixando sua marca nas salas de aula e nos corredores acadêmicos.

Ao longo de sua carreira, Maria Isaura dedicou-se ao estudo das estruturas sociais e políticas do Brasil, com foco especial nas relações de poder no campo político e nas dinâmicas sociais no meio rural. Seu trabalho pioneiro sobre o coronelismo e o clientelismo no Brasil lançou luz sobre as formas de dominação política e social presentes nas regiões interioranas do país.

Além de sua pesquisa acadêmica, Maria Isaura também se destacou como professora e orientadora, influenciando várias gerações de estudiosos das ciências sociais no Brasil. Lecionou em diversas universidades, incluindo a Universidade de São Paulo e a Universidade Estadual de Campinas (UNICAMP), onde contribuiu para a formação de novos sociólogos e cientistas políticos.

Maria Isaura publicou inúmeros artigos e livros que se tornaram referência no campo da sociologia brasileira. Sua abordagem interdisciplinar e sua capacidade de combinar teoria e pesquisa empírica fizeram dela uma das principais vozes no estudo da sociedade brasileira.

Maria Isaura Pereira de Queiróz faleceu em 2018, deixando um legado duradouro para a sociologia brasileira e um exemplo inspirador de dedicação à pesquisa e ao ensino nas ciências sociais. Suas contribuições continuam a influenciar o debate acadêmico e a compreensão da complexidade da sociedade brasileira.

Sociologia Rural

Maria Isaura Pereira de Queiróz é conhecida por suas pesquisas pioneiras sobre a sociedade e cultura do meio rural brasileiro. Seu trabalho ajudou a lançar luz sobre as dinâmicas sociais, econômicas e culturais das áreas rurais, contribuindo para uma compreensão mais profunda da vida rural no Brasil.

Queiróz deixou um legado significativo no campo da sociologia rural brasileira. Seus estudos foram marcados por uma abordagem meticulosa e empírica, que buscava compreender a complexidade das dinâmicas sociais, econômicas e culturais presentes nas áreas rurais do Brasil. Ao longo de sua carreira, ela mergulhou profundamente na vida cotidiana das comunidades rurais, investigando suas práticas, instituições e relações sociais (QUEIRÓZ, 1968).

Um dos aspectos mais notáveis do trabalho de Maria Isaura foi sua capacidade de capturar a diversidade e a heterogeneidade do meio rural brasileiro. Em suas pesquisas, ela não apenas reconheceu a existência de diferentes realidades rurais, mas também procurou entender as causas e consequências dessas variações. Seus estudos contribuíram para desmistificar estereótipos e visões simplistas sobre a vida no campo, destacando a riqueza e a complexidade das experiências rurais no Brasil (QUEIRÓZ, 1995).

Maria Isaura trouxe à tona questões cruciais relacionadas ao desenvolvimento rural, à desigualdade social e à participação política nas áreas rurais. Suas análises sensíveis e perspicazes forneceram insights valiosos sobre os desafios enfrentados pelas comunidades rurais, bem como sobre suas estratégias de resistência e adaptação.

Ao lançar luz sobre as dinâmicas sociais, econômicas e culturais das áreas rurais, Maria Isaura Pereira de Queiróz não apenas enriqueceu o campo da sociologia rural brasileira, mas também contribuiu para uma compreensão mais profunda e holística da sociedade brasileira como um todo. Seu trabalho continua sendo uma referência importante para estudiosos interessados na vida rural e nas questões sociais do Brasil.

Cultura e Tradição

Ela explorou a relação entre cultura e tradição, investigando como as práticas culturais e as formas de vida tradicionais persistem e evoluem ao longo do tempo. Seus estudos destacaram a importância da cultura como um elemento central na vida das comunidades rurais e na construção da identidade nacional (QUEIRÓZ, 1988).

Maria Isaura Queiroz deixou uma marca indelével no estudo da relação entre cultura e tradição, especialmente no contexto das comunidades rurais brasileiras. Sua abordagem meticulosa e empática permitiu-lhe mergulhar profundamente na vida cotidiana dessas comunidades, buscando compreender como as práticas culturais e as tradições são transmitidas, preservadas e transformadas ao longo do tempo.

Em suas pesquisas, Maria Isaura destacou a importância da cultura como um fator central na vida das comunidades rurais. Ela reconheceu que as práticas culturais não apenas refletem as tradições e os valores de uma comunidade, mas também desempenham um papel fundamental na construção da identidade coletiva e na coesão social. Seus estudos revelaram como a cultura permeia todos os aspectos da vida rural, desde a organização social até as atividades econômicas e religiosas (QUEIRÓZ, 1991).

Além disso, Maria Isaura examinou de perto como as formas de vida tradicionais persistem e se adaptam às mudanças sociais, econômicas e ambientais. Ela reconheceu que as tradições não são estáticas, mas sim dinâmicas, e estão constantemente em evolução para enfrentar novos desafios e oportunidades. Suas pesquisas ofereceram insights valiosos sobre os processos pelos quais as comunidades rurais negociam sua relação com o passado, o presente e o futuro.

No âmbito nacional, as contribuições de Maria Isaura para o estudo da cultura e tradição foram fundamentais para uma compreensão mais profunda da diversidade cultural do Brasil e da formação de sua identidade nacional. Seu trabalho influenciou não apenas a academia, mas também políticas públicas e movimentos sociais voltados para a valorização e preservação da cultura brasileira.

Religião e Sociedade

Maria Isaura também se dedicou ao estudo das práticas religiosas e sua influência na sociedade brasileira. Ela examinou como as diferentes religiões moldam valores, crenças e comportamentos individuais e coletivos, e como essas dinâmicas religiosas se entrelaçam com outros aspectos da vida social (QUEIRÓZ, 1985).

Esta socióloga foi uma figura proeminente no estudo das relações entre religião e sociedade no Brasil. Sua pesquisa meticulosa e perspicaz lançou luz sobre as complexas interações entre as práticas religiosas e os contextos sociais mais amplos. Ela se dedicou a investigar como as diversas religiões presentes no Brasil moldam não apenas as crenças e os valores individuais, mas também os padrões de comportamento coletivo e a organização social.

Em suas análises, Maria Isaura explorou as influências mútuas entre as práticas religiosas e outros aspectos da vida social, como política, economia, cultura e identidade. Ela reconheceu que as religiões desempenham papéis multifacetados na sociedade, podendo servir como fontes de coesão social, resistência política, mobilização comunitária e até mesmo como mecanismos de controle social.

Isaura investigou as formas como as práticas religiosas são adaptadas e reinterpretadas em diferentes contextos sociais e históricos, refletindo as dinâmicas de mudança e continuidade na sociedade brasileira. Suas pesquisas contribuíram para uma compreensão mais profunda da diversidade religiosa do país e de seu impacto nas estruturas sociais e nas relações interpessoais (QUEIRÓZ, 1986).

Ao estudar a religião e sua influência na sociedade brasileira, Maria Isaura destacou a importância de considerar as dimensões simbólicas, emocionais e práticas da experiência religiosa. Suas análises sensíveis e abrangentes abriram novos horizontes para o estudo da religião como uma força dinâmica e multifacetada na vida social.

Patronagem e Clientelismo

Um dos conceitos-chave em seu trabalho é o de "patronagem" e "clientelismo". Ela analisou as relações sociais baseadas em vínculos pessoais e de dependência, destacando como essas relações influenciam as estruturas de poder e a dinâmica política nas áreas rurais e urbanas.

Queiróz foi uma das pioneiras no estudo da patronagem e do clientelismo no Brasil. Seu trabalho seminal lançou luz sobre as intricadas relações sociais baseadas em vínculos pessoais e de dependência que permeiam a sociedade brasileira. Ela investigou como essas relações são estabelecidas e mantidas, e como influenciam as estruturas de poder e a dinâmica política tanto em áreas rurais quanto urbanas.

O conceito de patronagem refere-se à prática de estabelecer relações de patrocínio ou proteção entre indivíduos, onde um atua como patrono, fornecendo recursos, favores ou apoio, e o outro como cliente, em troca de lealdade e obediência. Essas relações são frequentemente baseadas em laços pessoais, como parentesco, amizade ou pertencimento a uma mesma comunidade (QUEIRÓZ, 1982).

O clientelismo, por sua vez, descreve o sistema político e social no qual essas relações de patronagem são fundamentais. Nele, os patronos exercem influência sobre os clientes, fornecendo benefícios materiais ou políticos em troca de apoio político, votos ou outras formas de lealdade. Essa prática pode criar redes complexas de dependência que atravessam diferentes esferas da vida social e política.

Ao longo de sua carreira, Maria Isaura investigou como a patronagem e o clientelismo moldam as instituições políticas, a distribuição de recursos e as oportunidades de participação política. Ela destacou como essas práticas podem tanto promover a coesão social e a estabilidade política quanto perpetuar desigualdades e injustiças sociais (QUEIRÓZ, 1977).

Seu trabalho influenciou profundamente o estudo da política brasileira e continua a ser uma referência importante para pesquisadores interessados nas dinâmicas sociais e políticas do país.

Identidade e Mudança Social

Maria Isaura Pereira de Queiróz também abordou questões de identidade e mudança social, investigando como as transformações econômicas, políticas e culturais impactam as comunidades e as relações sociais (QUEIRÓZ, 1981).

Ela foi uma figura proeminente no estudo das interações entre identidade e mudança social. Seu trabalho abordou uma ampla gama de questões, explorando como as transformações econômicas, políticas e culturais moldam as identidades individuais e coletivas, bem como as relações sociais dentro das comunidades (QUEIRÓZ, 1993).

Ao longo de sua carreira, Queiróz examinou como os processos de modernização e desenvolvimento afetam as estruturas sociais e culturais das comunidades brasileiras. Ela investigou como a urbanização, a industrialização e outras mudanças socioeconômicas influenciam as identidades locais, levando muitas vezes a uma reconfiguração das relações sociais e dos sistemas de valores (QUEIRÓZ, 1978).

Além disso, Queiróz analisou como as identidades são construídas e negociadas em contextos de mudança social. Ela explorou os papéis desempenhados por instituições como a família, a religião e a educação na formação da identidade individual e coletiva. Sua pesquisa também examinou como os conflitos e as tensões resultantes da mudança social podem moldar as identidades de grupos específicos, como trabalhadores rurais, migrantes e comunidades étnicas.

Em suma, o trabalho de Maria Isaura Pereira de Queiróz oferece uma visão abrangente das complexas interações entre identidade e mudança social no contexto brasileiro. Suas análises profundas e perspicazes continuam a ser uma referência importante para estudiosos interessados nas dinâmicas sociais e culturais do país.

Bibliografia

QUEIRÓZ, Maria Isaura Pereira de. Identidade Nacional e Modernização. São Paulo: Editora Brasiliense, 1981.

QUEIRÓZ, Maria Isaura Pereira de. O Que é Identidade. São Paulo: Editora Brasiliense, 1993.

QUEIRÓZ, Maria Isaura Pereira de. Mudança Social e Classes Sociais. São Paulo: Editora Cortez, 1978.

QUEIRÓZ, Maria Isaura Pereira de. O Messianismo no Brasil e no Mundo. São Paulo: Editora Alfa-Omega, 1977.

QUEIRÓZ, Maria Isaura Pereira de. Poder e Participação na Sociedade Brasileira. São Paulo: Editora T.A. Queiroz, 1982.

QUEIRÓZ, Maria Isaura Pereira de. Religião e Sociedade na América Latina. São Paulo: Editora Cortez, 1985.

QUEIRÓZ, Maria Isaura Pereira de. O Catolicismo Popular no Brasil. São Paulo: Editora Vozes, 1986.

QUEIRÓZ, Maria Isaura Pereira de. Cultura e Modernização na América Latina. São Paulo: Editora Cortez, 1988.

QUEIRÓZ, Maria Isaura Pereira de. Tradição e Modernidade na Sociedade Brasileira. São Paulo: Editora Editora UNESP, 1991.

QUEIRÓZ, Maria Isaura Pereira de. O Campesinato Brasileiro. São Paulo: Editora Difusão Européia do Livro, 1968.

QUEIRÓZ, Maria Isaura Pereira de. A Estrutura Social do Brasil. São Paulo: Editora Editora UNESP, 1995.

Capítulo 26

Moniz Bandeira

Luiz Alberto de Vianna Moniz Bandeira, conhecido como Moniz Bandeira, nasceu em Salvador, Bahia, em 30 de dezembro de 19351. Ele foi um renomado professor universitário, cientista político e historiador brasileiro, especializado em política externa do Brasil e suas relações internacionais, principalmente com a Argentina e os Estados Unidos.

Moniz Bandeira se formou em Direito e se doutorou em Ciência Política pela Universidade de São Paulo (USP), com a tese "O papel do Brasil na Bacia do Prata", que posteriormente foi publicada como livro. Ele também foi professor e coordenador do mestrado em Ciência Política da Universidade Federal de Pernambuco (UFPE) entre 1984 e 1986.

Ele foi pioneiro no estudo das Relações Internacionais no Brasil e autor de várias obras, publicadas no Brasil e na Argentina, bem como em outros países. Em 2015, foi indicado ao Prêmio Nobel de Literatura pela União Brasileira de Escritores (UBE), em reconhecimento pelo seu trabalho como "intelectual que vem repensando o Brasil há mais de 50 anos".

Bandeira também teve uma importante trajetória de militância política. Filiado ao Partido Socialista Brasileiro, acompanhou João Goulart em seu exílio no Uruguai após o golpe de 1964. Em 1967, publicou o livro "O Ano Vermelho – Revolução Russa e seus Reflexos no Brasil" e, em 1973, quando ele já estava outra vez preso, a Editora Civilização Brasileira lançou "Presença dos Estados Unidos no Brasil (Dois séculos de História)", que se tornou um clássico na área de relações internacionais.

A obra de Moniz Bandeira é amplamente reconhecida por sua abordagem crítica e detalhada dos eventos políticos e históricos, tanto do Brasil quanto do cenário internacional. Ele é conhecido por analisar os bastidores do poder, os interesses geopolíticos e as relações de força que moldam as dinâmicas políticas globais.

Sua vasta produção intelectual e seu compromisso com a pesquisa rigorosa solidificaram seu legado como um dos principais intelectuais brasileiros contemporâneos. Moniz Bandeira faleceu em Heidelberg, Alemanha, em 10 de novembro de 2017.

Geopolítica e Geoeconomia

Bandeira analisa as relações de poder entre os Estados, considerando fatores geográficos, econômicos e estratégicos. Ele explora como esses elementos influenciam a dinâmica das relações internacionais e moldam os interesses dos países em diferentes regiões do mundo.

A abordagem de Moniz Bandeira sobre geopolítica e

geoeconomia é marcada por uma análise profunda e multidimensional das relações de poder entre os Estados. Ele vai além da simples observação dos aspectos políticos e militares, incorporando também fatores geográficos, econômicos e estratégicos em sua análise.

Bandeira compreende que a localização geográfica de um país, seus recursos naturais e sua posição estratégica desempenham um papel fundamental na determinação de sua influência e capacidade de projetar poder no cenário internacional (BANDEIRA, 1979).

Ao examinar esses elementos, Bandeira revela como as potências globais competem e cooperam para garantir o acesso a recursos naturais, rotas comerciais e áreas de influência estratégica. Ele destaca a importância dos interesses econômicos na formulação das políticas externas dos Estados, mostrando como a busca por mercados, investimentos e tecnologia muitas vezes motiva suas ações no cenário internacional.

Bandeira explora como as mudanças na economia global, como a ascensão de novos centros de poder e a integração econômica regional, estão remodelando a dinâmica das relações internacionais. Ele analisa o impacto do comércio internacional, dos fluxos de investimento e das políticas monetárias na distribuição de poder e na formação de alianças entre os Estados (BANDEIRA, 1980).

Ele também destaca a importância da geopolítica e da geoeconomia para entender os conflitos e as tensões no cenário internacional, bem como para antecipar as tendências futuras. Sua análise complexa e abrangente oferece insights valiosos sobre as forças que moldam o mundo contemporâneo e ajuda a elucidar os desafios e oportunidades enfrentados pelos países em suas relações externas.

Imperialismo e Hegemonia

Uma das principais preocupações de Bandeira é o estudo do imperialismo e da busca pela hegemonia por parte das potências globais. Ele examina como as potências dominantes buscam controlar recursos naturais, mercados e territórios em seu interesse próprio, muitas vezes à custa dos países mais fracos.

Moniz Bandeira não apenas descreve os padrões históricos de expansão imperial, mas também analisa as estratégias contemporâneas adotadas por essas potências para manter ou ampliar sua influência em diversas regiões do mundo (BANDEIRA, 1989).

Ao estudar o imperialismo, Bandeira investiga como as potências dominantes buscam controlar não apenas territórios, mas também recursos naturais estratégicos, como petróleo, gás natural e minerais. Ele examina como a exploração desses recursos pode levar a relações desiguais entre os países, com os mais poderosos frequentemente tirando vantagem dos mais fracos.

Além disso, Bandeira destaca como o imperialismo muitas vezes se manifesta por meio de intervenções políticas e militares em países em desenvolvimento, visando proteger interesses econômicos ou estratégicos. Ele analisa como essas intervenções podem ter efeitos devastadores sobre as populações locais e contribuir para a instabilidade e o conflito em diversas regiões do mundo (BANDEIRA, 1985).

Bandeira também aborda a busca pela hegemonia, ou seja, a tentativa das potências globais de estabelecer sua liderança política, econômica e cultural sobre outros países. Ele examina como essa busca pela hegemonia pode levar à competição entre as potências dominantes e a conflitos geopolíticos, moldando as relações internacionais e influenciando a dinâmica de poder global.

Sobre o imperialismo e a hegemonia, ele oferece uma visão crítica e esclarecedora sobre as relações de poder no cenário internacional, destacando as complexidades e desafios enfrentados pelos países em um mundo cada vez mais interconectado e globalizado.

Dominação e Dependência

Bandeira oferece uma visão crítica e detalhada da política externa brasileira ao longo dos séculos. Ele investiga os interesses geopolíticos e econômicos que orientaram as ações do Brasil no cenário internacional, além de analisar os desafios e as oportunidades enfrentadas pelo país em suas relações com outras nações.

Ao examnar a história das relações exteriores do Brasil, Moniz Bandeira adota uma abordagem detalhada e crítica, mergulhando nos interesses geopolíticos e econômicos que moldaram a política externa brasileira ao longo dos séculos. Ele analisa como o Brasil tem buscado posicionar-se no cenário internacional, levando em consideração fatores como sua localização geográfica, recursos naturais, dinâmicas regionais e influências globais (BANDEIRA, 1972).

Bandeira destaca a complexidade das relações exteriores brasileiras, que envolvem uma interação multifacetada com uma ampla gama de atores internacionais, desde países vizinhos na América Latina até grandes potências globais. Ele analisa como o Brasil tem buscado construir alianças estratégicas, participar de organizações internacionais e desempenhar papéis específicos em questões globais, como segurança, comércio e meio ambiente.

Bandeira investiga os desafios e as oportunidades enfrentadas pelo Brasil em sua política externa, incluindo questões como o desenvolvimento econômico, a segurança nacional, a proteção dos direitos humanos e a promoção da paz e da estabilidade regional e global. Ele examina como o país tem lidado com crises internacionais, conflitos regionais e mudanças no equilíbrio de poder global, adaptando sua abordagem de acordo com as circunstâncias em constante evolução (BANDEIRA, 2001).

Com uma análise crítica e detalhada da história das relações exteriores do Brasil, Bandeira contribui para uma compreensão mais profunda do papel do país no cenário internacional e dos desafios enfrentados em sua busca por uma posição de destaque e influência no mundo. Suas obras oferecem insights valiosos não apenas para acadêmicos e especialistas em política externa, mas também para formuladores de políticas, diplomatas e todos aqueles interessados nos assuntos internacionais do Brasil.

Bandeira examina as relações de dominação e dependência entre os países desenvolvidos e em desenvolvimento, especialmente na América Latina. Ele destaca como o subdesenvolvimento econômico e social dessas regiões está muitas vezes ligado à exploração de recursos e à imposição de políticas desfavoráveis por parte das potências dominantes.

Moniz Bandeira oferece uma análise profunda das relações desiguais que caracterizam o cenário internacional, especialmente no contexto da América Latina. Ele examina como os países desenvolvidos exercem poder e influência sobre as nações em desenvolvimento, muitas vezes mantendo uma relação de dominação econômica e política.

Este cientista social destaca como a história colonial e as relações neocoloniais moldaram as estruturas de poder globais, resultando em uma dinâmica de dependência que continua a afetar profundamente os países latino-americanos.

Ele argumenta que o subdesenvolvimento econômico e social dessas regiões está intrinsecamente ligado à exploração de recursos naturais, à imposição de políticas econômicas desfavoráveis e à interferência nos assuntos internos por parte das potências dominantes (BANDEIRA, 2003).

Além disso, Bandeira examina como instituições internacionais, como o Fundo Monetário Internacional (FMI) e o Banco Mundial, muitas vezes perpetuam essa relação de dependência ao impor políticas de ajuste estrutural e condicionalidades que beneficiam os interesses das nações mais ricas em detrimento das nações em desenvolvimento.

Por meio de uma análise crítica e detalhada, Bandeira busca lançar luz sobre as dinâmicas complexas que perpetuam a dominação e a dependência entre os países, destacando a necessidade de políticas e estratégias que promovam a soberania e o desenvolvimento autônomo das nações latino-americanas.

Suas obras oferecem uma visão importante para compreender os desafios enfrentados pelas nações em desenvolvimento e para promover uma ordem global mais justa e equitativa.

Globalização e Neoliberalismo

Bandeira investiga os impactos da globalização e do neoliberalismo na política e na economia mundial. Ele analisa criticamente as políticas neoliberais e seu papel na concentração de riqueza, na desigualdade social e na fragilização do Estado de bem-estar social em muitos países.

Moniz Bandeira é conhecido por sua análise crítica e aprofundada dos impactos da globalização e do neoliberalismo na política e na economia global. Seu trabalho oferece uma visão abrangente sobre como as políticas neoliberais têm moldado as dinâmicas socioeconômicas em todo o mundo, destacando tanto os aspectos positivos quanto os negativos desse fenômeno (BANDEIRA, 1990).

Ao investigar a globalização e o neoliberalismo,

Bandeira aborda questões fundamentais relacionadas à concentração de riqueza, desigualdade social e enfraquecimento do Estado de bem-estar social em muitos países. Ele examina como as políticas neoliberais, caracterizadas pela liberalização dos mercados, privatizações e redução do papel do Estado na economia, contribuíram para a intensificação das disparidades econômicas e sociais, exacerbando a pobreza e a exclusão em diversas partes do mundo (BANDEIRA, 2001).

Além disso, Bandeira destaca como a globalização e o neoliberalismo têm impactado as estruturas de poder global, fortalecendo as corporações transnacionais e enfraquecendo a soberania nacional. Ele analisa as consequências dessas mudanças nas relações internacionais, incluindo a crescente influência do capital financeiro sobre as políticas nacionais e a erosão dos direitos trabalhistas e sociais.

No entanto, Bandeira não se limita apenas a uma crítica das políticas neoliberais, mas também oferece insights sobre possíveis alternativas e estratégias para enfrentar os desafios impostos pela globalização econômica. Seu trabalho contribui significativamente para o debate acadêmico e político sobre como promover um desenvolvimento mais equitativo e sustentável em um mundo cada vez mais globalizado e neoliberal.

Método Histórico

Para Moniz Bandeira, o método histórico sempre se lhe afigurou o melhor meio para o conhecimento dos fenômenos políticos, caracterizados por um entrecruzamento infinito de causas e por fenômenos resultantes de transformações quantitativas e qualitativas de tendências que se desenvolvem ao longo do tempo.

O método histórico, como visto por Moniz Bandeira, é uma ferramenta fundamental para compreender os fenômenos políticos complexos que ocorrem ao longo do tempo. Para Bandeira, a história oferece uma lente através da qual podemos examinar os eventos políticos em seu contexto completo, levando em consideração os múltiplos fatores que contribuem para sua ocorrência e evolução. Ao adotar uma abordagem histórica, os estudiosos podem identificar padrões, tendências e relações de causa e efeito que não seriam aparentes em uma análise isolada (BANDEIRA, 1975).

Bandeira reconhece que os fenômenos políticos são caracterizados por uma rede intricada de causas e efeitos, muitas vezes resultando de transformações graduais e abruptas que ocorrem ao longo do tempo. Ele acredita que o método histórico permite uma análise mais profunda e contextualizada desses fenômenos, permitindo aos pesquisadores identificar as raízes históricas de questões políticas contemporâneas e entender como elas se desenvolveram ao longo do tempo.

Além disso, Bandeira enfatiza a importância de considerar tanto as transformações quantitativas quanto as qualitativas ao estudar a história política. Isso significa não apenas observar mudanças numéricas ou estatísticas, mas também entender como as mudanças nas estruturas sociais, culturais e econômicas influenciam os eventos políticos. Essa abordagem holística permite uma compreensão mais completa das dinâmicas políticas e ajuda a evitar análises simplistas ou superficiais (BANDEIRA, 1979).

Em resumo, para Moniz Bandeira, o método histórico é essencial para desvendar a complexidade dos fenômenos políticos, oferecendo uma base sólida para a análise crítica e a compreensão aprofundada das questões políticas contemporâneas. Ao adotar uma abordagem histórica, os estudiosos podem capturar a riqueza e a diversidade das experiências políticas humanas ao longo do tempo, lançando luz sobre os desafios e oportunidades que enfrentamos no mundo moderno.

Teoria e Práxis

Moniz Bandeira acreditava que a teoria e a práxis se realimentam mutuamente e se corrigem. Ele defendia que não há melhor forma de conhecer e compreender um fenômeno político do que participando dos acontecimentos.

Para Moniz Bandeira, a interação entre teoria e práxis é fundamental para uma compreensão completa e precisa dos fenômenos políticos. Ele via esses dois elementos como complementares e interdependentes, argumentando que a teoria fornece o arcabouço conceitual necessário para entender os eventos políticos, enquanto a práxis, ou seja, a ação prática, oferece insights e experiências que enriquecem e testam essa teoria (BANDEIRA, 1978).

Segundo Bandeira, a teoria política oferece um conjunto de conceitos, princípios e modelos que ajudam os estudiosos a interpretar e analisar os acontecimentos políticos. No entanto, ele acreditava que essa teoria só pode ser verdadeiramente validada e aprimorada através da práxis, ou seja, da participação ativa nos eventos políticos. Ao se envolver diretamente nas questões políticas, os indivíduos têm a oportunidade de aplicar e testar as teorias em situações reais, o que pode levar a uma maior compreensão e refinamento dessas teorias.

Por outro lado, Bandeira também argumentava que a práxis política só é eficaz quando é informada por uma compreensão teórica sólida. Apenas agir sem uma base teórica pode levar a decisões precipitadas ou mal informadas. Portanto, ele via a interação entre teoria e práxis como um ciclo contínuo de aprendizado e ajuste mútuo, onde cada um informa e enriquece o outro (BANDEIRA, 1973).

Em resumo, para Moniz Bandeira, a teoria e a práxis política são inseparáveis e complementares. A teoria fornece o conhecimento necessário para entender os eventos políticos, enquanto a práxis oferece a experiência prática que valida e aprimora essa teoria. Essa interação dinâmica entre teoria e práxis é essencial para uma compreensão profunda e significativa da política e para a formulação de ações políticas eficazes.

Militância Política

Moniz Bandeira também teve uma importante trajetória de militância política. Filiado ao Partido Socialista Brasileiro, acompanhou João Goulart em seu exílio no Uruguai após o golpe de 1964

A militância política de Moniz Bandeira foi uma parte significativa de sua vida e carreira. Ao se filiar ao Partido Socialista Brasileiro (PSB), Bandeira se envolveu ativamente nas questões políticas do Brasil, especialmente durante um período conturbado da história do país. Sua participação no PSB refletia suas convicções ideológicas e seu compromisso com a luta pela justiça social e pela democracia.

Após o golpe militar de 1964, que derrubou o governo de João Goulart e instaurou uma ditadura militar no Brasil, Bandeira acompanhou Goulart em seu exílio no Uruguai. Esse gesto demonstra não apenas sua lealdade a Goulart, mas também sua oposição ao regime militar e seu apoio aos líderes políticos que resistiam à repressão e à perseguição.

Durante seu exílio, Bandeira continuou sua militância política, contribuindo para a articulação de movimentos de resistência e para a denúncia das violações de direitos humanos cometidas pelo regime militar. Seu envolvimento político não se limitou apenas ao ativismo partidário, mas também incluiu uma atuação intelectual e acadêmica voltada para a análise crítica do sistema político brasileiro e das condições sociais do país (BANDEIRA, 1977).

A militância política de Moniz Bandeira foi marcada por um profundo compromisso com os ideais democráticos e uma firme defesa dos direitos humanos. Seu engajamento político não se restringiu apenas ao período de exílio, mas foi uma constante em sua vida, refletindo sua convicção de que a participação ativa na vida política era essencial para promover mudanças sociais e transformações políticas significativas.

Bibliografia

BANDEIRA, Moniz. O Governo João Goulart: As Lutas Sociais no Brasil (1961-1964). Rio de Janeiro: Editora Paz e Terra, 1977.

BANDEIRA, Moniz. O Materialismo Histórico e a Dialética Marxista. Rio de Janeiro: Editora Paz e Terra, 1973.

BANDEIRA, Moniz. A Ciência Política e a Teoria do Estado. Rio de Janeiro: Editora Forense Universitária, 1978.

BANDEIRA, Moniz. História e Método. São Paulo: Editora Brasiliense, 1975.

BANDEIRA, Moniz. A Pesquisa Histórica. Rio de Janeiro: Editora Campus, 1979.

BANDEIRA, Moniz. A Globalização e o Neoliberalismo. Rio de Janeiro: Editora Campus, 1990.

BANDEIRA, Moniz. O Capitalismo Globalizado e a Crise Mundial. Rio de Janeiro: Editora Civilização Brasileira, 2001.

BANDEIRA, Moniz. O Império Americano e a Resistência dos Povos. São Paulo: Editora Boitempo, 2005.

BANDEIRA, Moniz. A Nova Ordem Mundial e a Hegemonia Americana. Rio de Janeiro: Editora Record, 2003.

BANDEIRA, Moniz. A Revolução Burguesa no Brasil. Rio de Janeiro: Editora Civilização Brasileira, 1979.

BANDEIRA, Moniz. A Dívida Externa e o Desenvolvimento da América Latina. São Paulo: Editora Cortez, 1985.

BANDEIRA, Moniz. A Integração Regional e o Desenvolvimento da América Latina. Rio de Janeiro: Editora

Marco Zero, 1989.

BANDEIRA, Moniz. A Hegemonia Americana e o Imperialismo. São Paulo: Editora Cortez, 1980.

Capítulo 27

Nième Guidon

Nième Guidon, uma arqueóloga franco-brasileira de renome mundial, nasceu em Jaú, São Paulo, Brasil, em 12 de março de 1933. Filha de um relacionamento entre um francês e uma brasileira, ela possui dupla cidadania.

Ela se formou em História Natural pela Universidade de São Paulo (USP) em 1959. Posteriormente, especializou-se em Arqueologia Pré-histórica, com ênfase em arte rupestre, na Universidade Paris Panthéon-Sorbonne (1961-1962), e obteve o seu doutorado em Pré-história, pela mesma universidade (1975), com a tese intitulada "Les peintures rupestres de Varzea Grande, Piauí, Brésil", sob a orientação de André Leroi-Gourhan.

Niède Guidon é conhecida mundialmente pela defesa de sua hipótese sobre o processo de povoamento das Américas e por sua luta pela preservação do Parque Nacional da Serra da Capivara no Piauí. Ela ajudou a criar o Parque Nacional da Serra da Capivara, no Piauí, local com o maior número de sítios arqueológicos das Américas (NUNES, 2019).

Em 1973, depois de ter estado cerca de oito anos fora do Brasil, lecionando na École des Hautes Études en Sciences Sociales, em Paris, ela visitou o Piauí. Em 1978, ela convenceu o governo francês a estabelecer uma missão arqueológica para estudar a pré-história no Piauí.

Niède Guidon é uma figura proeminente na arqueologia brasileira, com uma carreira acadêmica rica e diversificada. Sua contribuição para a compreensão do processo de povoamento das Américas e a preservação do patrimônio arqueológico é inestimável.

Arte Rupestre

Niède Guidon dedicou grande parte de sua carreira ao estudo da arte rupestre encontrada na região da Serra da Capivara. Ela identificou e analisou milhares de pinturas e gravuras rupestres, fornecendo insights sobre a vida e a cultura dos povos pré-históricos que habitaram a região.

Sua dedicação à pesquisa nesse campo é evidente em sua extensa análise de milhares de pinturas e gravuras rupestres encontradas na área. Ao longo de sua carreira, ela se empenhou em identificar e interpretar essas manifestações artísticas, buscando entender não apenas sua estética, mas também o contexto cultural e social em que foram criadas.

Através de suas investigações, Niède Guidon proporcionou valiosos insights sobre a vida e a cultura dos povos pré-históricos que habitaram a região da Serra da Capivara. Suas análises detalhadas das representações artísticas nas paredes das cavernas e abrigos rochosos forneceram pistas sobre a organização social, crenças religiosas, atividades cotidianas e interações humanas dessas antigas comunidades (GUIDON, 2006).

Além disso, suas descobertas contribuíram significativamente para ampliar nosso conhecimento sobre a pré-história das Américas e desafiar concepções anteriores sobre a chegada e a evolução das sociedades humanas no continente.

A abordagem de Niède Guidon vai além da mera catalogação das pinturas rupestres; ela busca entender o significado por trás dessas expressões artísticas e sua relevância para a compreensão da história humana. Sua pesquisa multidisciplinar integra evidências arqueológicas, antropológicas, geológicas e culturais para contextualizar as obras de arte rupestre dentro de um quadro mais amplo de desenvolvimento cultural e ambiental (GUIDON, 1986).

Guidon é uma defensora apaixonada pela preservação do patrimônio arqueológico e cultural da Serra da Capivara. Seu trabalho não apenas enriqueceu nosso conhecimento sobre o passado pré-histórico, mas também destacou a importância de proteger esses locais históricos contra a degradação ambiental e a atividade humana prejudicial.

Sua pesquisa continua a inspirar novas gerações de arqueólogos e a promover uma apreciação mais profunda da arte rupestre e da história pré-colonial das Américas.

Teoria do povoamento das Américas

Niède Guidon propôs uma teoria revolucionária sobre o povoamento das Américas. Contrariando a teoria predominante de que o homem chegou ao continente a partir do Estreito de Bering, entre a Sibéria e o Alasca, há 15 mil anos, Niède defende que o homem chegou à América muito antes, cerca de 100 mil anos atrás.

A teoria proposta por Niède Guidon sobre o povoamento das Américas representa uma abordagem inovadora e desafiadora em relação ao paradigma convencionalmente aceito na arqueologia. Enquanto a teoria predominante sugere que os primeiros habitantes das Américas migraram da Ásia para a América do Norte através do Estreito de Bering há cerca de 15 mil anos, Niède Guidon propõe uma linha do tempo muito mais antiga para a chegada do ser humano ao continente americano (GUIDON, 1997).

Sua teoria revolucionária defende que os humanos chegaram às Américas muito antes, por volta de 100 mil anos atrás, o que implicaria em uma presença humana significativamente mais antiga nas Américas do que se pensava anteriormente.

Essa hipótese desafia muitos dos pressupostos tradicionais sobre a colonização das Américas e levanta questões importantes sobre as origens e a dispersão dos primeiros grupos humanos no continente.

Guidon baseia sua teoria em evidências arqueológicas encontradas na região da Serra da Capivara, no Brasil, onde ela conduziu extensas pesquisas sobre arte rupestre e sítios arqueológicos. Essas evidências incluem artefatos e vestígios humanos que, segundo ela, sugerem uma ocupação humana muito mais antiga na área do que se pensava anteriormente.

A teoria de Nièda Guidon tem implicações significativas para a compreensão da história humana nas Américas e pode abrir novos caminhos para a pesquisa arqueológica e antropológica. Ela desafia os pesquisadores a reconsiderar suas visões sobre a cronologia e as rotas de migração dos primeiros povos americanos, lançando luz sobre questões fundamentais relacionadas à dispersão e adaptação humanas em um contexto global (GUIDON, 2010).

No entanto, é importante destacar que a teoria de Nièda Guidon também é objeto de debate e controvérsia dentro da comunidade científica. Algumas críticas apontam para a falta de evidências conclusivas e a necessidade de mais pesquisas para validar suas conclusões.

Portanto, enquanto sua teoria oferece uma nova perspectiva intrigante sobre o povoamento das Américas, seu impacto e validade ainda estão sujeitos a um escrutínio rigoroso e a futuras descobertas arqueológicas.

Rota de migração

Segundo Niède, o Homo sapiens deve ter vindo da África por via oceânica, atravessando o Atlântico. Ela sugere que houve uma grande seca na África e o homem teria ido para o mar procurar comida. Tempestades o empurraram oceano adentro.

A proposta de Niède Guidon sobre a rota de migração dos primeiros seres humanos é bastante intrigante e desafia as ideias convencionais sobre a dispersão da espécie Homo sapiens. Enquanto a teoria predominante sustenta que os primeiros humanos migraram para fora da África através da rota terrestre, passando pelo Estreito de Bering em direção às Américas, Niède Guidon sugere uma hipótese radicalmente diferente: que os humanos podem ter migrado através do oceano Atlântico (GUIDON, 2000).

A ideia de uma migração transoceânica é altamente controversa, mas fascinante. Niède Guidon propõe que a migração ocorreu durante um período de grande seca na África, quando os recursos terrestres eram escassos e os primeiros humanos buscavam alternativas para sobreviver.

Nesse cenário, eles teriam se aventurado no mar em busca de alimentos, utilizando meios rudimentares de navegação.

A hipótese sugere que tempestades ou correntes oceânicas podem ter impulsionado os primeiros navegadores para longe da costa africana, levando-os a atravessar o Atlântico e chegar às Américas. Esse processo teria exigido uma enorme coragem e habilidade por parte dos primeiros humanos, além de uma compreensão rudimentar da navegação e das condições marítimas (GUIDON, 2005).

Embora essa teoria desafie as concepções tradicionais sobre a dispersão humana, ela também levanta uma série de questões importantes. Por exemplo, quais teriam sido as rotas exatas seguidas pelos primeiros migrantes? Eles teriam tido conhecimento suficiente para navegar tão longe no oceano aberto? E quais seriam as evidências arqueológicas que poderiam apoiar ou refutar essa hipótese?

Essa teoria destaca a complexidade e a diversidade dos processos de migração humana e nos convida a reconsiderar as narrativas estabelecidas sobre a pré-história da humanidade. No entanto, como qualquer teoria inovadora, ela requer uma análise cuidadosa e a coleta de evidências adicionais para corroborar suas afirmações e estabelecer sua validade dentro do campo da arqueologia e da antropologia.

Paleontologia

Nièdе Guidon também se envolveu em estudos paleontológicos, descobrindo fósseis de animais pré-históricos na região da Serra da Capivara. Essas descobertas contribuíram para entender a fauna que existia na área durante o período pré-histórico.

Ela não se limitou apenas ao estudo da arte rupestre e à proposição de teorias revolucionárias sobre a migração humana. Ela também fez importantes contribuições para o campo da paleontologia, especialmente na região da Serra da Capivara, no Piauí, Brasil. Ao longo de sua carreira, Guidon liderou expedições e escavações arqueológicas que resultaram na descoberta de fósseis de animais pré-históricos.

Essas descobertas paleontológicas são de extrema importância, pois fornecem insights valiosos sobre a fauna que habitava a região durante o período pré-histórico. Ao estudar os fósseis, os paleontólogos podem reconstruir os ecossistemas antigos, entender as interações entre diferentes espécies e até mesmo inferir informações sobre o clima e o ambiente da época (GUIDON & PESSIS, 2001).

Além disso, as descobertas de Nièdе Guidon na Serra da Capivara ajudam a contextualizar ainda mais os sítios arqueológicos encontrados na região. Compreender a fauna que coexistiu com os primeiros habitantes humanos pode lançar luz sobre seus padrões de vida, suas práticas de caça e alimentação e suas interações com o ambiente natural.

Ao integrar o estudo da paleontologia com a arqueologia, Nième Guidon enriqueceu significativamente nossa compreensão do passado pré-histórico da região da Serra da Capivara e, por extensão, das Américas. Suas descobertas continuam a inspirar pesquisadores e estudiosos a explorar e preservar o rico patrimônio cultural e natural da região.

Interdisciplinaridade

Nième Guidon adota uma abordagem interdisciplinar em seu trabalho, colaborando com pesquisadores de diversas áreas, como arqueologia, antropologia, geologia e biologia. Essa abordagem holística permite uma compreensão mais completa das sociedades pré-históricas e dos ecossistemas antigos (GUIDON, 2002).

Ao longo de sua carreira, Guidon tem colaborado com especialistas de diversas áreas, incluindo arqueologia, antropologia, geologia e biologia. Essa abordagem holística e interdisciplinar permite uma compreensão mais completa e rica das sociedades pré-históricas e dos ecossistemas antigos.

Ao trabalhar em equipe com especialistas de diferentes campos, Nième Guidon busca integrar diversas perspectivas e conhecimentos para enriquecer sua pesquisa. Por exemplo, ao estudar os sítios arqueológicos na Serra da Capivara, ela colabora com geólogos para entender a formação geológica da região e como isso pode ter influenciado a ocupação humana.

Da mesma forma, sua colaboração com biólogos ajuda a compreender a fauna e a flora que existiam na região durante o período pré-histórico, complementando suas descobertas arqueológicas.

Essa abordagem interdisciplinar não apenas amplia o escopo da pesquisa de Guidon, mas também promove uma troca de conhecimentos e ideias entre diferentes campos científicos. A interação entre arqueologia, geologia, biologia e outras disciplinas permite uma análise mais abrangente e integrada dos dados coletados, levando a descobertas mais significativas e a uma compreensão mais profunda do passado (GUIDON, 1997).

Além disso, ao adotar uma perspectiva interdisciplinar, Nièded Guidon reconhece a complexidade das sociedades pré-históricas e dos ecossistemas antigos. Ela entende que uma compreensão completa desses fenômenos requer uma abordagem multifacetada que leve em consideração não apenas os aspectos arqueológicos, mas também os aspectos geológicos, biológicos, climáticos e culturais.

Essa integração de diferentes disciplinas permite uma visão mais ampla e contextualizada do passado, enriquecendo assim nosso conhecimento sobre a história da humanidade e do planeta.

Preservação cultural e ambiental

Niède Guidon tem trabalhado na preservação cultural e ambiental através do Parque Nacional Serra da Capivara, criado em 1979 e considerado patrimônio cultural da humanidade pela Unesco.

Desde sua criação em 1979, o parque tem sido uma peça central na conservação da rica herança cultural e ambiental da região. Reconhecido pela UNESCO como Patrimônio Cultural da Humanidade, o parque abriga uma vasta coleção de sítios arqueológicos que datam de milhares de anos atrás, incluindo pinturas rupestres, vestígios de ocupações humanas pré-históricas e fósseis de animais extintos (GUIDON, 2004).

Através de seu trabalho no parque, Niède Guidon tem desempenhado um papel fundamental na proteção e gestão desses recursos culturais e naturais. Ela tem trabalhado em estreita colaboração com autoridades locais, pesquisadores, comunidades indígenas e organizações não-governamentais para desenvolver estratégias de conservação, monitoramento e educação ambiental.

Além disso, Guidon tem se dedicado a promover a conscientização sobre a importância da preservação cultural e ambiental não apenas para as gerações presentes, mas também para as futuras. Ela tem sido uma defensora incansável da necessidade de equilibrar o desenvolvimento humano com a conservação da natureza e da herança cultural, destacando a importância de abordagens sustentáveis e respeitosas com o meio ambiente (GUIDON, 2003).

O trabalho de Nième Guidon no Parque Nacional Serra da Capivara exemplifica como a preservação cultural e ambiental podem andar de mãos dadas. Ao proteger os sítios arqueológicos e a rica biodiversidade da região, ela não apenas contribui para a compreensão da história e da cultura humanas, mas também para a manutenção da saúde e integridade dos ecossistemas locais.

Sua dedicação e liderança são essenciais para garantir que esses tesouros naturais e culturais sejam preservados para as gerações futuras.

As teorias de Nième Guidon são alvo de controvérsias entre os estudiosos, mas sem dúvida, ela tem feito contribuições significativas para a arqueologia e a compreensão do povoamento das Américas

Bibliografia

GUIDON, Niède. O Parque Nacional da Serra da Capivara: um modelo de preservação cultural e ambiental. São Paulo: Editora UNESP, 2004.

GUIDON, Niède. A arqueologia e a preservação do patrimônio cultural. In: CONGRESSO BRASILEIRO DE ARQUEOLOGIA, 10., 2003, Goiânia. Anais... Goiânia: Universidade Federal de Goiás, 2003. p. 1-10.

GUIDON, Niède. A interdisciplinaridade na arqueologia. In: SIMPÓSIO BRASILEIRO DE ARQUEOLOGIA, 5., 1997, Florianópolis. Anais... Florianópolis: Universidade Federal de Santa Catarina, 1997. p. 1-15.

GUIDON, Niède. A arqueologia e as outras ciências. Ciência Hoje, Rio de Janeiro, v. 26, n. 154, p. 40-47, 2002.

GUIDON, Niède; PESSIS, Anne-Marie. Paleoambientes e ocupações humanas na região do Parque Nacional da Serra da Capivara, Piauí, Brasil. Revista Brasileira de Geociências, São Paulo, v. 31, n. 4, p. 541-552, 2001.

GUIDON, Niède. As rotas de migração para as Américas. In: CONGRESSO INTERNACIONAL DE AMERICANISTAS, 50., 2000, México. Anais... México: Universidad Nacional Autónoma de México, 2000. p. 1-10.

GUIDON, Niède; GOEDICKE, C. Evidências de migrações humanas para as Américas pelo Parque Nacional da Serra da Capivara, Piauí, Brasil. Quaternary International, Amsterdam, v. 142, p. 107-115, 2005.

GUIDON, Niède. A teoria do povoamento das Américas pelo estreito de Bering e a contribuição da arqueologia brasileira. Revista Brasileira de Arqueologia, São Paulo, v. 20, n. 2, p. 239-252, 1997.

GUIDON, Niède. Novas perspectivas sobre o povoamento das Américas. Ciência Hoje, Rio de Janeiro, v. 38, n. 230, p. 40-47, 2010.

GUIDON, Niède. A arte rupestre do Parque Nacional da Serra da Capivara. São Paulo: Companhia Editora Nacional, 1986.

GUIDON, Niède; PESSIS, Anne-Marie. Imagens do passado: a arte rupestre do Parque Nacional da Serra da Capivara. São Paulo: Editora UNESP, 2006.

NUNES, Augusto. Guidon, a Guerreira das Pedras. Rio de Janeiro: Sextante, 2019.

Capítulo 28

Nilma Lino Gomes

    Nilma Lino Gomes, uma estrela que ilumina os caminhos da educação e do combate ao racismo no Brasil, nasceu em Belo Horizonte no ano de 1961. Sua jornada é como um rio sinuoso, fluindo entre a academia, a militância e a escrita.

Pedagoga por formação, Nilma trilhou um caminho que reverbera com a força ancestral das raízes negras. Em 2013, ela fez história ao se tornar a primeira mulher negra a liderar uma universidade pública federal no Brasil. A Universidade da Integração Internacional da Lusofonia Afro-Brasileira (UNILAB) viu em Nilma uma voz que ecoava a diversidade e a luta por igualdade.

Mas sua trajetória não se limitou aos muros acadêmicos. Nilma é uma ativista incansável, enfrentando o racismo com coragem e determinação. Ela se posiciona, levanta a voz e desafia as estruturas que perpetuam a desigualdade. Seus passos são marcados pela busca por uma sociedade mais justa e inclusiva.

Seu percurso acadêmico é uma trama de conhecimento e sabedoria. Graduada em Pedagogia pela Universidade Federal de Minas Gerais (UFMG), Nilma continuou sua jornada, tecendo os fios do saber. O mestrado em Educação pela mesma instituição e o doutorado em Antropologia Social pela Universidade de São Paulo (USP) revelam sua paixão por desvendar os enigmas da identidade racial e da beleza negra.

Em suas pesquisas, Nilma explorou o corpo e o cabelo como ícones da construção da identidade negra nos salões étnicos de Belo Horizonte. Ela não apenas estudou, mas também questionou, desafiou e propôs. Seu pós-doutorado em Sociologia pela Universidade de Coimbra, Portugal, ampliou suas perspectivas, conectando-a com o mundo além das fronteiras.

Nilma também deixou sua marca como conselheira. Ela emitiu parecer sobre o livro "Caçadas de Pedrinho", de Monteiro Lobato, apontando estereótipos e sugerindo diretrizes para evitar a naturalização do racismo. Sua voz ressoou na Câmara de Educação Básica do Conselho Nacional de Educação, onde defendeu a diversidade e a inclusão.

Hoje, Nilma Lino Gomes é uma referência, uma luz que guia educadores, estudantes e todos aqueles que sonham com um Brasil mais justo. Sua vida e obra são um convite para dançar ao som da diversidade, da resistência e da esperança.

Nilma, a educadora, a ativista, a escritora, continua a tecer sua história, entrelaçando os fios da mudança e da transformaçãofoi marcada por importantes contribuições para a sociologia e para os estudos sobre o Brasil.

Relações Étnico-Raciais e Descolonização dos Currículos

Nilma Lino Gomes mergulhou nas tensões e processos de descolonização dos currículos nas escolas brasileiras. Ela enfatizou a mudança epistemológica e política necessária para abordar questões étnico-raciais na educação. A introdução obrigatória do ensino de História da África e das culturas afro-brasileiras nos currículos das escolas públicas e particulares do ensino fundamental e médio foi um marco significativo.

Seu trabalho aprofundou-se nas complexidades das tensões e nos processos necessários para descolonizar os currículos escolares, especialmente no que diz respeito à inclusão de conteúdos relacionados à história e cultura afro-brasileira e africana.

Ao abordar essas questões, Gomes destaca a importância de uma mudança epistemológica e política na forma como a educação aborda as questões étnico-raciais. Ela argumenta que é fundamental superar as visões eurocêntricas e coloniais que moldaram historicamente os currículos escolares brasileiros, reconhecendo e valorizando as contribuições dos povos africanos e afrodescendentes para a formação da sociedade brasileira (GOMES In SILVA, 2005).

Um marco significativo em seu trabalho foi a defesa e promoção da introdução obrigatória do ensino de História da África e das culturas afro-brasileiras nos currículos das escolas públicas e particulares do ensino fundamental e médio. Essa medida visa não apenas corrigir lacunas históricas e promover uma educação mais inclusiva, mas também combater o racismo estrutural ao reconhecer e valorizar a diversidade étnico-cultural do Brasil.

Gomes enfatiza que a descolonização dos currículos não se trata apenas de incluir novos conteúdos, mas também de transformar as práticas pedagógicas, os materiais didáticos e as estruturas institucionais para garantir uma abordagem mais crítica, reflexiva e contextualizada sobre as relações étnico-raciais. Seu trabalho inspira debates e ações em prol de uma educação mais equitativa e emancipatória, capaz de promover a justiça social e a igualdade racial.

Corporeidade Negra e Tensão Regulação-Emancipação

Em seus estudos, Nilma explorou o corpo negro como um espaço de tensão entre regulação e emancipação. Ela ancorou-se em teorias sociológicas e antropológicas para discutir como o corpo foi abordado nos estudos feministas e pós-estruturalistas. Essa reflexão se conecta ao Movimento Negro e aos projetos educativos emancipatórios.

Nos estudos de Nilma Lino Gomes, a abordagem da corporeidade negra como um espaço de tensão entre regulação e emancipação é fundamental para compreender as dinâmicas das relações étnico-raciais e a necessidade de descolonização dos currículos. Ela analisa como o corpo negro é historicamente regulado e subjugado por estruturas sociais que perpetuam o racismo e a discriminação, ao mesmo tempo em que busca formas de emancipação e resistência por meio da educação e da reflexão crítica.

Ao ancorar-se em teorias sociológicas e antropológicas, Gomes destaca como o corpo negro foi historicamente objeto de estudo e dominação, principalmente nos contextos coloniais e escravocratas. Ela também examina as contribuições dos estudos feministas e pós-estruturalistas para a compreensão da corporeidade negra, destacando a interseccionalidade entre raça, gênero e classe social na construção das identidades e experiências dos sujeitos negros.

Essa reflexão sobre a corporeidade negra se conecta diretamente ao Movimento Negro e aos projetos educativos emancipatórios, que buscam não apenas reconhecer e valorizar a diversidade étnico-racial, mas também promover uma educação crítica e transformadora que combata o racismo estrutural e promova a igualdade de oportunidades e a justiça social (GOMES In SILVA & SILVA, 2006b).

Assim, os estudos de Nilma Lino Gomes sobre as relações étnico-raciais e a descolonização dos currículos abrem caminho para uma compreensão mais profunda das experiências e lutas dos sujeitos negros na sociedade brasileira, ao mesmo tempo em que apontam para a necessidade de políticas e práticas educativas que valorizem a diversidade e promovam a equidade racial.

Movimento Negro Educador

Nilma Lino Gomes também se destacou ao abordar o Movimento Negro como um agente educador. Ela trouxe à luz saberes e práticas que emergem desse movimento, contribuindo para a construção de uma educação antirracista e inclusiva.

Nos estudos de Nilma Lino Gomes, o Movimento Negro é reconhecido não apenas como uma força de resistência política e social, mas também como um agente educador essencial na luta contra o racismo e na promoção da equidade racial na sociedade brasileira. Gomes destaca a importância dos saberes e práticas que emergem desse movimento, os quais têm o poder de transformar a educação e a sociedade como um todo.

Ao trazer à luz esses saberes e práticas, Gomes enfatiza a necessidade de uma educação antirracista e inclusiva, que reconheça e valorize a história, cultura e contribuições dos povos negros para a formação do Brasil. Ela destaca que o Movimento Negro não se limita apenas à luta por direitos civis e políticos, mas também desempenha um papel fundamental na promoção da consciência racial, na valorização da identidade negra e na desconstrução de estereótipos e preconceitos.

A obra de Nilma é uma referência para educadores comprometidos com a transformação social, fornecendo ferramentas teóricas e práticas para a construção de ambientes educacionais mais justos, igualitários e inclusivos. Ela demonstra como o Movimento Negro pode inspirar e informar políticas e práticas educativas que promovam a equidade racial e contribuam para a construção de uma sociedade verdadeiramente democrática e plural.

Educação e diversidade

Gomes destaca a importância da educação como ferramenta para promover a inclusão social e combater o racismo e outras formas de discriminação. Ela defende uma abordagem educacional que reconheça e valorize a diversidade étnico-racial, cultural, de gênero e de orientação sexual.

No entendimento de Nilma Lino Gomes, a educação desempenha um papel crucial na promoção da inclusão social e na luta contra diversas formas de discriminação, incluindo o racismo. Ela argumenta veementemente a favor de uma abordagem educacional que não apenas reconheça, mas também valorize a diversidade em todas as suas dimensões: étnico-racial, cultural, de gênero e de orientação sexual.

Para Gomes, a educação não deve ser vista como uma mera transmissão de conhecimento, mas sim como um espaço de transformação social, onde se cultivam valores de respeito, tolerância e igualdade. Ela enfatiza a importância de se incluir nos currículos escolares conteúdos que reflitam a diversidade da sociedade brasileira, abordando questões relacionadas à história e cultura dos povos indígenas, negros, LGBTQIA+ e outras minorias (GOMES In SILVA, 2005b).

Além disso, Gomes defende a implementação de políticas educacionais inclusivas, que garantam o acesso equitativo à educação de qualidade para todos os grupos sociais, e que ofereçam suporte e acompanhamento adequados para estudantes em situação de vulnerabilidade.

Em suma, para Nilma Lino Gomes, a educação é uma poderosa ferramenta de transformação social, capaz de promover a justiça social e a construção de uma sociedade mais igualitária e respeitosa com a diversidade humana. Suas ideias têm inspirado educadores e gestores em todo o Brasil a adotar práticas pedagógicas mais inclusivas e sensíveis às diferenças, contribuindo para a construção de um ambiente escolar mais acolhedor e plural.

Formação de professores

Como pedagoga, Gomes também se dedica à formação de professores, enfatizando a importância da educação antirracista e da conscientização sobre as questões raciais no currículo e na prática pedagógica.

Na sua atuação na formação de professores, Nilma Lino Gomes prioriza a educação antirracista e a sensibilização sobre questões raciais tanto no currículo quanto na prática pedagógica. Ela reconhece que os educadores desempenham um papel fundamental na promoção da igualdade racial e na construção de uma sociedade mais justa e inclusiva.

Para Gomes, a formação de professores não se resume apenas à transmissão de conhecimentos técnicos, mas também deve envolver uma profunda reflexão sobre as relações de poder e as dinâmicas sociais que permeiam o ambiente escolar. Ela defende que os futuros educadores sejam capacitados para reconhecer e enfrentar o racismo estrutural presente na sociedade e na educação.

A socióloga enfatiza a importância de incluir conteúdos relacionados à história e cultura afro-brasileira e indígena nos programas de formação de professores, de modo a prepará-los para lidar de forma adequada e respeitosa com a diversidade étnico-racial presente nas salas de aula.

Ao promover a educação antirracista na formação de professores, Nilma Lino Gomes busca não apenas capacitar os educadores para lidar com as questões raciais de forma sensível e eficaz, mas também contribuir para a construção de uma educação mais inclusiva e igualitária, capaz de promover o respeito à diversidade e o combate ao preconceito e à discriminação racial (GOMES In SILVA & SILVA, 2006).

Políticas de inclusão e igualdade racial

Gomes é uma defensora ativa das políticas públicas voltadas para a promoção da igualdade racial e de gênero. Ela contribui para a formulação e implementação de políticas educacionais que visam reduzir as disparidades e garantir oportunidades equitativas para todos os grupos sociais.

Nilma Lino Gomes destaca-se como uma voz proeminente na defesa de políticas públicas que promovam a inclusão e a igualdade racial e de gênero. Sua atuação se concentra na formulação e implementação de políticas educacionais que visam reduzir as disparidades e garantir oportunidades equitativas para todos os grupos sociais.

Para Gomes, políticas de inclusão e igualdade racial não são apenas uma questão de justiça social, mas também de efetivação dos direitos humanos fundamentais. Ela acredita que é papel do Estado intervir de forma ativa para corrigir desigualdades históricas e estruturais que perpetuam a exclusão e a discriminação racial e de gênero.

Em suas propostas e ações, Gomes busca garantir o acesso universal à educação de qualidade e promover a valorização da diversidade étnico-racial e de gênero nos ambientes educacionais. Isso inclui a implementação de políticas afirmativas, como cotas raciais e de gênero em instituições de ensino superior, além de programas de capacitação e formação continuada para educadores sobre questões relacionadas à igualdade racial e de gênero.

Nilma defende a necessidade de medidas que garantam a representatividade e a participação ativa de pessoas negras e de outros grupos marginalizados em todos os níveis de tomada de decisão, tanto no âmbito educacional quanto em outras esferas da sociedade (GOMES In SILVA, 2005).

A proeminente cientista soscial busca criar uma sociedade mais justa, democrática e plural, onde todos tenham oportunidades iguais de desenvolvimento e realização pessoal, independentemente de sua origem étnico-racial ou de gênero.

Esses fios, entrelaçados com paixão e compromisso, formam o legado de Nilma Lino Gomes. Ela nos convida a questionar, a resistir e a construir um Brasil mais justo e igualitário. Nilma, a educadora, a ativista, a pesquisadora, continua a inspirar gerações, lembrando-nos de que a luta contra o racismo é uma jornada coletiva e urgente.

Bibliografia

GOMES, Nilma Lino. Políticas públicas de educação para a igualdade racial: uma análise crítica. In: SILVA, Elizete; SILVA, Petronilha (Orgs.). Educação e relações étnico-raciais: políticas públicas, formação de professores e práticas pedagógicas. Brasília: Ministério da Educação, Secretaria de Educação Básica, 2005. p. 23-41.

GOMES, Nilma Lino. O papel do professor na construção de uma escola antirracista. In: SILVA, Elizete; SILVA, Petronilha (Orgs.). Igualdade racial na educação: construindo uma escola antirracista. Brasília: Ministério da Educação, Secretaria de Educação Básica, 2006. p. 125-142.

GOMES, Nilma Lino. A escola e o desafio da diversidade: construindo uma pedagogia antirracista. In: SILVA, Elizete; SILVA, Petronilha (Orgs.). Igualdade racial na educação: construindo uma escola antirracista. Brasília: Ministério da Educação, Secretaria de Educação Básica, 2006b. p. 61-78.

GOMES, Nilma Lino. O Movimento Negro Educador e a luta por uma educação antirracista. In: SILVA, Elizete; SILVA, Petronilha (Orgs.). Educação e relações étnico-raciais: políticas públicas, formação de professores e práticas pedagógicas. Brasília: Ministério da Educação, Secretaria de Educação Básica, 2005b. p. 143-160.

Capítulo 29

Octavio Ianni

Octavio Ianni, nascido em Itu, São Paulo, em 1926, foi um renomado sociólogo brasileiro reconhecido por suas contribuições significativas para o campo das ciências sociais.

Sua vida e obra refletem um profundo engajamento acadêmico e político, marcado por uma busca constante pela compreensão das complexidades da sociedade brasileira e das dinâmicas globais.

Ianni cursou Ciências Sociais na Universidade de São Paulo (USP), onde teve contato com influentes pensadores e intelectuais que moldaram sua abordagem analítica. Posteriormente, obteve seu doutorado em Sociologia pela mesma universidade, consolidando sua trajetória acadêmica e preparando-se para uma carreira de grande relevância no meio acadêmico brasileiro (CARDOSO DE OLIVEIRA, 2008).

Uma das principais características do trabalho de Octavio Ianni foi sua capacidade de combinar teoria e prática, mergulhando em questões sociais urgentes e trazendo insights teóricos profundos para sua análise. Ele abordou uma ampla gama de temas, incluindo classes sociais, movimentos sociais, globalização, colonialismo e cultura.

Ao longo de sua carreira, Ianni publicou diversas obras que se tornaram referências fundamentais para estudiosos das ciências sociais e para aqueles interessados na compreensão da sociedade brasileira. Entre seus livros mais conhecidos estão "Raízes do Brasil" (com análises críticas sobre a formação da identidade nacional brasileira) e "A Sociedade Global" (que explora as implicações da globalização nos contextos sociais e culturais).

Além de sua atuação como pesquisador e autor prolífico, Octavio Ianni também foi um professor dedicado, influenciando várias gerações de estudantes com sua abordagem reflexiva e inovadora. Sua capacidade de conectar teorias sociológicas complexas com a realidade brasileira cotidiana tornou suas aulas inspiradoras e enriquecedoras.

No campo político, Octavio Ianni também desempenhou um papel relevante, engajando-se em debates sobre justiça social, democracia e direitos humanos. Sua visão crítica e sua defesa apaixonada pela transformação social deixaram um legado duradouro, continuando a inspirar aqueles que buscam um mundo mais justo e igualitário.

Octavio Ianni foi um sociólogo visionário, cujo trabalho influenciou profundamente a compreensão da sociedade brasileira e das dinâmicas globais. Sua abordagem interdisciplinar, sua paixão pelo conhecimento e seu compromisso com a mudança social o tornaram uma figura central no cenário intelectual e político do Brasil.

Octavio Ianni explorou uma ampla gama de temas e questões sociais ao longo de sua carreira como sociólogo. Sua obra é caracterizada por uma abordagem interdisciplinar e uma análise profunda das complexidades da sociedade brasileira e das dinâmicas globais. Alguns dos principais temas, conceitos, teorias e ideias trabalhadas por Octavio Ianni incluem:

Classes sociais e estratificação social

Ianni investigou as estruturas de classe na sociedade brasileira, analisando as relações de poder, privilégio e desigualdade que moldam a vida das pessoas. Ele examinou as diferentes formas de estratificação social e como elas influenciam o acesso a recursos e oportunidades.

Sua análise meticulosa das relações de poder, privilégio e desigualdade revelou as complexidades que moldam a vida das pessoas em diferentes estratos sociais. Ele se dedicou a compreender as nuances das diferenças sociais e as injustiças associadas a elas, destacando como a estratificação social influencia o acesso a recursos e oportunidades (IANNI, 1986).

Ao longo de sua obra, Ianni explorou as diferentes formas de estratificação social presentes na sociedade brasileira, desde a organização da produção econômica até as dinâmicas do poder político. Ele analisou como essas estruturas sociais moldam as relações interpessoais, as oportunidades educacionais, o acesso ao emprego e a distribuição de riqueza e renda. Além disso, Ianni também examinou como a mobilidade social, ou a falta dela, afeta a reprodução das desigualdades ao longo do tempo.

Um dos aspectos centrais de seu trabalho foi a investigação dos três tipos clássicos de estratificação social: castas, estamentos e classes. Ianni mergulhou nessas categorias para compreender suas dinâmicas específicas na sociedade brasileira, reconhecendo que as relações de classe são moldadas não apenas por fatores econômicos, mas também por questões de raça, gênero e poder político. Ele argumentou que a compreensão da estratificação social é fundamental para entender a estruturação da sociedade e para desenvolver políticas que visem reduzir as desigualdades e promover uma sociedade mais justa e equitativa (IANNI, 1971).

Assim, o trabalho de Octavio Ianni sobre classes sociais e estratificação social foi fundamental para iluminar as disparidades sociais e econômicas existentes na sociedade brasileira, contribuindo para um debate mais amplo sobre justiça social, inclusão e políticas públicas. Suas análises profundas e sua abordagem multidisciplinar continuam a inspirar estudiosos e ativistas interessados na compreensão e na transformação das estruturas sociais que moldam nossas vidas.

Movimentos Sociais

Uma das áreas de interesse de Ianni foi o estudo dos movimentos sociais, incluindo sua formação, organização e impacto na sociedade. Ele analisou os movimentos de protesto, resistência e mobilização social, explorando suas origens, dinâmicas e objetivos.

Sua abordagem multidisciplinar permitiu uma análise profunda das origens, estruturas e dinâmicas desses movimentos, contribuindo para um entendimento mais amplo das formas de protesto, resistência e mobilização social.

Ao explorar os movimentos sociais, Ianni investigou não apenas suas manifestações visíveis, mas também suas raízes subjacentes e suas interações com as estruturas sociais e políticas. Ele reconheceu a diversidade desses movimentos, que podem surgir de questões políticas, econômicas, culturais ou sociais, e como eles articulam demandas por mudança e justiça em diferentes contextos (IANNI, 1974).

Além disso, Ianni analisou a organização interna dos movimentos sociais, examinando suas estratégias, táticas e formas de tomada de decisão. Ele explorou como esses movimentos se relacionam com outras instituições sociais, como o Estado, o mercado e a mídia, e como essas interações influenciam sua eficácia e alcance (IANNI, 1973).

Outro aspecto crucial do trabalho de Ianni foi sua investigação sobre o impacto dos movimentos sociais na transformação da sociedade. Ele examinou como esses movimentos contribuem para a mudança social, seja por meio de conquistas políticas, mudanças culturais ou transformações estruturais mais amplas. Suas análises forneceram insights valiosos sobre o papel dos movimentos sociais na construção da democracia, na promoção da igualdade e na defesa dos direitos humanos.

Portanto, o trabalho de Octavio Ianni sobre os movimentos sociais não apenas enriqueceu o campo da sociologia, mas também ofereceu perspectivas importantes para compreender a dinâmica da sociedade brasileira e global. Suas contribuições continuam a inspirar estudiosos e ativistas interessados na compreensão e na promoção da mudança social em todas as suas formas.

Globalização

Ianni dedicou parte significativa de sua obra ao estudo da globalização e suas implicações para as sociedades contemporâneas. Ele examinou como as forças globais, como o capitalismo, a tecnologia e a migração, influenciam as estruturas sociais, econômicas e culturais em todo o mundo.

Ele reconheceu a globalização como um fenômeno multifacetado e complexo, compreendendo que as interconexões econômicas, tecnológicas e culturais moldam profundamente as estruturas sociais em escala global.

Ao examinar as forças impulsionadoras da globalização, como o avanço do capitalismo global, Ianni investigou como esses processos econômicos influenciam a distribuição de riqueza, poder e oportunidades ao redor do mundo. Ele explorou as dinâmicas do mercado global, destacando tanto os benefícios quanto as desigualdades exacerbadas por esse sistema econômico.

Além disso, Ianni analisou o papel da tecnologia na globalização, reconhecendo seu papel crucial na interconexão dos sistemas de comunicação, transporte e produção em nível mundial. Ele investigou como a revolução tecnológica afeta o emprego, a cultura e as relações sociais, gerando novas formas de interação e identidade em um mundo cada vez mais interligado (IANNI, 2002).

Outro aspecto central do trabalho de Ianni sobre a globalização foi sua abordagem das questões culturais e identitárias. Ele examinou como a globalização influencia as expressões culturais, as identidades locais e as relações entre diferentes grupos étnicos e culturais. Ianni destacou os desafios enfrentados pelas culturas locais na era da globalização, incluindo a ameaça de homogeneização cultural e a resistência cultural a esse processo.

Assim, Octavio Ianni ofereceu uma análise abrangente e perspicaz da globalização, destacando suas diversas dimensões e implicações para as sociedades contemporâneas. Seu trabalho continua a ser uma referência fundamental para estudiosos interessados nos complexos efeitos da globalização em todo o mundo.

Colonialismo e Pós-Colonialismo

O sociólogo investigou as relações de poder entre países colonizadores e colonizados, explorando os legados do colonialismo nas sociedades contemporâneas. Ele analisou as dinâmicas de dominação, resistência e transformação que surgem nesse contexto.

Octavio Ianni, renomado sociólogo, empreendeu uma análise profunda das complexas relações de poder entre países colonizadores e colonizados, bem como os desdobramentos do colonialismo nas sociedades pós-coloniais. Sua investigação meticulosa abrangeu uma variedade de aspectos, desde a exploração econômica até as consequências culturais e sociais do colonialismo (IANNI, 1988).

Ao examinar as dinâmicas de dominação colonial, Ianni destacou como os países colonizadores impuseram suas instituições políticas, econômicas e culturais sobre as sociedades colonizadas, explorando seus recursos naturais e forçando seu povo a se submeter a estruturas de poder opressivas. Ele também analisou as formas de resistência e luta contra o colonialismo, destacando os movimentos de independência e as lutas pela autodeterminação que surgiram em várias partes do mundo colonizado (IANNI, 2008).

Além disso, Ianni explorou os legados duradouros do colonialismo nas sociedades contemporâneas, observando como as estruturas de poder e as hierarquias sociais estabelecidas durante o período colonial continuam a influenciar as relações entre diferentes grupos étnicos, culturais e socioeconômicos. Ele examinou as desigualdades persistentes, o racismo institucional e a marginalização social que muitas vezes resultam desses legados coloniais.

No contexto do pós-colonialismo, Ianni também analisou as tentativas de reconstrução e transformação das sociedades anteriormente colonizadas, bem como os desafios enfrentados na construção de identidades nacionais e na superação das divisões étnicas e culturais criadas pelo colonialismo. Sua obra ofereceu uma visão abrangente e perspicaz das complexas questões relacionadas ao colonialismo e pós-colonialismo, destacando a necessidade de compreender e abordar os legados históricos do colonialismo para promover a justiça social e a igualdade.

Cultura e Identidade

Ianni também se interessou pela cultura e pela formação da identidade nacional e cultural. Ele examinou como as práticas culturais, as representações simbólicas e os discursos públicos contribuem para a construção da identidade individual e coletiva.

Ele mergulhou nas complexidades das práticas culturais, das representações simbólicas e dos discursos públicos, buscando compreender como esses elementos contribuem para a construção da identidade individual e coletiva nas sociedades contemporâneas (IANNI, 1986b).

Ao analisar a cultura, Ianni não se limitou apenas às manifestações artísticas ou às tradições populares, mas também explorou as interações entre cultura, poder e ideologia. Ele investigou como certas formas de expressão cultural são utilizadas para legitimar estruturas de poder existentes ou desafiar normas sociais estabelecidas.

Além disso, Ianni examinou as dinâmicas de assimilação cultural e hibridismo que ocorrem em contextos de globalização, destacando como as culturas locais se adaptam e se transformam diante das influências externas.

Na análise da formação da identidade nacional e cultural, Ianni considerou tanto os elementos que unem uma comunidade ou nação quanto aqueles que a tornam diversa e multifacetada. Ele reconheceu a importância dos mitos fundacionais, dos símbolos nacionais e das narrativas históricas na construção de uma identidade nacional compartilhada, ao mesmo tempo em que valorizava as múltiplas identidades culturais presentes em uma sociedade.

Em suma, o trabalho de Octavio Ianni no campo da cultura e identidade oferece uma perspectiva abrangente e crítica sobre como os processos culturais moldam e refletem as identidades individuais e coletivas (IANNI, 2000).

Suas análises contribuíram significativamente para a compreensão das complexidades culturais e identitárias nas sociedades contemporâneas, destacando a importância de uma abordagem sensível e contextualizada para entender a diversidade cultural e promover o diálogo intercultural.

Democracia e Participação Política

Como defensor da democracia e dos direitos humanos, Ianni investigou os desafios enfrentados pela democracia brasileira e as formas de promover uma participação política mais inclusiva e significativa.

Ao longo de sua carreira, ele se dedicou a investigar os desafios enfrentados pela democracia brasileira, bem como as formas de promover uma participação política mais inclusiva e significativa. Ianni compreendeu a democracia não apenas como um sistema político, mas como um processo contínuo de construção e aprimoramento das instituições e práticas democráticas.

Em suas obras, Ianni abordou as questões estruturais que limitam a efetiva participação política das camadas mais vulneráveis da sociedade, como as desigualdades socioeconômicas, o clientelismo e a corrupção. Ele também analisou os mecanismos formais e informais de participação política, incluindo eleições, movimentos sociais e engajamento cívico (IANNI, 1987).

Além disso, Ianni explorou a relação entre democracia e direitos humanos, argumentando que uma democracia verdadeiramente robusta deve garantir não apenas a participação política, mas também a proteção dos direitos fundamentais de todos os cidadãos. Ele defendeu a necessidade de fortalecer as instituições democráticas, como o judiciário e a imprensa livre, para garantir a accountability e a transparência do governo.

Na perspectiva de Ianni, a promoção de uma participação política mais inclusiva requer uma abordagem holística que leve em consideração não apenas as questões institucionais, mas também as dimensões sociais, econômicas e culturais. Ele enfatizou a importância do empoderamento dos grupos marginalizados e da criação de espaços democráticos onde suas vozes possam ser ouvidas e suas demandas atendidas (IANNI, 1968).

Octavio Ianni deixou um legado importante ao investigar os desafios e as possibilidades da democracia e da participação política no Brasil. Suas análises críticas continuam a inspirar debates e ações em busca de uma sociedade mais justa, igualitária e democrática.

Escola de Sociologia Paulista

Ianni fez parte dessa escola, que revolucionou a análise das questões relacionadas à situação dos negros e aos preconceitos raciais no Brasil. Inspirada pela Unesco, essa escola realizou estudos sobre as relações raciais no país, com a participação ativa de Roger Bastide e Florestan Fernandes.

A Escola de Sociologia Paulista, da qual Octavio Ianni fez parte, desempenhou um papel fundamental na compreensão das questões relacionadas à situação dos negros e aos preconceitos raciais no Brasil. Inspirada pelas diretrizes da Unesco, essa escola de pensamento concentrou seus esforços em estudar as relações raciais no país, buscando entender as origens e as conseqüências do racismo e da discriminação (IANNI, 1986).

Figuras proeminentes como Roger Bastide e Florestan Fernandes desempenharam papéis importantes nesse movimento intelectual. Bastide, com sua abordagem antropológica, trouxe insights sobre as práticas culturais e as formas de resistência das comunidades afro-brasileiras. Enquanto isso, Fernandes, um dos fundadores da sociologia brasileira, concentrou-se em questões de estratificação social, explorando como as estruturas de poder perpetuam a desigualdade racial (IANNI, 1978).

O trabalho realizado pela Escola de Sociologia Paulista foi pioneiro ao destacar a centralidade da questão racial na sociedade brasileira, desafiando concepções prevalecentes e promovendo uma reflexão mais profunda sobre as relações sociais e políticas do país.

Suas contribuições foram fundamentais para o desenvolvimento de políticas públicas e iniciativas sociais voltadas para a promoção da igualdade racial e o combate ao racismo institucionalizado.

Bibliografia

CARDOSO DE OLIVEIRA, Roberto. Octávio Ianni: um intelectual da modernização. São Paulo: Editora UNESP, 2008.

IANNI, Octavio. A formação da escola sociológica paulista. 2. ed. São Paulo: Cortez & Moraes, 1986.

IANNI, Octavio. A sociologia no Brasil. Petrópolis: Vozes, 1978.

IANNI, Octavio. A democracia. São Paulo: Editora Brasiliense, 1987.

IANNI, Octavio. O colapso do populismo no Brasil. Rio de Janeiro: Civilização Brasileira, 1968.

IANNI, Octavio. A cultura brasileira. São Paulo: Editora Moderna, 1986b.

IANNI, Octavio. Identidade nacional e modernidade. Rio de Janeiro: Civilização Brasileira, 2000.

IANNI, Octavio. As metamorfoses do escravo. São Paulo: Editora Hucitec, 1988.

IANNI, Octavio. Colonialismo e colonialidade. Petrópolis: Editora Vozes, 2008.

IANNI, Octavio. Globalização: a última utopia. São Paulo: Editora Record, 2002.

IANNI, Octavio. A classe operária no Brasil. São Paulo: Editora Alfa-Omega, 1973.

IANNI, Octavio. Os movimentos sociais na América Latina. Rio de Janeiro: Civilização Brasileira, 1974.

IANNI, Octavio. Classes sociais e relações de poder. São Paulo: Editora Cortez & Moraes, 1987b.

IANNI, Octavio. Estado e planejamento econômico no Brasil (1930-1960). São Paulo: Editora Hucitec, 1971.

Capítulo 30

Oracy Nogueira

Oracy Nogueira nasceu em Cunha, São Paulo, no dia 17 de novembro de 1917, em um Brasil em ebulição. Aos quatorze anos, ele se lançou na Revolução Constitucionalista de São Paulo, um ato de coragem que moldaria seu destino. A juventude fervilhante, impregnada de ideais, o conduziu a uma vida de questionamentos e busca incessante por compreensão (CARDOSO DE OLIVEIRA, 1987).

Catanduva e Botucatu foram os cenários de sua formação. Lá, ele completou o ginásio, mas sua mente inquieta ansiava por mais. Em 1936/1937, aos dezenove anos, Oracy se isolou da família para tratar de sua saúde em São José dos Campos. Esse período de introspecção e recuperação foi um solo fértil para suas reflexões.

Na Escola Livre de Sociologia e Política (ELSP), Oracy encontrou mentores que moldariam sua trajetória. Donald Pierson, um acadêmico de renome, tornou-se seu farol. Sob a orientação de Pierson, Oracy se aprofundou na sociologia e antropologia. A ELSP, com seus corredores repletos de ideias, foi o berço de sua paixão pelo conhecimento.

Em 1942, Oracy concluiu o bacharelado e, em 1945, obteve o título de mestre com a dissertação "Vozes de Campos de Jordão: experiências sociais e psíquicas do tuberculoso pulmonar no Estado de São Paulo". Essa pesquisa, que ecoava as vozes silenciadas pela tuberculose, revelou sua sensibilidade para as nuances humanas.

O destino o chamou além-mar. Na Universidade de Chicago, sob a tutela de Everett Hughes, Oracy aprofundou seus estudos. No entanto, o macartismo lançou sombras sobre sua jornada. Filho do Partido Comunista Brasileiro, seu visto para retornar aos Estados Unidos foi negado. Ele voltou ao Brasil, onde se tornou professor na ELSP e continuou suas pesquisas.

Uma de suas contribuições mais significativas foi o estudo intitulado "Preconceito de Marca e Preconceito de Origem", publicado em 1954, no qual ele introduziu os conceitos de preconceito de marca e preconceito de origem para explicar as diferentes formas de discriminação enfrentadas pela população negra no Brasil. Nesse trabalho, Nogueira destacou a importância de compreender as nuances do racismo brasileiro, que se manifesta não apenas por meio da cor da pele, mas também por meio da origem étnica e cultural (CARDOSO DE OLIVEIRA, 1987).

Oracy Nogueira não era apenas um acadêmico; ele era um observador apaixonado da sociedade. Seus escritos sobre relações raciais e o estigma da tuberculose reverberaram em todo o país. Em sua obra "Tanto preto quanto branco" (1985), ele explorou a complexidade das relações raciais. E em "Negro político, político negro" (1992), ele fundiu ficção e pesquisa histórica para contar a trajetória do Dr. Alfredo Casemiro da Rocha, prefeito de Cunha na Primeira República.

Em 16 de fevereiro de 1996, Oracy Nogueira faleceu, mas sua influência permanece. Ele desvendou o racismo brasileiro, revelando as camadas ocultas da nossa sociedade. Sua vida foi um testemunho da busca incansável por compreensão e justiça, e sua voz ecoa através das páginas da história.

Preconceito Racial e Discriminação

Nogueira foi pioneiro no estudo do preconceito racial e da discriminação no Brasil. Ele desenvolveu os conceitos de "preconceito de marca" e "preconceito de origem" para analisar as diferentes formas de discriminação enfrentadas pela população negra, destacando como o racismo brasileiro se manifesta não apenas pela cor da pele, mas também pela origem étnica e cultural.

Oracy Nogueira foi um dos pioneiros no estudo do preconceito racial e da discriminação no Brasil, contribuindo significativamente para a compreensão das complexidades do racismo no país.

Ao desenvolver os conceitos de "preconceito de marca" e "preconceito de origem", ele trouxe uma nova perspectiva para a análise das formas de discriminação enfrentadas pela população negra. O "preconceito de marca" refere-se à discriminação baseada na cor da pele, enquanto o "preconceito de origem" diz respeito à discriminação relacionada à ascendência étnica e cultural (NOGUEIRA, 2000).

Esses conceitos são fundamentais para entender como o racismo brasileiro se manifesta de maneiras sutis e profundas, permeando diversas esferas da sociedade. Nogueira destacou que o preconceito não se limita apenas às interações interpessoais, mas está enraizado em estruturas sociais e institucionais, influenciando oportunidades de emprego, acesso à educação, serviços de saúde e justiça.

Além disso, Nogueira ressaltou a interseccionalidade entre raça, classe e gênero na experiência da discriminação. Ele reconheceu que as pessoas negras enfrentam múltiplas formas de opressão e marginalização, resultantes da interação entre diferentes sistemas de poder. Essa abordagem holística foi fundamental para uma compreensão mais completa das desigualdades raciais no Brasil (NOGUEIRA, 1988).

Ao longo de sua carreira, Nogueira também analisou as raízes históricas do racismo brasileiro, destacando como o legado da escravidão e do colonialismo continua a influenciar as relações raciais no país. Ele enfatizou a necessidade de políticas públicas e ações afirmativas para combater o racismo estrutural e promover a igualdade racial. Seu trabalho teve um impacto duradouro no campo da sociologia e nos esforços para promover a justiça social e a inclusão no Brasil.

Relações Raciais e Desigualdade Social

Suas pesquisas exploraram as relações raciais no Brasil e as formas como o racismo estrutura a desigualdade social no país. Ele investigou as dinâmicas sociais e econômicas que perpetuam a marginalização e a exclusão da população negra em diferentes esferas da sociedade.

As pesquisas de Oracy Nogueira sobre as relações raciais e desigualdade social no Brasil foram fundamentais para o entendimento das complexidades do racismo e suas interações com a estrutura social do país.

Ele dedicou sua carreira a investigar as dinâmicas que perpetuam a marginalização e a exclusão da população negra em várias esferas da sociedade brasileira. Nogueira identificou que o racismo não se limita apenas a atitudes individuais, mas está profundamente enraizado em estruturas sociais e econômicas, perpetuando a desigualdade em áreas como educação, emprego, saúde e justiça.

Ao longo de suas pesquisas, Nogueira examinou como o racismo estrutura as oportunidades e os recursos disponíveis para diferentes grupos raciais, evidenciando como as pessoas negras são sistematicamente prejudicadas em comparação com seus pares brancos. Ele destacou a importância de abordar não apenas as manifestações explícitas de racismo, mas também as disparidades estruturais que perpetuam a desigualdade racial (NOGUEIRA, 1988).

Nogueira analisou o papel do racismo na construção das identidades individuais e coletivas, explorando como as representações raciais influenciam a autoimagem e a autoestima das pessoas negras. Suas pesquisas ajudaram a revelar as diversas formas pelas quais o racismo afeta a vida cotidiana e as oportunidades de ascensão social para indivíduos e comunidades negras no Brasil.

Por meio de sua abordagem interdisciplinar e empiricamente fundamentada, Nogueira contribuiu significativamente para o desenvolvimento do campo da sociologia das relações raciais no Brasil, fornecendo insights valiosos para políticas públicas e ações afirmativas destinadas a combater o racismo e promover a igualdade racial. Seu legado continua a inspirar pesquisadores e ativistas comprometidos com a construção de uma sociedade mais justa e inclusiva.

Educação e Mobilidade Social

Nogueira também se dedicou ao estudo da educação e sua relação com a mobilidade social. Ele examinou como o acesso desigual à educação contribui para a reprodução das hierarquias sociais e étnico-raciais no Brasil, bem como as possibilidades de superação dessas barreiras por meio da educação (NOGUEIRA, 1985).

Suas pesquisas sobre educação e mobilidade social lançaram luz sobre as dinâmicas complexas que moldam as oportunidades de ascensão social no Brasil.

Ao investigar o acesso desigual à educação, Nogueira identificou como as desigualdades estruturais perpetuam as hierarquias sociais e étnico-raciais no país. Ele demonstrou como o sistema educacional brasileiro muitas vezes reproduz e reforça as disparidades socioeconômicas existentes, privando os grupos marginalizados, especialmente negros e indígenas, de recursos e oportunidades necessárias para alcançar o sucesso acadêmico e profissional.

Nogueira enfatizou a importância de compreender não apenas a educação formal, mas também as barreiras sociais e econômicas que impactam o acesso à educação de qualidade. Suas pesquisas destacaram como a pobreza, a discriminação racial e outras formas de desigualdade estrutural limitam as perspectivas de mobilidade social para os grupos historicamente marginalizados. Além disso, ele explorou as interações entre educação, mercado de trabalho e estratificação social, examinando como os níveis de escolaridade e qualificação profissional afetam as oportunidades de progresso socioeconômico.

Ao mesmo tempo, Nogueira também investigou as possibilidades de superação dessas barreiras por meio da educação. Ele defendeu políticas públicas voltadas para a promoção da igualdade de acesso à educação e o desenvolvimento de programas de inclusão social que visam reduzir as disparidades educacionais e ampliar as oportunidades para grupos historicamente excluídos.

Suas pesquisas contribuíram para informar políticas educacionais mais equitativas e eficazes, fornecendo insights valiosos sobre os desafios e as potencialidades da educação como um meio de promoção da mobilidade social e redução das desigualdades no Brasil.

Movimentos Sociais e Ativismo

Como ativista e intelectual engajado, Nogueira participou ativamente de movimentos sociais e acadêmicos que lutavam contra o racismo e pela promoção da igualdade racial no Brasil. Ele contribuiu para a articulação de pautas e políticas públicas voltadas para a promoção dos direitos civis e igualdade de oportunidades para todos os cidadãos brasileiros.

Oracy Nogueira foi uma figura proeminente não apenas no campo acadêmico, mas também como ativista comprometido com a luta contra o racismo e a promoção da igualdade racial no Brasil.

Sua participação ativa em movimentos sociais e acadêmicos foi fundamental para a articulação de pautas e políticas públicas voltadas para a promoção dos direitos civis e igualdade de oportunidades para todos os cidadãos brasileiros. Nogueira não apenas teorizou sobre questões sociais, mas também trabalhou incansavelmente para traduzir suas ideias em ações concretas que pudessem impactar positivamente a sociedade (NOGUEIRA, 1991).

Como intelectual engajado, ele desafiou o status quo e defendeu mudanças significativas nas estruturas sociais e políticas do Brasil. Sua presença nos movimentos sociais trouxe uma perspectiva fundamentada em análises profundas e uma compreensão abrangente das dinâmicas sociais e históricas que moldam as relações raciais no país. Além disso, sua atuação como ativista inspirou muitos outros a se juntarem à luta por justiça e igualdade.

Nogueira não se limitou apenas ao campo acadêmico, mas também levou suas ideias para fora dos muros da universidade, engajando-se em debates públicos, manifestações e projetos comunitários.

Sua abordagem interdisciplinar e seu compromisso com a ação social fizeram dele uma figura influente tanto nos círculos acadêmicos quanto nas lutas sociais. Sua contribuição para os movimentos sociais e ativismo deixou um legado duradouro na luta por uma sociedade mais justa e igualitária no Brasil.

Identidade e Cultura Afro-brasileira

Oracy Nogueira também abordou questões relacionadas à identidade e cultura afro-brasileira, destacando a importância de valorizar e respeitar a diversidade étnico-cultural do país. Suas análises contribuíram para uma compreensão mais profunda das contribuições da cultura afro-brasileira para a formação da identidade nacional.

Nogueira foi um dos pioneiros em abordar questões relacionadas à identidade e cultura afro-brasileira, reconhecendo a importância fundamental de valorizar e respeitar a diversidade étnico-cultural do país.

Sua obra reflete uma profunda compreensão das contribuições da cultura afro-brasileira para a formação da identidade nacional, destacando a riqueza e a complexidade das tradições, expressões artísticas e saberes oriundos da herança africana no Brasil. Ao longo de suas análises,

Nogueira não apenas reconheceu a influência marcante da cultura afro-brasileira na sociedade brasileira, mas também buscou desconstruir estereótipos e preconceitos arraigados, promovendo uma visão mais inclusiva e pluralista da identidade nacional (NOGUEIRA, 1965).

Por meio de seus estudos, Nogueira explorou as múltiplas facetas da cultura afro-brasileira, desde manifestações religiosas até expressões artísticas, como música, dança e literatura.

Ele ressaltou a importância de entender e reconhecer as práticas culturais afro-brasileiras como elementos centrais na construção da identidade do país, desafiando narrativas dominantes que muitas vezes marginalizavam ou desvalorizavam essas contribuições. Sua abordagem sensível e respeitosa abriu caminho para uma maior valorização e preservação da diversidade cultural brasileira, promovendo um diálogo intercultural mais inclusivo e enriquecedor.

Além disso, Nogueira também investigou as interseções entre identidade e cultura afro-brasileira com outros aspectos da vida social, como política, economia e educação. Ele destacou como essas dimensões estão intrinsecamente ligadas e influenciam reciprocamente a construção da identidade individual e coletiva. Ao trazer à tona essas conexões, Nogueira enriqueceu o debate sobre diversidade cultural e identidade nacional, contribuindo para uma compreensão mais holística e contextualizada da sociedade brasileira.

Estigma da Tuberculose Pulmonar

Oracy Nogueira também estudou o estigma associado à tuberculose pulmonar. Suas pesquisas analisaram como a doença afetava a vida social e psicológica dos pacientes, especialmente aqueles de origem racialmente discriminada.

Ele examinou de que maneira essa doença impactava não apenas a saúde física dos pacientes, mas também sua vida social e psicológica, especialmente aqueles pertencentes a grupos racialmente discriminados. Nogueira investigou os estigmas sociais e as barreiras enfrentadas pelos pacientes de tuberculose pulmonar, revelando as complexas interações entre saúde, identidade e estratificação social.

Ao lançar luz sobre essas questões, ele buscou desafiar preconceitos arraigados e promover uma maior compreensão e empatia em relação aos pacientes afetados por essa doença.

A pesquisa de Nogueira sobre o estigma da tuberculose pulmonar não se limitou apenas aos aspectos médicos da doença, mas também explorou as dimensões psicossociais e culturais que permeiam a experiência dos pacientes.

Ele identificou como o estigma muitas vezes leva à marginalização e à exclusão social, exacerbando o sofrimento dos indivíduos afetados e dificultando seu acesso a cuidados adequados. Além disso, Nogueira examinou criticamente as representações da tuberculose pulmonar na sociedade, destacando como essas representações podem reforçar estereótipos prejudiciais e contribuir para a estigmatização dos pacientes (NOGUEIRA, 1995).

Ao trazer à tona essas questões, Nogueira não apenas ampliou nosso entendimento sobre os desafios enfrentados pelos pacientes de tuberculose pulmonar, mas também destacou a necessidade de abordagens mais humanizadas e inclusivas no tratamento dessa doença. Sua pesquisa trouxe à tona a importância de combater o estigma e promover a conscientização pública sobre a tuberculose pulmonar, visando criar uma sociedade mais justa e solidária para todos.

Contribuições à Sociologia Brasileira

Oracy Nogueira formou-se em Sociologia e Política na Escola Livre de Sociologia e Política de São Paulo. Sua dissertação de mestrado, "Vozes de Campos de Jordão: experiências sociais e psíquicas do tuberculoso pulmonar no Estado de São Paulo", ofereceu insights importantes sobre a saúde e a sociedade. Ele se destacou como um marco na sociologia da saúde no Brasil. Nesse estudo pioneiro, Nogueira mergulhou nas experiências vividas pelos pacientes de tuberculose pulmonar, revelando as complexas interações entre doença, estigma e sociedade (NOGUEIRA, 1986).

Além de sua contribuição significativa para a compreensão da saúde pública no Brasil, Nogueira também se destacou como um dos precursores da análise sociológica do preconceito racial no país. Desafiando narrativas simplistas sobre a harmonia racial, ele investigou profundamente as formas sutis e sistemáticas de discriminação racial que permeiam a sociedade brasileira (NOGUEIRA, 1978).

Suas pesquisas lançaram luz sobre as estruturas de poder e privilégio que perpetuam a desigualdade racial, promovendo uma discussão franca e necessária sobre as questões raciais no Brasil. Ele foi um dos precursores da análise sociológica do preconceito racial no Brasil, desafiando narrativas simplistas sobre a harmonia racial.

Em resumo, Oracy Nogueira deixou um legado valioso para a compreensão das questões raciais e sociais no Brasil, questionando estereótipos e promovendo uma análise crítica e profunda. Seu trabalho continua relevante até hoje.

Bibliografia

CARDOSO DE OLIVEIRA, Roberto. "Oracy Nogueira e a sociologia brasileira." Revista Brasileira de Ciências Sociais 2, n. 4, 1987: 5-22

NOGUEIRA, Oracy. "A sociologia no Brasil." Petrópolis: Editora Vozes, 1978.

NOGUEIRA, Oracy. "O desenvolvimento da sociologia no Brasil." Revista Brasileira de Ciências Sociais 1, n. 1, 1986: 5-22.

NOGUEIRA, Oracy. "Doença e exclusão social: o caso da tuberculose." Revista Brasileira de Ciências Sociais 10, n. 29, 1995: 5-18.

NOGUEIRA, Oracy. "A integração do negro na sociedade de classes." São Paulo: Editora Dominus, 1965.

NOGUEIRA, Oracy. "O movimento negro no Brasil." Revista Brasileira de Ciências Sociais 6, n. 16, 1991: 5-22.

NOGUEIRA, Oracy. "Educação e desigualdade social no Brasil." São Paulo: Editora Cortez, 1985.

NOGUEIRA, Oracy. "Preconceito racial e relações raciais no Brasil." São Paulo: Editora T. A. Queiroz, 1988.

NOGUEIRA, Oracy. "O negro na sociedade brasileira." São Paulo: Editora Edusp, 2000.

Capítulo 31

Paulo Freire

Paulo Reglus Neves Freire, conhecido como Paulo Freire, nasceu em 19 de setembro de 1921, em Recife, Pernambuco, e faleceu em 2 de maio de 1997, em São Paulo.

Ele foi um educador, pedagogo e filósofo brasileiro, reconhecido internacionalmente por suas contribuições para a educação popular e crítica.

Freire cresceu em uma família de classe média em Recife e teve acesso a uma boa educação. Ele estudou direito na Universidade do Recife, onde começou a se envolver com movimentos sociais e políticos. Mais tarde, ele se tornou professor de português, mas seu interesse pela educação o levou a desenvolver métodos inovadores de alfabetização para adultos (FREIRE, 1994).

Sua obra mais conhecida, "Pedagogia do Oprimido", publicada em 1968, é um marco na história da educação e da pedagogia. Neste livro, Freire propõe uma abordagem revolucionária para a educação, na qual o professor não é apenas um transmissor de conhecimento, mas também um facilitador do processo de aprendizagem, no qual os alunos são incentivados a questionar e a refletir criticamente sobre o mundo ao seu redor (GIROUX, 2001).

Ao longo de sua vida, Paulo Freire dedicou-se ao desenvolvimento de programas de alfabetização e educação em diversos países, incluindo o Brasil e países africanos. Ele acreditava que a educação era uma ferramenta poderosa para a libertação das pessoas oprimidas e para a transformação social.

Seu trabalho influenciou profundamente a teoria e a prática educacional em todo o mundo, sendo reconhecido com inúmeros prêmios e honrarias, incluindo o Prêmio UNESCO da Educação para a Paz em 1986.

Ele acreditava que a educação deveria ser um instrumento de transformação social, capacitando as pessoas a questionar e mudar sua realidade. Paulo Freire foi celebrado mundialmente como um grande educador, mas também enfrentou críticas em seu próprio país.

Sua associação com ideologias comunistas durante o século XX gerou controvérsias, especialmente durante o regime militar no Brasil.

O legado de Paulo Freire transcende fronteiras. Seu método de alfabetização e sua visão de educação continuam a inspirar educadores em todo o mundo. Ele nos lembra que a educação não é apenas sobre transmitir conhecimento, mas também sobre empoderar as pessoas para que se tornem agentes de mudança em suas comunidades.

Paulo Freire é lembrado como um dos maiores pensadores e educadores do século XX, cujo legado continua a inspirar educadores, ativistas e estudiosos em todo o mundo. Sua abordagem centrada no aluno, na participação e na consciência crítica permanece relevante e influente na educação contemporânea.

Pedagogia do Oprimido

Esta é uma de suas obras mais conhecidas, onde Freire propõe uma abordagem revolucionária para a educação. Ele argumenta que a educação deve ser um processo de libertação, no qual os oprimidos são capacitados a compreender sua realidade e a transformá-la por meio da conscientização e da ação coletiva.

Na "Pedagogia do Oprimido", Paulo Freire oferece uma visão transformadora da educação, desafiando concepções tradicionais e propondo uma abordagem mais libertadora e participativa (FREIRE, 1970).

Freire argumenta que a educação não deve ser apenas um meio de transmitir conhecimento, mas sim um instrumento de libertação para aqueles que estão marginalizados e oprimidos na sociedade. Ele destaca a importância da conscientização, ou seja, da tomada de consciência crítica sobre a realidade social e política, como um primeiro passo para a emancipação.

Segundo Freire, os oprimidos devem ser capacitados a compreender as estruturas de poder que os mantêm em uma posição subalterna e a agir de forma coletiva para transformar essa realidade. Ele rejeita a ideia de uma educação bancária, na qual os alunos são tratados como recipientes vazios a serem preenchidos com conhecimento, e propõe uma abordagem mais dialógica e participativa, na qual tanto os educadores quanto os educandos aprendem juntos por meio do diálogo e da reflexão crítica.

Ao longo da obra, Freire discute a importância da práxis, ou seja, da integração entre teoria e prática na educação. Ele enfatiza que a verdadeira aprendizagem ocorre quando os alunos têm a oportunidade de aplicar o conhecimento na resolução de problemas reais e na transformação de sua própria realidade. Além disso, Freire destaca a necessidade de uma educação que promova a consciência histórica e cultural dos oprimidos, capacitando-os a compreender sua própria identidade e a lutar por seus direitos (FREIRE, 2000).

A "Pedagogia do Oprimido" representa uma crítica contundente ao sistema educacional tradicional e uma proposta inovadora para uma educação mais libertadora e emancipatória. Freire acredita que a educação deve ser um instrumento de transformação social, capacitando os oprimidos a compreender sua realidade e a agir de forma coletiva para mudá-la.

Suas ideias continuam a inspirar educadores e ativistas em todo o mundo, influenciando práticas educacionais e políticas públicas voltadas para a promoção da justiça social e da igualdade.

Diálogo e amorisidade

Freire enfatiza a importância do diálogo na educação, onde professores e alunos aprendem juntos por meio da troca de experiências, reflexões e conhecimentos. Ele defende uma abordagem dialógica na sala de aula, onde todos os participantes são agentes ativos no processo de aprendizagem.

A amorosidade também era fundamental. Ele acreditava que o amor e o respeito mútuo eram essenciais para uma educação libertadora.

Na visão de Paulo Freire, o diálogo é muito mais do que simplesmente uma troca de palavras na sala de aula; é um elemento vital para a construção de conhecimento e para a promoção da conscientização crítica.

Ele argumenta que o diálogo autêntico, baseado na reciprocidade e no respeito mútuo, cria um ambiente propício para a reflexão e a aprendizagem significativa. Nesse sentido, o professor não é apenas um transmissor de conhecimento, mas também um facilitador do diálogo, incentivando os alunos a expressarem suas ideias, questionamentos e perspectivas (FREIRE, 1995).

A amorosidade, outro conceito-chave de Freire, complementa essa abordagem dialógica. Para Freire, o amor não se limita apenas às relações interpessoais, mas também se estende à prática educativa. Ele defende uma pedagogia do amor, onde o afeto, o respeito e a empatia são fundamentais para a construção de uma relação de confiança e colaboração entre professores e alunos (FREIRE, 2000).

Através da amorosidade, os educadores podem criar um ambiente acolhedor e inclusivo, onde os alunos se sintam valorizados e encorajados a participar ativamente do processo de aprendizagem.

Ao combinar o diálogo com a amorosidade, Freire propõe uma abordagem educacional que não apenas transmite conhecimento, mas também promove a autonomia, a criatividade e a consciência crítica dos alunos. Ele acredita que, ao envolver os alunos em um diálogo amoroso e respeitoso, os professores podem ajudá-los a desenvolver sua capacidade de pensar de forma crítica e a se tornarem agentes ativos na transformação de suas próprias vidas e da sociedade como um todo.

Essa abordagem, centrada no diálogo e na amorosidade, representa uma ruptura com o modelo tradicional de educação baseado na autoridade do professor e na mera transmissão de informações, e propõe uma visão mais humanizadora e emancipatória da educação.

Contextualização e Realidade Social

O ensino deveria partir da realidade social dos alunos. Freire defendia que os conteúdos curriculares deveriam estar ligados às experiências e desafios enfrentados pelos estudantes. Ele criou materiais de ensino baseados nos eixos temáticos significativos da vida dos alunos, tornando a aprendizagem mais relevante.

Na perspectiva de Paulo Freire, a contextualização e a conexão com a realidade social dos alunos são aspectos essenciais para uma educação verdadeiramente significativa e transformadora. Ele acreditava que os conteúdos curriculares não deveriam ser dissociados das experiências de vida dos estudantes, mas sim integrados às suas vivências e desafios cotidianos (FREIRE, 1981).

Ao partir da realidade dos alunos, o ensino se torna mais relevante e envolvente, proporcionando uma aprendizagem mais profunda e significativa.

Para concretizar essa abordagem, Freire desenvolveu materiais de ensino que partiam dos interesses e experiências dos estudantes, utilizando temas e situações do cotidiano como ponto de partida para a exploração de conceitos e conteúdos curriculares. Esses materiais eram estruturados em torno de eixos temáticos significativos para a vida dos alunos, permitindo que eles se identificassem com o conteúdo e enxergassem sua própria realidade refletida no processo de aprendizagem (FREIRE, 1993).

Dessa forma, ao contextualizar o ensino e torná-lo mais relevante para a vida dos alunos, Freire não apenas facilitava o processo de aprendizagem, mas também estimulava o pensamento crítico e a reflexão sobre a realidade social.

Os estudantes eram incentivados a questionar, analisar e compreender as estruturas sociais e os desafios enfrentados por suas comunidades, contribuindo para o desenvolvimento de uma consciência crítica e uma postura ativa na transformação da sociedade.

Em suma, a contextualização e a integração com a realidade social dos alunos são elementos-chave da abordagem pedagógica de Paulo Freire, que visava não apenas transmitir conhecimento, mas também promover uma educação libertadora e emancipatória, capaz de empoderar os estudantes e capacitá-los a atuarem como agentes de mudança em suas comunidades e no mundo.

Conscientização

Freire introduz o conceito de conscientização, que se refere à tomada de consciência crítica sobre a realidade social e política. Ele acredita que a conscientização é essencial para a emancipação dos oprimidos, pois permite que eles reconheçam as estruturas de poder e injustiças que os afetam.

Conscientização, um dos conceitos fundamentais na pedagogia de Paulo Freire, engloba a ideia de despertar uma consciência crítica nos indivíduos sobre a realidade social e política na qual estão inseridos. Para Freire, a conscientização vai além da mera percepção dos acontecimentos ao redor; trata-se de uma compreensão profunda das relações de poder, das estruturas sociais e das injustiças que permeiam a sociedade. Esse processo de conscientização é visto como essencial para a emancipação dos oprimidos, pois possibilita que eles identifiquem as barreiras que os limitam e ajam de forma mais ativa na transformação de sua realidade.

Na visão de Freire, a conscientização ocorre por meio do diálogo e da reflexão crítica. Os educadores têm um papel fundamental nesse processo, incentivando os estudantes a questionarem, analisarem e interpretarem sua realidade de forma crítica e reflexiva (FREIRE, 1979).

Ao invés de apenas transmitir conhecimentos prontos, o educador freiriano estimula o pensamento autônomo e a construção coletiva do conhecimento, promovendo um ambiente de aprendizagem participativo e colaborativo.

Assim, a conscientização vai além da simples informação; trata-se de uma tomada de consciência que capacita os indivíduos a se tornarem agentes ativos na transformação social. Ao reconhecerem as estruturas de opressão e injustiça que os cercam, os oprimidos são motivados a se engajarem em ações coletivas e individuais que visam à construção de uma sociedade mais justa e igualitária (FREIRE, 1997).

Nesse sentido, a conscientização é vista por Freire como um primeiro passo crucial rumo à libertação e à construção de um mundo mais humano e solidário.

Alfabetização Crítica

Freire desenvolveu métodos de alfabetização baseados na conscientização, nos quais os alunos aprendem a ler e escrever enquanto refletem criticamente sobre sua realidade. Ele acreditava que a alfabetização não deveria ser apenas um processo mecânico de decodificação de letras, mas sim uma ferramenta para a reflexão e a transformação social.

A alfabetização crítica, concebida por Paulo Freire, representa uma abordagem revolucionária no campo da educação. Em contraste com métodos tradicionais, nos quais o aprendizado se limita à simples decodificação de letras e palavras, a alfabetização crítica propõe um processo mais profundo e significativo (FREIRE, 1982).

Para Freire, alfabetizar alguém não se resume apenas a ensinar a ler e escrever, mas sim a capacitar os indivíduos a compreenderem criticamente o mundo ao seu redor e a agirem sobre ele.

Nesse contexto, os métodos de alfabetização crítica desenvolvidos por Freire buscam integrar a aprendizagem da leitura e escrita com a reflexão sobre a realidade social, política e cultural dos alunos. Ao aprenderem a ler, os estudantes são incentivados a explorar textos que abordam temas relevantes para suas vidas, permitindo-lhes refletir sobre questões como desigualdade, injustiça e opressão (FREIRE, 1985).

Além disso, a alfabetização crítica busca promover o diálogo e a participação ativa dos alunos no processo educativo. Em vez de simplesmente receberem informações passivamente, os estudantes são encorajados a questionar, debater e analisar criticamente o conteúdo apresentado.

Isso não apenas fortalece suas habilidades de leitura e escrita, mas também os capacita a se tornarem agentes de mudança em suas comunidades.

Portanto, a alfabetização crítica de Freire vai além do

mero domínio das habilidades básicas de leitura e escrita; ela representa uma ferramenta poderosa para a conscientização e a transformação social. Ao integrar a aprendizagem com a reflexão crítica sobre a realidade, esse método busca empoderar os alunos, capacitando-os a compreenderem e a agirem sobre o mundo de maneira informada e engajada.

Educação Libertadora

Este cientista social e educador defendia uma educação libertadora, na qual os alunos são capacitados a se tornarem sujeitos críticos e ativos na sociedade. Ele rejeita uma educação bancária, na qual os alunos são tratados como recipientes vazios a serem preenchidos com conhecimento, e propõe uma abordagem centrada no aluno e em sua realidade.

A educação libertadora proposta por Paulo Freire representa uma abordagem radicalmente diferente do modelo tradicional de ensino. Em vez de considerar os alunos como receptores passivos de conhecimento, Freire os vê como sujeitos ativos e críticos que desempenham um papel ativo na construção do próprio conhecimento e na transformação da sociedade (FREIRE, 1970).

Essa abordagem rejeita a chamada "educação bancária", na qual os professores depositam informações nos alunos, que são esperados apenas para memorizá-las e reproduzi-las.

No lugar disso, a educação libertadora busca engajar os alunos de maneira significativa, conectando os conteúdos curriculares com suas experiências de vida e com a realidade social em que estão inseridos. Para Freire, a aprendizagem deve ser um processo dialógico, no qual professores e alunos se envolvem em conversas significativas e reflexivas sobre o mundo ao seu redor (FREIRE, 1967).

Essa abordagem promove a conscientização crítica dos alunos, permitindo que compreendam as estruturas de poder e injustiças que moldam suas vidas e que se capacitem para agir de forma a transformar essas realidades.

Um aspecto fundamental da educação libertadora é a ênfase na participação ativa dos alunos no processo educativo. Em vez de apenas absorverem passivamente informações, os alunos são incentivados a questionar, debater, investigar e colaborar na construção do conhecimento.

Isso não apenas torna a aprendizagem mais significativa e envolvente, mas também fortalece as habilidades de pensamento crítico e resolução de problemas dos alunos, preparando-os para se tornarem cidadãos ativos e engajados em suas comunidades.

Portanto, a educação libertadora de Freire não se limita ao ensino de conteúdos acadêmicos; é um processo de empoderamento que visa capacitar os alunos a compreenderem sua realidade, a questionarem as estruturas de poder injustas e a agirem para promover a justiça social e a transformação positiva em suas vidas e na sociedade como um todo.

Bibliografia

FREIRE, Paulo. Pedagogia do oprimido. Rio de Janeiro: Paz e Terra, 1970.

FREIRE, Paulo. Educação como prática da liberdade. Rio de Janeiro: Paz e Terra, 1967.

FREIRE, Paulo. A importância do ato de ler em três artigos que se completam. São Paulo: Editora Cortez, 1982.

FREIRE, Paulo. Por uma pedagogia da pergunta. Rio de Janeiro: Paz e Terra, 1985.

FREIRE, Paulo. Conscientização: teoria e prática da libertação. São Paulo: Editora Cortez, 1979.

FREIRE, Paulo. Pedagogia da autonomia: saberes necessários à prática docente. São Paulo: Editora Cortez, 1997.

FREIRE, Paulo. Educação e mudança. Rio de Janeiro: Paz e Terra, 1981.

FREIRE, Paulo. Política e educação. São Paulo: Editora Cortez, 1993.

FREIRE, Paulo. Pedagogia da indignação. São Paulo: Editora

Cortez, 2000.

FREIRE, Paulo. A sombra desta mangueira. São Paulo: Editora Olho d'Água, 1995.

FREIRE, Paulo. Cartas a Cristina: reflexões sobre minha vida e minha obra. São Paulo: Editora UNESP, 1994.

FREIRE, Paulo. Pedagogia do oprimido: 30 anos depois. São Paulo: Editora Cortez, 2000.

GIROUX, Henry A. Pedagogia crítica: o legado de Paulo Freire. São Paulo: Editora Cortez, 2001.

Capítulo 32

Raimundo Faoro

Raimundo Faoro, nascido em Vacaria, Rio Grande do Sul, em 27 de abril de 1925, foi um jurista, cientista social, historiador e escritor brasileiro. Filho de agricultores, após

1930, sua família mudou-se para a cidade de Caçador, em Santa Catarina, onde ele fez o curso secundário.

Faoro cursou Direito na Universidade Federal do Rio Grande do Sul, obtendo seu diploma de bacharelado em 19481. Durante seus anos de estudante universitário, ele começou a escrever para a imprensa e contribuiu para a fundação de uma revista de crítica artística e literária importante para o cenário jovem na cidade de Porto Alegre na época: a revista Quixote (ALMEIDA, 2010).

Em 1963, aprovado em concurso público, tornou-se procurador do estado do Rio Grande do Sul. Faoro foi um importante opositor da ditadura militar instaurada no Brasil em 1964. Exerceu papel fundamental na luta pela redemocratização do país por meio da Ordem dos Advogados do Brasil (OAB), que protagonizou uma resistência pacífica ao regime (1964-1985) e seus atos institucionais, em defesa da restituição do habeas corpus e dos direitos civis e políticos.

Em 1972, ele foi o representante da OAB no Conselho de Defesa dos Direitos da Pessoa Humana, e, entre 1977 e 1979, foi o presidente nacional da OAB. Em 2000, foi eleito para a Academia Brasileira de Letras.

Faoro é autor de um importante livro sobre a formação política e social do Brasil, "Os donos do poder", onde explicou como o Brasil consolidou-se como uma república burocrática que concentra os poderes nos mesmos grupos desde o período colonial. Suas interpretações weberianas colocam-no como um liberal.

Além disso, Faoro ocupou diversos cargos públicos, como consultor jurídico do Ministério das Relações Exteriores e presidente do Instituto Nacional do Livro.

Sua contribuição para a ciência política e para o entendimento da história e da estrutura do Estado brasileiro é amplamente reconhecida, e suas ideias continuam influenciando o debate acadêmico e político até os dias de hoje. Raimundo Faoro deixou um legado intelectual profundo e duradouro, sendo considerado um dos mais importantes cientistas sociais brasileiros do século XX.

Raimundo Faoro faleceu no Rio de Janeiro, em 15 de maio de 2003.

Patrimonialismo

Faoro foi pioneiro em explorar o conceito de patrimonialismo como uma característica fundamental do Estado brasileiro. Ele argumentou que a estrutura política e administrativa do Brasil foi historicamente marcada pelo personalismo, pelo nepotismo e pela apropriação privada dos recursos públicos, em contraste com a burocracia impessoal dos Estados modernos.

Em sua obra seminal "Os Donos do Poder", Faoro explorou meticulosamente como o patrimonialismo moldou a estrutura política e administrativa do Brasil ao longo de sua história. Ele argumentou que, desde os tempos coloniais, o país desenvolveu um sistema no qual o Estado era frequentemente tratado como uma extensão do patrimônio pessoal dos governantes (FAORO, 1985).

O patrimonialismo, como concebido por Faoro, é caracterizado pela prevalência de relações pessoais e familiares na gestão dos assuntos públicos, em contraste com a impessoalidade e racionalidade associadas aos Estados modernos. No Brasil, isso se manifestou através de uma rede complexa de favores, trocas políticas e nepotismo, onde o acesso aos recursos e cargos públicos muitas vezes era determinado por laços pessoais e lealdades políticas, em vez de mérito ou competência.

Faoro identificou o personalismo como um traço central do patrimonialismo brasileiro, onde o poder era concentrado nas mãos de líderes carismáticos e autoritários, muitas vezes em detrimento das instituições democráticas e da separação de poderes. Além disso, o nepotismo e a apropriação privada dos recursos do Estado eram comuns, refletindo uma mentalidade na qual o interesse pessoal frequentemente prevalecia sobre o bem comum.

Essa análise de Faoro lançou luz sobre as raízes históricas das estruturas políticas e sociais do Brasil, contribuindo para uma compreensão mais profunda dos desafios enfrentados pelo país em sua busca por desenvolvimento e democracia.

Ao destacar o patrimonialismo como uma força que moldou e continua a influenciar a política brasileira, Faoro deixou um legado duradouro que ainda é relevante para os debates contemporâneos sobre governança, corrupção e reforma institucional.

Clientelismo

Raimundo Faoro também analisou o papel do clientelismo nas relações políticas brasileiras, destacando como o acesso aos recursos do Estado era frequentemente mediado por relações pessoais e trocas de favores entre políticos e seus apoiadores.

Ele examinou como essa prática complexa influenciou profundamente a dinâmica do sistema político do país ao longo da história. O clientelismo é caracterizado pela troca de favores entre políticos e seus apoiadores, onde o acesso aos recursos do Estado muitas vezes é condicionado à lealdade política e ao apoio eleitoral (FAORO, 1983).

Este cientista social argumentou que o clientelismo era uma manifestação direta do patrimonialismo, outro conceito central em sua obra. No contexto brasileiro, o clientelismo estava intimamente ligado à distribuição de empregos públicos, benefícios sociais e outras formas de assistência governamental em troca de apoio político. Essa prática consolidou relações de dependência e subordinação entre os governantes e os governados, reforçando ainda mais as estruturas de poder personalistas e autoritárias.

Além disso, Faoro observou como o clientelismo contribuía para a reprodução das desigualdades sociais e econômicas no Brasil, perpetuando um ciclo de pobreza e exclusão. Ao canalizar recursos públicos para beneficiar determinados grupos ou regiões em troca de apoio político, os políticos clientelistas muitas vezes negligenciavam as necessidades da população em geral, exacerbando as disparidades sociais existentes.

A análise de Faoro sobre o clientelismo trouxe à tona questões importantes sobre a qualidade da democracia brasileira e os desafios enfrentados pelo país em sua busca por uma governança mais transparente e responsável. Suas ideias continuam a ser referência para estudiosos e analistas políticos interessados em compreender as complexidades das relações políticas e sociais no Brasil e em outras democracias em desenvolvimento.

Estrutura de Poder

Sua obra principal, "Os Donos do Poder", investiga a estrutura de poder no Brasil desde o período colonial até o século XX, mostrando como as elites políticas e econômicas exerceram domínio sobre o Estado e a sociedade ao longo da história do país.

Faoro traça um panorama abrangente que aborda desde o período colonial até o século XX, revelando as complexas relações entre as elites políticas e econômicas e o Estado brasileiro. O autor argumenta que o país foi moldado por uma estrutura de poder marcada pelo patrimonialismo, onde as instituições estatais serviam aos interesses das elites dominantes em detrimento do bem comum.

Ao longo de sua análise, Faoro desvela como as elites políticas e econômicas exerceram um domínio quase absoluto sobre as instituições estatais, controlando não apenas o governo central, mas também as esferas regionais e locais de poder. Essa concentração de poder nas mãos de uma minoria privilegiada resultou em uma série de distorções e desigualdades sociais, minando o desenvolvimento democrático e econômico do país (FAORO, 1974).

O autor também destaca a influência das estruturas patrimonialistas na formação do Estado brasileiro, argumentando que a burocracia estatal foi frequentemente cooptada pelos interesses das elites dominantes, em vez de servir ao interesse público. Essa dinâmica contribuiu para a perpetuação de um sistema político corrupto e clientelista, onde o acesso aos recursos públicos era frequentemente utilizado como moeda de troca para manter o poder político.

Com a análise a estrutura de poder no Brasil, Faoro lança luz sobre as raízes históricas dos desafios enfrentados pelo país, oferecendo uma interpretação perspicaz das relações de poder que continuam a influenciar a política e a sociedade brasileiras até os dias de hoje. Sua obra continua sendo uma referência essencial para aqueles interessados em compreender as dinâmicas políticas e sociais do Brasil e suas implicações para o desenvolvimento futuro do país.

Formação do Estado Brasileiro

Faoro realizou uma profunda análise da formação do Estado brasileiro, examinando as influências históricas, culturais e institucionais que moldaram as instituições políticas do país. Ele argumentou que o Brasil herdou estruturas patrimonialistas do período colonial que persistiram até tempos modernos (FAORO, 1987).

Este cientista social sustentou que o país herdou padrões patrimonialistas do período colonial, os quais se perpetuaram ao longo do tempo e continuaram a influenciar significativamente a estruturação do Estado.

Durante o período colonial, o Brasil foi caracterizado por relações de poder marcadas pelo personalismo, nepotismo e apropriação privada dos recursos públicos por parte das elites dominantes. Essas características patrimonialistas, enraizadas na colonização portuguesa, moldaram as instituições estatais e estabeleceram as bases para a estrutura de poder que se seguiu ao longo da história do país.

Raimundo Faoro argumentou que, mesmo após a independência e a proclamação da República, as estruturas patrimonialistas persistiram, adaptando-se às novas realidades políticas. As elites políticas e econômicas continuaram a exercer um domínio quase absoluto sobre o Estado, controlando as instituições governamentais e utilizando o aparato estatal em benefício próprio.

Essa herança histórica teve profundos impactos na consolidação da democracia e no desenvolvimento econômico do Brasil. As estruturas patrimonialistas contribuíram para a manutenção da desigualdade social, da corrupção e da falta de transparência nas instituições estatais, minando os esforços para a construção de um Estado democrático e eficiente.

Assim, a análise de Faoro sobre a formação do Estado brasileiro oferece uma visão crítica e esclarecedora das dinâmicas políticas e sociais que moldaram a trajetória do país. Sua obra continua a ser uma referência fundamental para aqueles interessados em compreender as raízes históricas dos desafios enfrentados pelo Brasil e as possibilidades de transformação rumo a um sistema político mais justo e transparente.

Estamento Burocrático

Faoro também contribuiu para o entendimento da cultura política brasileira, investigando as atitudes, valores e comportamentos que caracterizam a vida política do país, como o personalismo, o clientelismo e a busca por privilégios.

Uma das características distintivas da cultura política brasileira identificadas por Faoro é o personalismo. Ele destacou como as relações políticas muitas vezes são permeadas por vínculos pessoais e lealdades, em vez de serem baseadas em princípios institucionais ou ideológicos. Esse personalismo pode levar à formação de redes de favorecimento e nepotismo, minando a meritocracia e a eficácia das instituições estatais.

Além disso, Faoro explorou o fenômeno do clientelismo, que se manifesta na troca de favores políticos por apoio eleitoral ou acesso a recursos públicos. Ele analisou como o clientelismo pode perpetuar relações de dependência entre políticos, instituições e eleitores, comprometendo a representatividade e a responsabilidade dos governantes perante a sociedade (FAORO, 1959).

Outro aspecto essencial abordado por Faoro é a busca por privilégios, que permeia muitos setores da sociedade brasileira. Ele examinou como as elites políticas e econômicas frequentemente buscam proteger seus interesses pessoais e manter seus privilégios, em detrimento do bem comum e do desenvolvimento social e econômico do país como um todo.

Ao destacar esses elementos da cultura política brasileira, Faoro ofereceu uma análise perspicaz e crítica das estruturas de poder e das relações sociais que caracterizam a vida política do país. Sua obra continua a ser uma referência fundamental para aqueles interessados em compreender os desafios e as possibilidades de transformação da democracia brasileira.

Faoro foi um dos principais pensadores a explorar o conceito de estamento burocrático e sua influência na estrutura de poder do Brasil. Em sua análise, ele descreveu a elite política brasileira como estamental, o que significa que ela é fechada e exclusiva, sem espaço para a ascensão de novas lideranças que não façam parte desse círculo estabelecido.

Ele argumentou que essa estrutura de poder estamental é uma característica fundamental da formação do Estado brasileiro, remontando ao período colonial e persistindo ao longo da história do país (FAORO, 1959).

Essa elite estamental, de acordo com Faoro, é composta por grupos de poder político e econômico que detêm o controle sobre as instituições do Estado e exercem influência significativa sobre as decisões políticas e econômicas. Esses grupos frequentemente se beneficiam de relações de compadrio e clientelismo, garantindo seus interesses e perpetuando seu domínio sobre a sociedade brasileira.

Faoro identificou a burocracia estatal como um dos pilares dessa elite estamental, destacando como a estrutura burocrática do Estado frequentemente serve como instrumento de poder e controle para aqueles que ocupam posições de destaque dentro dela. Essa burocracia muitas vezes opera de forma opaca e pouco acessível ao público em geral, contribuindo para a manutenção das relações de poder estabelecidas.

Além disso, Faoro argumentou que a cultura política

brasileira, marcada pelo personalismo e pelo clientelismo, fortalece ainda mais a posição da elite estamental, dificultando a entrada de novos atores políticos e a renovação das lideranças. Essa dinâmica tende a perpetuar a concentração de poder e recursos nas mãos de uma minoria privilegiada, em detrimento da participação democrática e da representatividade política mais ampla.

Desta forma, ao explorar o conceito de estamento burocrático, Faoro ofereceu uma análise crítica da estrutura de poder brasileira, destacando suas características distintivas e os desafios que ela representa para a consolidação da democracia e para o desenvolvimento social e econômico do país. Sua obra continua a ser uma referência importante para aqueles interessados em compreender as dinâmicas políticas e sociais do Brasil.

Liberalismo

Apesar de suas críticas à estrutura de poder no Brasil, Faoro era um liberal convicto. No entanto, durante a ditadura civil-militar brasileira, houve uma intensa aproximação entre o intelectual e partidos e personalidades políticas da esquerda brasileira.

É importante ressaltar que, embora fosse um defensor

do liberalismo, Faoro também era um crítico contundente da estrutura de poder no Brasil, especialmente do patrimonialismo e do clientelismo que permeavam as instituições políticas e sociais do país. Sua análise profunda da elite política e econômica brasileira revelou as contradições entre o discurso liberal e a realidade política do Brasil, onde o acesso ao poder muitas vezes era restrito a uma minoria privilegiada (FAORO, 1964).

Diante do contexto autoritário da ditadura, Faoro pode ter visto na esquerda brasileira uma alternativa para combater as práticas antidemocráticas e promover reformas políticas e sociais mais inclusivas. Sua aproximação com essa corrente política pode ser entendida como uma tentativa de resistência ao autoritarismo e de busca por uma agenda progressista que visasse a ampliação dos direitos civis e políticos no país.

Essa mudança na postura política de Faoro reflete não apenas as contingências do momento histórico, mas também sua busca por coerência e compromisso com os princípios democráticos e liberais que ele defendia. Ao se aliar à esquerda, Faoro pode ter visto uma oportunidade de promover mudanças profundas na estrutura de poder brasileira e avançar em direção a uma sociedade mais justa e igualitária, alinhada com seus valores fundamentais de liberdade e democracia.

Luta pela Democracia

Raimundo Faoro emergiu como uma figura proeminente na luta pela democracia durante os anos sombrios da ditadura militar no Brasil, que teve início em 1964. Sua atuação foi especialmente marcante por meio da Ordem dos Advogados do Brasil (OAB), uma instituição que desempenhou um papel significativo na resistência pacífica ao regime autoritário. Faoro, como membro destacado da OAB, foi fundamental na articulação de estratégias de resistência e na defesa dos princípios democráticos e dos direitos civis.

A Ordem dos Advogados do Brasil tornou-se uma das principais vozes da oposição ao regime militar, utilizando sua influência e estrutura organizacional para denunciar violações dos direitos humanos, pressionar por reformas políticas e exigir o retorno do Estado de direito e das eleições democráticas. Faoro, juntamente com outros líderes da OAB, desempenhou um papel de liderança nesse movimento, mobilizando advogados e cidadãos em todo o país em prol da causa democrática (FAORO, 1979).

A resistência promovida pela OAB, sob a liderança de Faoro, destacou-se pela sua abordagem pacífica e pela defesa intransigente dos princípios democráticos, mesmo diante da repressão e da violência por parte do regime militar. Essa postura contribuiu para fortalecer a legitimidade do movimento pró-democracia e para sensibilizar a opinião pública nacional e internacional sobre a necessidade urgente de restaurar as liberdades civis e políticas no Brasil.

Além de seu papel na OAB, Faoro também foi uma voz crítica e influente na academia e na sociedade civil, denunciando os abusos do regime militar e defendendo a necessidade de uma transição pacífica para a democracia.

Sua coragem e compromisso com os ideais democráticos inspiraram muitos brasileiros a se engajarem na luta pela redemocratização do país e deixaram um legado duradouro na história política do Brasil.

Bibliografia

ALMEIDA, José Roberto do Amaral. Raimundo Faoro: um intelectual brasileiro. Rio de Janeiro: Editora FGV, 2010.

FAORO, Raimundo. Os donos do poder: formação do patronato político brasileiro. 2. ed. Rio de Janeiro: Editora Record, 1979.

FAORO, Raimundo. Do feudalismo ao liberalismo: esboço de uma história das ideias políticas no Brasil. Rio de Janeiro: Editora Record, 1964.

FAORO, Raimundo. A aventura burguesa: a formação da classe dominante no Brasil. Rio de Janeiro: Editora Record, 1959.

FAORO, Raimundo. Origens e desdobramentos da formação do Estado brasileiro. Rio de Janeiro: Editora Record, 1987.

FAORO, Raimundo. Poder e classes sociais na América Latina. Rio de Janeiro: Editora Record, 1974.

FAORO, Raimundo. O clientelismo político. Rio de Janeiro: Editora Record, 1983.

FAORO, Raimundo. Formação do Estado brasileiro. 3. ed. São Paulo: Editora Cortez, 1985.

Capítulo 33

Roberto DaMatta

Roberto DaMatta, nascido em Niterói, Rio de Janeiro, no dia 29 de julho de 1936, transcendeu os limites da academia e se tornou uma figura multifacetada. Antropólogo, conferencista, filósofo, consultor, colunista de jornal e produtor brasileiro de TV, sua vida e obra são um mosaico de contribuições intelectuais e culturais (ALMEIDA, 2010).

Graduado e licenciado em História pela Universidade Federal Fluminense. Realizou um curso de especialização em antropologia social no Museu Nacional da Universidade Federal do Rio de Janeiro. Obteve seu mestrado (Master in Arts) e doutorado na Universidade Harvard em 1969 e 1971, respectivamente.

Foi chefe do departamento de Antropologia do Museu Nacional e coordenador do programa de pós-graduação em Antropologia Social.

Roberto DaMatta é conhecido por seus estudos sobre a sociedade brasileira. Investigou rituais, festivais e aspectos culturais do Brasil, incluindo o carnaval, o futebol, a música, a comida, a cidadania, a mulher, a morte, o jogo do bicho e as categorias de tempo e espaço.

Sua obra "Carnavais, Malandros e Heróis" é uma referência na Antropologia e Sociologia. Uma das teorias mais conhecidas de DaMatta é a distinção entre indivíduo e pessoa. Essa distinção ajuda a explicar a fragilidade das instituições sociais no Brasil.

Além de sua carreira acadêmica, ele foi produtor de TV, colunista de jornal e consultor. Participou do programa

Manhattan Connection, criado pelo jornalista Lucas Mendes.

Roberto DaMatta possui uma marca indelével nas Ciências Sociais do Brasil. Sua abordagem crítica e sua paixão pela compreensão da cultura brasileira continuam a inspirar gerações de estudiosos.

Teoria do "homem cordial"

DaMatta é conhecido por seu conceito de "homem cordial", introduzido em sua obra "Carnavais, Malandros e Heróis". Ele descreve o brasileiro como alguém que tende a ser afetuoso, informal e relacional em suas interações sociais, mas também propenso a conflitos e ambiguidades sociais.

A teoria do "homem cordial", proposta por Roberto DaMatta em sua obra "Carnavais, Malandros e Heróis", oferece uma perspectiva única sobre as características sociais e culturais dos brasileiros (DAMATTA, 1997).

Segundo DaMatta, o brasileiro é caracterizado por uma cordialidade inata, manifestada em sua inclinação para o afeto, informalidade e relacionalidade nas interações sociais. Essa cordialidade é frequentemente percebida em gestos de hospitalidade, proximidade emocional e expressões de simpatia.

No entanto, por trás dessa cordialidade aparente,

DaMatta também destaca a presença de conflitos e ambiguidades sociais. Ele sugere que essa cordialidade pode ser superficial, servindo como uma máscara para as tensões subjacentes nas relações sociais. Por exemplo, as pessoas podem ser cordiais em público, mas manter distâncias sociais claras ou demonstrar hostilidade em contextos privados.

Essa teoria oferece insights profundos sobre a dinâmica social brasileira, destacando como a cordialidade pode ser uma faceta complexa da identidade nacional. Ela também lança luz sobre as contradições e ambiguidades presentes nas interações sociais, contribuindo para uma compreensão mais rica da cultura brasileira (DAMATTA, 1978).

Ao reconhecer a cordialidade como uma característica distintiva do brasileiro, DaMatta nos convida a refletir sobre as nuances e complexidades das relações sociais no país.

Análise da sociedade brasileira

Ele explorou profundamente as dinâmicas sociais, culturais e políticas do Brasil, destacando temas como a hierarquia social, a cultura do favor e a ambiguidade nas relações sociais.

Ao longo de sua carreira, Roberto DaMatta se dedicou a uma análise profunda e perspicaz da sociedade brasileira, abordando uma ampla gama de temas que refletem as complexidades e contradições do país. Sua obra revela um olhar atento às dinâmicas sociais, culturais e políticas que moldam a vida dos brasileiros (DAMATTA, 1997).

Um dos temas centrais explorados por DaMatta é a hierarquia social. Ele examina como as estruturas de poder e status permeiam as interações sociais, influenciando a forma como as pessoas se relacionam umas com as outras e como são percebidas na sociedade. DaMatta destaca como a hierarquia está enraizada em diversas esferas da vida brasileira, desde as relações familiares até as instituições públicas.

DaMatta aborda a cultura do favor, um aspecto marcante da sociedade brasileira. Ele analisa como o intercâmbio de favores e o nepotismo são parte integrante das relações sociais e políticas do país, muitas vezes superando princípios de meritocracia e igualdade. Essa cultura do favor pode criar redes de solidariedade, mas também perpetuar desigualdades e injustiças.

Outro ponto destacado por DaMatta é a ambiguidade nas relações sociais. Ele argumenta que os brasileiros frequentemente lidam com ambiguidades e contradições em suas interações, navegando entre a cordialidade e a desconfiança, a formalidade e a informalidade. Essa ambiguidade reflete a complexidade da identidade brasileira e as tensões presentes na sociedade.

Em suma, a análise de DaMatta sobre a sociedade brasileira oferece uma visão rica e multifacetada, destacando as nuances e peculiaridades que moldam as relações sociais, culturais e políticas do país. Sua obra continua sendo uma referência importante para quem busca compreender as dinâmicas e desafios do Brasil contemporâneo.

Cultura e simbolismo

Roberto DaMatta examinou como os símbolos e rituais sociais moldam a identidade e a dinâmica cultural brasileira. Ele analisou o papel central do carnaval, do futebol e de outras práticas culturais na construção da identidade nacional.

O cientista social dedicou parte significativa de seus estudos à análise da cultura e do simbolismo na sociedade brasileira, explorando como os símbolos e rituais sociais contribuem para a construção da identidade nacional e para a dinâmica cultural do país (DAMATTA, 1982b).

Uma das principais manifestações culturais que ele estudou foi o carnaval, um evento emblemático que desempenha um papel central na vida social e cultural do Brasil. DaMatta analisou como o carnaval não é apenas uma festa, mas também um espaço de expressão cultural, onde as pessoas podem subverter normas sociais e hierarquias estabelecidas, experimentar liberdade e celebrar a diversidade.

Além do carnaval, DaMatta também examinou o papel do futebol como um importante símbolo nacional. Ele investigou como o futebol não é apenas um esporte, mas uma paixão compartilhada que une pessoas de diferentes origens sociais e culturais em torno de um interesse comum. DaMatta analisou como o futebol se tornou um elemento central na identidade brasileira, refletindo valores, aspirações e tensões presentes na sociedade (DAMATTA, 1982b).

Outras práticas culturais, como festas religiosas, rituais de passagem e formas de expressão artística, também foram objeto de estudo de DaMatta. Ele examinou como essas práticas contribuem para a construção de significados compartilhados, fortalecem laços sociais e reforçam a coesão cultural. DaMatta destacou como esses símbolos e rituais são fundamentais para a compreensão da identidade brasileira e para a análise das dinâmicas culturais do país.

A análise de DaMatta sobre cultura e simbolismo oferece insights valiosos sobre as práticas sociais e culturais que moldam a vida no Brasil. Suas pesquisas fornecem uma compreensão mais profunda das formas como os símbolos e rituais contribuem para a construção da identidade nacional e para a dinâmica cultural do país, revelando as complexidades e riquezas da sociedade brasileira.

Relações de poder e hierarquia

Ele investigou as relações de poder e as estruturas hierárquicas na sociedade brasileira, destacando a influência do patriarcalismo, do clientelismo e da desigualdade social.

Um dos aspectos centrais de sua obra foi a investigação do patriarcalismo, um sistema de organização social baseado na autoridade do pai como figura central da família. DaMatta explorou como o patriarcalismo permeia as relações sociais brasileiras, moldando as dinâmicas familiares, as interações no trabalho e até mesmo as relações políticas. Ele demonstrou como essa estrutura hierárquica pode perpetuar a subordinação das mulheres e reforçar a noção de autoridade masculina na sociedade (DAMATTA, 1979).

Além do patriarcalismo, DaMatta também analisou o clientelismo como uma importante forma de organização social no Brasil. Ele investigou como as relações clientelistas, baseadas em trocas de favores e relações pessoais, influenciam a política, a economia e a vida cotidiana. DaMatta demonstrou como o clientelismo pode ser tanto uma estratégia de sobrevivência em um contexto de escassez de recursos quanto um mecanismo de perpetuação da desigualdade e da exclusão social.

Outro ponto destacado por DaMatta foi a desigualdade social, uma característica marcante da sociedade brasileira. Ele examinou como as hierarquias sociais se manifestam em diferentes aspectos da vida, como acesso à educação, emprego, saúde e moradia. DaMatta também analisou as raízes históricas e culturais da desigualdade no Brasil, incluindo o legado da escravidão e a persistência de preconceitos sociais (DAMATTA, 1979).

As relações de poder e hierarquia na sociedade brasileira oferecem uma compreensão mais profunda das dinâmicas sociais que moldam as interações e estruturas sociais no país. Suas investigações revelam as complexidades e contradições presentes nas relações de poder, destacando a necessidade de abordagens multifacetadas e contextualizadas para compreender a realidade brasileira.

Antropologia do corpo

DaMatta também contribuiu para a compreensão do corpo na cultura brasileira, explorando como as práticas corporais refletem e reproduzem normas sociais e valores culturais.

Na antropologia do corpo, Roberto DaMatta desempenhou um papel fundamental ao investigar as complexas interações entre o corpo humano e a cultura brasileira. Sua abordagem analítica ofereceu insights valiosos sobre como as práticas corporais não apenas refletem, mas também influenciam e perpetuam normas sociais e valores culturais específicos (DAMATTA, 1982).

Ao examinar o corpo como um fenômeno cultural, DaMatta destacou como gestos, posturas, roupas e até mesmo expressões faciais são carregados de significados simbólicos que variam de acordo com o contexto cultural.

Ele mostrou como a maneira como nos movemos e nos apresentamos ao mundo é moldada por normas sociais internalizadas desde tenra idade e como essas normas podem diferir entre diferentes grupos sociais e regiões geográficas.

Além disso, DaMatta explorou a relação entre o corpo e a identidade cultural, demonstrando como certas práticas corporais são usadas para reforçar a coesão social dentro de um grupo e distinguir esse grupo de outros.

Por exemplo, ele analisou como as práticas de dança e festividades como o Carnaval não apenas proporcionam entretenimento, mas também fortalecem os laços comunitários e reafirmam a identidade cultural brasileira.

Outro aspecto importante abordado por DaMatta foi a

relação entre o corpo e o poder na sociedade brasileira. Ele investigou como certos corpos são privilegiados e valorizados em detrimento de outros, refletindo assim as hierarquias sociais e as estruturas de poder (DAMATTA, 1982).

Por meio de suas análises, DaMatta questionou as normas corporais dominantes e lançou luz sobre as formas como essas normas podem ser contestadas e subvertidas por meio de práticas de resistência cultural.

A antropologia do corpo foi essencial para uma compreensão mais profunda das interações entre corpo, cultura e sociedade na realidade brasileira. Suas análises sensíveis e perspicazes revelaram a complexidade e a riqueza das práticas corporais brasileiras, oferecendo uma visão enriquecedora sobre como o corpo humano é vivenciado, interpretado e significado dentro de um contexto cultural específico.

Identidade Nacional

DaMatta destaca que a sociedade brasileira possui características marcantes que compõem sua "Identidade Nacional".

A identidade nacional, conforme destacada por DaMatta, é um conceito complexo que reflete as características marcantes e distintivas da sociedade brasileira. Entre os elementos-chave que compõem essa identidade, o Carnaval se destaca como uma celebração profundamente enraizada na cultura brasileira (DAMATTA, 1986).

Embora suas origens possam remontar a outras tradições, o Carnaval no Brasil assumiu uma dimensão única, tornando-se um evento socialmente crucial que une pessoas de todas as origens em celebração e expressão cultural.

Além do Carnaval, o futebol também desempenha um papel significativo na construção da identidade nacional brasileira. Como um esporte amplamente praticado e adorado em todo o país, o futebol não apenas proporciona entretenimento, mas também serve como uma ferramenta de sociabilização, ensinando valores de trabalho em equipe, cooperação e resiliência diante de vitórias e derrotas.

Outro aspecto essencial da identidade nacional é a alimentação. As comidas típicas brasileiras carregam consigo sutilezas e significados culturais profundos, refletindo a diversidade regional e étnica do país. Da feijoada ao acarajé, cada prato conta uma história sobre as tradições, influências e ingredientes locais que moldaram a culinária brasileira ao longo dos séculos.

A maneira como lidamos com a morte também é um elemento crucial da nossa identidade nacional. Nossa abordagem à perda de entes queridos, marcada por rituais de luto, celebrações e homenagens, reflete as complexidades da nossa relação com a vida e a espiritualidade.

Além disso, os jogos de azar, como o jogo do bicho e o bingo, assim como a malandragem, são características peculiares da identidade brasileira. Esses elementos refletem não apenas práticas culturais, mas também valores sociais e históricos que moldaram a sociedade brasileira ao longo do tempo. Em conjunto, esses aspectos contribuem para a construção de uma identidade nacional única e multifacetada, que continua a evoluir e se transformar ao longo dos anos.

Dilema Brasileiro

DaMatta aponta para um dilema cultural no Brasil: Por um lado, valorizamos o respeito à lei como base para uma sociedade democrática e justa. Por outro, recorremos ao jeitinho brasileiro para obter vantagens pessoais, criando uma contradição (DAMATTA, 1987).

O dilema cultural apontado por DaMatta revela uma dualidade presente na sociedade brasileira, onde coexistem valores contraditórios e comportamentos complexos. Por um lado, há uma valorização do respeito à lei e à ordem como fundamentais para a construção de uma sociedade democrática e justa. Essa perspectiva enfatiza a importância da igualdade perante a lei, da transparência institucional e do cumprimento das normas como pilares do Estado de Direito.

Por outro lado, emerge o chamado "jeitinho brasileiro", uma prática informal e flexível que muitas vezes se sobrepõe às regras estabelecidas. O jeitinho brasileiro é caracterizado pela busca de vantagens pessoais através de caminhos alternativos, contornando ou burlando as normas vigentes.

Essa mentalidade reflete uma série de fatores históricos, culturais e socioeconômicos, incluindo a desigualdade social, a falta de confiança nas instituições e a necessidade de adaptação a contextos adversos.

Assim, o dilema brasileiro reside na tensão entre o ideal de uma sociedade baseada na igualdade, justiça e legalidade, e a realidade de uma cultura que muitas vezes valoriza a flexibilidade, a improvisação e a busca de vantagens individuais.

Essa contradição pode gerar desafios para a consolidação da democracia e do Estado de Direito, pois mina a confiança nas instituições e perpetua práticas que podem prejudicar a coletividade em detrimento dos interesses individuais. A compreensão desse dilema é essencial para o enfrentamento dos desafios e para a construção de uma sociedade mais justa, igualitária e ética.

Distinção entre Indivíduo e Pessoa

Roberto DaMatta introduz a distinção entre indivíduo e pessoa. Essa teoria ajuda a explicar a fragilidade das instituições sociais no Brasil. Não se refere apenas a locais físicos, mas a todo o espaço social.

A distinção entre indivíduo e pessoa proposta por DaMatta é uma análise profunda das dinâmicas sociais e culturais brasileiras, que ajuda a explicar muitos aspectos da vida em sociedade no país. Segundo essa teoria, o termo "indivíduo" refere-se à dimensão física e biológica do ser humano, ou seja, à sua existência material e individual. Por outro lado, o conceito de "pessoa" vai além do indivíduo e engloba aspectos sociais, culturais e relacionais.

Enquanto o indivíduo é uma entidade autônoma e independente, a pessoa é definida por suas relações sociais, papéis sociais e interações com outros membros da sociedade. Nesse sentido, ser uma pessoa implica fazer parte de uma rede de interações sociais, onde os indivíduos desempenham papéis específicos e são reconhecidos por sua posição dentro da comunidade (DAMATTA, 1997).

Essa distinção é crucial para entender a dinâmica das relações sociais no Brasil, especialmente em contextos onde as instituições sociais são frágeis ou pouco eficazes. No Brasil, muitas vezes, as pessoas são mais valorizadas do que os indivíduos, o que significa que as relações pessoais e os laços de confiança desempenham um papel fundamental na vida social e política.

Além disso, essa distinção não se limita apenas a espaços físicos, mas se estende a todo o espaço social, influenciando desde as interações cotidianas até as estruturas de poder e as dinâmicas institucionais. Compreender essa diferença ajuda a explicar muitos aspectos da cultura brasileira, incluindo sua sociabilidade, seu sistema de clientelismo e seu modo peculiar de organização social.

Bibliografia

ALMEIDA, José Roberto do Amaral. Roberto DaMatta: um intelectual brasileiro. Rio de Janeiro: Editora FGV, 2010.

DAMATTA, Roberto. Carnavais, malandros e heróis: para uma sociologia do dilema brasileiro. Rio de Janeiro: Editora Rocco, 1997.

DAMATTA, Roberto. A casa e a rua: espacialidade do poder e da morte no Brasil. Rio de Janeiro: Editora Guanabara, 1987.

DAMATTA, Roberto. O que faz o Brasil, Brasil? Rio de Janeiro: Editora Rocco, 1986.

DAMATTA, Roberto. Ritos e festas populares. São Paulo: Editora Brasiliense, 1982.

DAMATTA, Roberto. A sociedade brasileira: mito e realidade. Rio de Janeiro: Editora Zahar, 1979.

DAMATTA, Roberto. Universo do futebol: esporte e sociedade brasileira. Rio de Janeiro: Editora Pinakotheke, 1982b.

DAMATTA, Roberto. A cordialidade malandra: uma interpretação do Brasil. Rio de Janeiro: Editora Rocco, 1978.

Capítulo 34

Sérgio Buarque de Holanda

Sérgio Buarque de Holanda foi um proeminente cientista social, historiador, jornalista, professor e crítico literário brasileiro, nascido em São Paulo em 11 de julho de

1902 e falecido em 24 de abril de 1982. Ele é reconhecido como uma das figuras mais importantes e influentes na história intelectual do Brasil do século XX.

Buarque de Holanda teve uma educação sólida e diversificada, estudando em escolas de prestígio em São Paulo e frequentando a Faculdade de Direito da Universidade de São Paulo (USP), onde se formou em 1925. Desde cedo, ele demonstrou interesse pelas ciências sociais e humanidades, influenciado pelo ambiente intelectual vibrante da época.

Após concluir seus estudos, Buarque de Holanda iniciou uma carreira multifacetada como jornalista, crítico literário e professor universitário. Ele contribuiu para várias publicações importantes e se destacou como crítico literário, analisando obras fundamentais da literatura brasileira e internacional.

No entanto, foi como historiador que Buarque de Holanda deixou sua marca mais duradoura. Sua obra mais famosa e influente é "Raízes do Brasil", publicada em 1936, na qual ele examina as origens culturais, sociais e históricas do Brasil. Nesta obra, Buarque de Holanda explora temas como a colonização portuguesa, as características da sociedade brasileira e a formação da identidade nacional.

Além de "Raízes do Brasil", Buarque de Holanda escreveu diversas outras obras importantes, como "Caminhos e Fronteiras", "Visão do Paraíso" e "Monções", consolidando seu status como uma das principais vozes intelectuais do Brasil. Sua abordagem interdisciplinar, sua análise perspicaz da história brasileira e sua prosa elegante e envolvente continuam a inspirar estudiosos e leitores até os dias de hoje.

"Raízes do Brasil"

Sua obra mais conhecida, onde introduziu a noção de "homem cordial", que descreve uma característica marcante da sociedade brasileira, marcada pela informalidade, pela afetividade e pela falta de distinção entre o público e o privado. Além disso, em "Raízes do Brasil", ele analisou a formação histórica e cultural do Brasil, explorando elementos como a colonização portuguesa, a economia agrária baseada na monocultura e a ausência de uma tradição cívica.

Neste livro, Buarque de Holanda introduziu o conceito de "homem cordial", uma noção que se tornou fundamental para a compreensão da sociedade brasileira. Ele descreveu o brasileiro como alguém afetuoso, informal e marcado pela falta de distinção entre o público e o privado, características que influenciam as interações sociais e as relações de poder no país (HOLANDA, 2019).

Além disso, em "Raízes do Brasil", Buarque de Holanda

explorou diversos aspectos da história brasileira, incluindo a colonização portuguesa e suas consequências, como a formação de uma economia agrária baseada na monocultura, especialmente a cana-de-açúcar.

Ele analisou como essa estrutura econômica influenciou as relações sociais, políticas e econômicas no Brasil, criando uma sociedade marcada pela desigualdade e pela dependência de poucos setores econômicos.

Outro ponto destacado por Buarque de Holanda em sua obra é a ausência de uma tradição cívica no Brasil. Ele argumentou que, ao contrário de outros países, o Brasil não desenvolveu uma forte cultura de participação política e compromisso cívico. Isso pode ser atribuído, em parte, à herança ibérica do país, onde as relações sociais eram baseadas mais em laços pessoais do que em instituições públicas (HOLANDA, 2019).

Em suma, "Raízes do Brasil" é uma obra fundamental que oferece uma análise perspicaz da sociedade brasileira, abordando aspectos como a cultura, a economia, a política e a identidade nacional. Ao introduzir o conceito de "homem cordial" e explorar a formação histórica do país, Buarque de Holanda forneceu uma base sólida para o estudo e compreensão do Brasil contemporâneo.

Tradição Ibérica

Buarque de Holanda argumentou que o Brasil herdou muitas características culturais e sociais da tradição ibérica, principalmente de Portugal. Isso incluiu uma forte hierarquia social, o personalismo nas relações sociais, a falta de uma tradição burocrática e a tendência à conciliação e ao compromisso político (HOLANDA, 1986).

Uma das principais características destacadas por Buarque de Holanda é a forte hierarquia social presente na tradição ibérica. Essa hierarquia se manifesta em diferentes aspectos da sociedade brasileira, desde as relações familiares até as estruturas de poder político e econômico.

Essa hierarquia contribui para a perpetuação da desigualdade social e para a manutenção de privilégios de determinados grupos.

Além disso, Buarque de Holanda discute o personalismo nas relações sociais, uma característica típica da tradição ibérica. Isso se refere à valorização das relações pessoais e afetivas sobre as instituições formais.

No Brasil, isso se reflete em uma cultura de favoritismo e clientelismo, onde as conexões pessoais muitas vezes têm mais peso do que critérios objetivos.

Outro aspecto abordado por Buarque de Holanda é a falta de uma tradição burocrática no Brasil, em contraste com outros países europeus. Isso se deve em parte à herança ibérica, onde as relações sociais eram frequentemente baseadas em laços pessoais e não em instituições impessoais. Essa falta de uma burocracia eficiente pode contribuir para problemas como a corrupção e a ineficiência administrativa.

Buarque de Holanda também destaca a tendência à conciliação e ao compromisso político como uma característica da tradição ibérica. Isso pode ser observado na política brasileira, onde a busca por consenso muitas vezes prevalece sobre confrontos ideológicos ou polarizações extremas.

Antropofagia Cultural

Buarque de Holanda também explorou o conceito de "antropofagia cultural", inspirado no movimento modernista brasileiro liderado por Oswald de Andrade. Essa ideia sugere que a cultura brasileira é caracterizada pela capacidade de absorver e transformar influências externas, tornando-as distintamente brasileiras (HOLANDA, 1967).

A noção de "antropofagia cultural", elaborada por Sérgio Buarque de Holanda, é profundamente intrigante e reveladora sobre a identidade cultural brasileira. Inspirada pelo movimento modernista liderado por Oswald de Andrade, essa concepção sugere que a cultura brasileira não apenas absorve influências externas, mas também as devora e as transforma em algo próprio e singular. A metáfora da antropofagia, originalmente usada pelos povos indígenas brasileiros para descrever a prática de consumir carne humana ritualisticamente, é aqui aplicada ao contexto cultural de forma metafórica (HOLANDA, 1967).

Ao adotar e reinterpretar elementos estrangeiros, a cultura brasileira demonstra uma espécie de voracidade criativa, incorporando elementos de diversas origens e dando-lhes uma nova identidade, genuinamente brasileira. Essa capacidade de absorção e reinvenção cultural é vista em várias manifestações artísticas e sociais do Brasil, desde a música e a dança até a culinária e a religião.

Essa perspectiva desafia a ideia de uma cultura estática e homogênea, mostrando que a identidade brasileira é fluida, híbrida e dinâmica.

A antropofagia cultural implica uma atitude de abertura e adaptabilidade em relação ao mundo exterior, ao mesmo tempo em que afirma a singularidade e a autonomia cultural do Brasil. Essa noção continua a ser uma lente valiosa para entender não apenas a cultura brasileira, mas também os processos de intercâmbio cultural em todo o mundo.

Relações Estado e Sociedade

Ele analisou as relações entre o Estado e a sociedade brasileira, destacando a predominância do personalismo sobre a burocracia e a falta de uma forte cultura cívica e participativa.

Sérgio Buarque de Holanda ofereceu insights valiosos sobre as complexas relações entre o Estado e a sociedade brasileira, identificando características distintas que moldaram essa dinâmica ao longo da história (HOLANDA, 2000).

Uma de suas observações mais marcantes foi a predominância do personalismo sobre a burocracia no Brasil. Isso significa que, em vez de serem regidas por sistemas impessoais e instituições robustas, as relações entre os cidadãos e o Estado muitas vezes se baseiam em conexões pessoais e na influência de indivíduos específicos.

Essa tendência ao personalismo tem profundas ramificações na política, na administração pública e na vida cotidiana dos brasileiros, impactando desde o acesso a serviços básicos até as decisões políticas de maior envergadura. Além disso, Buarque de Holanda apontou a falta de uma forte cultura cívica e participativa no Brasil, o que se reflete na baixa participação política e na pouca confiança nas instituições democráticas.

Essa análise revela não apenas os desafios enfrentados pelo Estado brasileiro na promoção do bem comum e na garantia dos direitos dos cidadãos, mas também as características culturais e sociais que influenciam a forma como a sociedade se relaciona com o poder político. Ao compreender essas relações, podemos identificar áreas de melhoria e buscar formas de fortalecer a democracia e a governança no Brasil.

Formação da Identidade Nacional

Buarque de Holanda investigou como elementos como a geografia, a economia, a cultura e a história moldaram a identidade nacional brasileira. Ele argumentou que o Brasil é uma sociedade marcada pela ambiguidade e pela falta de coesão social, refletida em sua história de conciliação e compromisso político (HOLANDA, 2019).

A contribuição de Sérgio Buarque de Holanda para a compreensão da formação da identidade nacional brasileira é fundamental para entendermos as complexidades desse processo. Ele destacou que diversos elementos, como geografia, economia, cultura e história, desempenharam papéis significativos na moldagem da identidade do país.

Ao analisar a geografia, Buarque de Holanda

reconheceu a vastidão territorial do Brasil e sua diversidade regional como fatores que influenciaram a formação de identidades locais distintas. Além disso, a economia baseada na monocultura agrária e na exploração de recursos naturais moldou as relações sociais e econômicas ao longo da história do país.

No aspecto cultural, Buarque de Holanda destacou a influência de diferentes tradições, como a indígena, africana e europeia, na configuração da identidade nacional brasileira. Essa mistura de culturas gerou uma sociedade plural e multifacetada, marcada pela convivência e interação de diferentes grupos étnicos e culturais (HOLANDA, 2019).

Na esfera histórica, Buarque de Holanda argumentou que o Brasil é uma sociedade caracterizada pela ambiguidade e pela falta de coesão social. Ele apontou para a tradição histórica de conciliação e compromisso político, em contraste com momentos de conflito e polarização. Essa ambiguidade histórica contribui para a complexidade da identidade nacional brasileira, marcada por contradições e tensões.

Assim, a análise de Buarque de Holanda sobre a formação da identidade nacional brasileira nos ajuda a compreender a riqueza e a diversidade desse processo, destacando a importância de considerar uma variedade de fatores interconectados para entender verdadeiramente o que significa ser brasileiro.

Bibliografia

HOLANDA, Sérgio Buarque de. Raízes do Brasil. 30ª ed. São Paulo: Companhia das Letras, 2019.

HOLANDA, Sérgio Buarque de. Visão do Paraíso: modernismo e tradição na cultura brasileira. São Paulo: Companhia das Letras, 2000.

HOLANDA, Sérgio Buarque de. O espírito aventureiro e a formação social brasileira. Rio de Janeiro: Editora Civilização Brasileira, 1967.

HOLANDA, Sérgio Buarque de. Monções e sebastianismo: da aventura à utopia. São Paulo: Editora Brasiliense, 1986.

Capítulo 35

Sérgio Miceli

Sérgio Miceli Pessôa de Barros é um renomado cientista social brasileiro, conhecido por suas contribuições significativas para a sociologia e a história intelectual no

Brasil. Nascido no Rio de Janeiro em 1945, Miceli é graduado em Sociologia e Política pela Universidade Federal do Rio de Janeiro (UFRJ) e obteve seu doutorado em Ciências Sociais pela Universidade de São Paulo (USP).

Ao longo de sua carreira, Sérgio Miceli se destacou como pesquisador e acadêmico, dedicando-se ao estudo da história das ciências sociais no Brasil, bem como à análise da produção intelectual e cultural no país. Suas pesquisas abordam temas como o desenvolvimento das ciências sociais, a formação de intelectuais e o papel das instituições acadêmicas na produção de conhecimento.

Miceli é autor de diversas obras que se tornaram referência no campo das ciências sociais no Brasil. Seu trabalho mais conhecido, "Intelectuais à Brasileira", lançado em 2001, oferece uma análise abrangente sobre a trajetória dos intelectuais no país, desde o período colonial até os dias atuais. Nessa obra, Miceli examina o papel dos intelectuais na construção da identidade nacional brasileira e nas transformações políticas e sociais ao longo da história.

Além de sua atuação como pesquisador, Sérgio Miceli também teve uma destacada carreira acadêmica, lecionando em importantes instituições de ensino superior no Brasil e no exterior. Sua vasta experiência como professor contribuiu para a formação de inúmeros estudantes e pesquisadores nas áreas de sociologia e ciências sociais.

Por suas contribuições significativas para o avanço do conhecimento nas ciências sociais e sua influência no meio acadêmico, Sérgio Miceli é amplamente reconhecido como uma das principais figuras intelectuais do Brasil contemporâneo. Sua obra continua a inspirar novas gerações de estudiosos interessados na compreensão da sociedade brasileira e de suas dinâmicas culturais e políticas.

Intelectuais no Brasil

Miceli é conhecido por suas análises sobre a figura do intelectual no Brasil e seu papel na sociedade. Ele investigou como os intelectuais brasileiros influenciaram o desenvolvimento cultural, político e social do país ao longo do tempo. Suas obras exploram as diferentes correntes de pensamento e os contextos históricos em que esses intelectuais surgiram e atuaram (BARROS, 2001).

Para Miceli, os intelectuais no Brasil desempenharam um papel fundamental na construção da identidade cultural, política e social do país ao longo da história. Reconhecido por suas análises perspicazes nesse campo, dedicou-se a explorar a complexidade dessa figura e seu impacto na sociedade brasileira. Em suas obras, Miceli mergulha nas diversas correntes de pensamento que moldaram o panorama intelectual do país, desde os primórdios da colonização até os tempos contemporâneos (BARROS, 2001).

Uma das contribuições mais marcantes de Miceli é sua análise dos contextos históricos em que os intelectuais brasileiros surgiram e atuaram. Ele examina como fatores como a escravidão, a colonização, as lutas políticas e as transformações sociais influenciaram as ideias e o engajamento dos intelectuais ao longo do tempo.

Além disso, Miceli investiga as diferentes formas de expressão intelectual, que vão desde a literatura e a filosofia até a política e as artes, e como essas manifestações contribuíram para a construção da identidade nacional.

Outro aspecto abordado por Miceli é a diversidade de perspectivas e correntes de pensamento presentes no cenário intelectual brasileiro. Ele destaca as diferentes visões e ideologias que coexistiram e muitas vezes entraram em conflito, enriquecendo o debate público e influenciando o curso dos eventos históricos.

Ao examinar as obras e os posicionamentos de intelectuais proeminentes, Miceli lança luz sobre as complexidades e contradições do pensamento brasileiro.

Miceli analisa o papel dos intelectuais na formulação de políticas públicas, na educação e na disseminação de ideias na sociedade brasileira. Ele explora como esses agentes culturais e sociais contribuíram para a construção de consensos, a promoção do debate democrático e a defesa dos direitos humanos e da justiça social. Em suma, as análises de Miceli oferecem uma visão abrangente e profunda do papel dos intelectuais na história e na cultura do Brasil, destacando sua importância e sua influência duradoura.

Cultura e Sociedade

Ao longo de sua carreira, Miceli também se dedicou ao estudo das relações entre cultura e sociedade no Brasil. Ele analisou como práticas culturais, como literatura, música, arte e mídia, refletem e moldam as estruturas sociais e as identidades coletivas no país. Suas pesquisas contribuíram para uma compreensão mais profunda da dinâmica cultural brasileira (BARROS, 1986).

A relação entre cultura e sociedade tem sido um campo de estudo fascinante e complexo ao longo da carreira de Sérgio Miceli. Seu trabalho incansável tem se concentrado em compreender como as práticas culturais, como literatura, música, arte e mídia, não apenas refletem, mas também moldam as estruturas sociais e as identidades coletivas no Brasil. Miceli adotou uma abordagem holística e multidisciplinar, reconhecendo que a cultura não é apenas um reflexo passivo da sociedade, mas um elemento ativo e dinâmico que influencia profundamente a vida social e individual (BARROS, 1986).

Na análise da interseção entre cultura e sociedade, Miceli examina como as manifestações culturais são permeadas por valores, crenças e ideologias que refletem as condições históricas e sociais de seu tempo. Ele investiga como a literatura, por exemplo, pode revelar as tensões sociais e os conflitos de uma determinada época, oferecendo insights profundos sobre a experiência humana e as dinâmicas sociais.

Da mesma forma, Miceli examina como a música e a arte refletem as aspirações, os desafios e os anseios de diferentes grupos sociais, contribuindo para a construção de identidades coletivas e a expressão de resistência cultural.

Miceli analisa o papel da mídia na formação da opinião pública, na disseminação de valores culturais e na construção de narrativas sobre a identidade nacional.

Ele investiga como os meios de comunicação influenciam a percepção do público sobre questões sociais, políticas e culturais, moldando atitudes e comportamentos em toda a sociedade. Por meio de suas pesquisas, Miceli oferece uma compreensão mais profunda da dinâmica cultural brasileira, destacando suas complexidades, contradições e potenciais transformadores.

Modernização e Mudança Social

Outro tema central em seu trabalho é a modernização e a mudança social no Brasil. Miceli investigou os processos de modernização e industrialização do país, bem como seus impactos na estrutura social, nas instituições e nas relações de poder. Ele examinou as transformações econômicas, políticas e culturais associadas a esses processos, oferecendo insights sobre a dinâmica da sociedade brasileira contemporânea.

A modernização e a mudança social têm sido temas fundamentais na obra de Sérgio Miceli, refletindo seu profundo interesse nas transformações que moldaram o Brasil ao longo do tempo.

Em seus estudos, Miceli investigou os processos de modernização e industrialização do país, analisando seus efeitos sobre a estrutura social, as instituições e as relações de poder. Ele busca compreender como essas mudanças afetaram a vida das pessoas, as dinâmicas econômicas e políticas e as expressões culturais. (BARROS, 1975).

Miceli reconhece que a modernização não é apenas um

fenômeno econômico, mas um processo complexo que envolve transformações em múltiplos aspectos da sociedade.

Ele examina como a transição do Brasil de uma economia agrária para uma economia industrial impactou as relações de classe, as estruturas familiares, as práticas culturais e as instituições políticas. Além disso, Miceli se interessa pela interação entre a modernização e outros fenômenos sociais, como urbanização, migração, educação e mudanças de valores (BARROS, 1975).

Ao longo de suas pesquisas, Miceli busca identificar padrões de mudança social e entender os mecanismos pelos quais essas mudanças ocorrem. Ele examina como as elites políticas e econômicas respondem aos desafios trazidos pela modernização, como os movimentos sociais emergem em resposta a injustiças e desigualdades, e como as ideologias políticas e culturais se transformam ao longo do tempo.

Por meio de sua análise cuidadosa e perspicaz, Miceli oferece insights valiosos sobre a dinâmica da sociedade brasileira contemporânea e os desafios enfrentados em um contexto de rápida transformação. Seu trabalho contribui para uma compreensão mais profunda das complexidades da modernização e da mudança social, ajudando a contextualizar os debates e as políticas em torno do desenvolvimento nacional e do progresso social.

História das Idéias

Miceli também se destacou por sua contribuição para a história das ideias no Brasil. Ele analisou o desenvolvimento do pensamento político, filosófico e social no país, situando-o em contextos históricos específicos e destacando suas influências e implicações. Suas pesquisas abordam desde o período colonial até a contemporaneidade, oferecendo uma perspectiva abrangente sobre a evolução do pensamento brasileiro (BARROS, 2008).

Sua análise minuciosa e perspicaz contextualiza as ideias dentro de seus respectivos períodos históricos, destacando suas origens, influências e implicações para a sociedade brasileira.

No período colonial, Miceli examina as correntes de pensamento que moldaram as concepções políticas e sociais da época, incluindo as ideias dos colonizadores europeus, as contribuições dos povos indígenas e as formas de resistência e contestação dos povos africanos escravizados. Ele destaca como as ideias sobre raça, poder e dominação foram fundamentais para a estruturação da sociedade colonial e para a formação das identidades brasileiras.

Ao longo do período imperial e da transição para a República, Miceli analisa as transformações políticas e sociais que influenciaram o pensamento brasileiro, incluindo debates sobre escravidão, abolição, monarquia e república. Ele investiga as diferentes correntes ideológicas que surgiram nesse contexto, desde o liberalismo e o positivismo até o republicanismo e o socialismo, e examina como essas ideias foram recebidas, contestadas e adaptadas pela sociedade brasileira (BARROS, 2008).

Na era moderna e contemporânea, Miceli explora o impacto das transformações sociais, econômicas e culturais na evolução do pensamento brasileiro. Ele analisa como movimentos sociais, como o modernismo, o tropicalismo e o movimento negro, influenciaram as concepções de identidade, cultura e política no Brasil. Além disso, ele investiga as interações entre o pensamento brasileiro e as correntes intelectuais globais, situando o Brasil dentro de um contexto mais amplo de debates e ideias.

Por meio de sua análise cuidadosa e erudita, Miceli oferece uma perspectiva enriquecedora sobre a história das ideias no Brasil, contribuindo para uma compreensão mais profunda da formação da identidade intelectual brasileira e das forças que moldaram o pensamento nacional.

Globalização e Transnacionalismo

Mais recentemente, Miceli voltou sua atenção para questões relacionadas à globalização e ao transnacionalismo. Ele investigou como os processos de globalização afetam a sociedade brasileira, incluindo questões como migração, fluxos culturais, economia global e interconectividade. Suas análises oferecem insights sobre as transformações sociais e culturais decorrentes da integração global (BARROS, 2005).

Ao longo de sua trajetória acadêmica, Sérgio Miceli concentrou parte significativa de seus estudos nas implicações da globalização e do transnacionalismo para a sociedade brasileira. Esses temas emergiram como áreas de interesse crítico devido às rápidas transformações que ocorreram no mundo contemporâneo, especialmente no que diz respeito à interconexão entre diferentes regiões do globo.

Miceli dedicou-se a investigar os diversos impactos da globalização sobre o Brasil, abordando questões multifacetadas que vão desde a migração até os fluxos culturais e a economia global. Ele compreendeu a globalização como um fenômeno complexo e multidimensional, capaz de moldar profundamente as dinâmicas sociais, econômicas e culturais em todo o país.

Uma das áreas de interesse de Miceli foi a migração, tanto interna quanto internacional. Ele analisou como os movimentos migratórios afetam as comunidades locais, as identidades culturais e as estruturas sociais no Brasil. Além disso, investigou os fluxos culturais transnacionais, examinando como a circulação de ideias, valores e produtos culturais influencia as práticas culturais e as formas de expressão no país (BARROS, 2005).

No campo econômico, Miceli explorou as consequências da integração do Brasil na economia global, destacando os desafios e oportunidades decorrentes da participação do país em cadeias de produção internacionais, investimentos estrangeiros e acordos comerciais. Ele analisou as mudanças na estrutura econômica brasileira e os impactos dessas transformações na distribuição de renda, no emprego e nas condições de vida da população.

Por meio de suas análises e reflexões, contribuiu para compreensão das complexidades da globalização e do transnacionalismo no contexto brasileiro, trazendo uma compreensão mais profunda das transformações sociais e culturais em um mundo cada vez mais interconectado.

Bibliografia

BARROS, Sérgio Miceli. Globalização e transnacionalização: o novo cenário mundial. São Paulo: Editora Cortez, 2005.

BARROS, Sérgio Miceli. A história das ideias no Brasil. São

Paulo: Editora Unesp, 2008.

BARROS, Sérgio Miceli. Modernização e mudança social no Brasil. São Paulo: Editora Zahar, 1975.

BARROS, Sérgio Miceli. Cultura e sociedade no Brasil. São Paulo: Editora Cortez, 1986.

BARROS, Sérgio Miceli. Intelectuais e cultura no Brasil: da colônia à República. São Paulo: Editora Unesp, 2001.

Capítulo 36

Simon Schwartzman

Simon Schwartzman nasceu em Belo Horizonte, Minas Gerais, em 22 de dezembro de 1939. Ele é um renomado cientista social brasileiro, com uma carreira dedicada ao estudo e à pesquisa em diversas áreas, incluindo sociologia, educação, ciência política e políticas públicas. Sua jornada acadêmica é marcada por estudos em sociologia, ciência política e administração pública na Universidade Federal de Minas Gerais (1961). Ele possui um mestrado em sociologia pela Faculdade Latino-americana de Ciências Sociais (FLACSO), Santiago do Chile (1963), e um Ph.D. em ciência política pela Universidade da Califórnia, Berkeley (1973).

Schwartzman foi professor da Universidade Federal de Minas Gerais, mas foi afastado pelo golpe militar de 1964 e reintegrado em 2000, quando se aposentou. Desde 1969, vive no Rio de Janeiro, onde trabalhou como professor e pesquisador na Fundação Getúlio Vargas, na Financiadora de Estudos e Projetos (FINEP, 1976-1980) e, até 1988, no Instituto Universitário de Pesquisas do Rio de Janeiro (CASTRO, 2008).

No exterior, Schwartzman ocupou várias posições acadêmicas, incluindo pesquisador visitante do Woodrow Wilson International Center for Scholars (1978), "Tinker Professor of Latin American Studies" na Columbia University (1986), professor visitante na School of Education e Center for Studies on Higher Education, the University of California, Berkeley (1985), professor da cátedra Joaquim Nabuco de Estudos Brasileira da Stanford University (2001), e pesquisador visitante na École Pratique des Autes Études in

Paris (1982/3), no Swedish Collegium for Advanced Study in the Social Sciences em Uppsala (1986), no St. Anthony's College, Oxford (1994), e no Centre for Brazilian Studies, Oxford (2003).

Ao longo de sua carreira, Schwartzman ocupou várias posições de destaque, incluindo a presidência do Instituto Brasileiro de Geografia e Estatística (IBGE) e a direção do Centro Brasileiro de Análise e Planejamento (CEBRAP).

Schwartzman é autor de numerosos livros, artigos e estudos sobre uma ampla gama de temas, desde desigualdade social e desenvolvimento humano até políticas educacionais e científicas. Sua pesquisa é reconhecida internacionalmente e ele é frequentemente convidado a participar de conferências e colaborações acadêmicas em todo o mundo(CASTRO, 2008).

Além de sua produção acadêmica, Schwartzman também é conhecido por seu engajamento em debates públicos e políticos no Brasil, defendendo políticas baseadas em evidências e contribuindo para o aprimoramento das políticas públicas nas áreas em que atua.

Sua vasta experiência e sua visão abrangente tornam-no uma figura de destaque no campo das ciências sociais no Brasil e no cenário internacional.

Desenvolvimento Humano

Schwartzman aborda o tema do desenvolvimento humano em suas diversas dimensões, incluindo aspectos econômicos, sociais, educacionais e políticos. Ele argumenta que o desenvolvimento deve ser entendido de maneira abrangente, levando em consideração não apenas o crescimento econômico, mas também a qualidade de vida, a igualdade de oportunidades e a participação cívica.

O conceito de desenvolvimento humano, explorado por Simon Schwartzman, vai além da mera avaliação do crescimento econômico de uma nação. Ele enfatiza a importância de considerar uma ampla gama de fatores que contribuem para o bem-estar e o progresso das pessoas em uma sociedade (SCHWARTZMAN, 2006).

Isso inclui aspectos econômicos, como a renda e o emprego, mas também aspectos sociais, como saúde, educação, habitação e segurança. Além disso, Schwartzman destaca a relevância da participação cívica e política dos cidadãos para o desenvolvimento humano, argumentando que sociedades mais democráticas e inclusivas tendem a promover um desenvolvimento mais sustentável e equitativo.

Ao reconhecer a interconexão entre diferentes dimensões do desenvolvimento humano, Schwartzman chama a atenção para a necessidade de políticas públicas abrangentes e integradas, que abordem não apenas os aspectos econômicos, mas também as questões sociais e políticas que afetam a qualidade de vida das pessoas. Isso inclui medidas para reduzir a desigualdade de renda, melhorar o acesso à saúde e à educação de qualidade, promover a inclusão social de grupos marginalizados e fortalecer as instituições democráticas (SCHWARTZMAN, 2017).

Schwartzman também destaca a importância de uma abordagem holística para medir o desenvolvimento humano, que vá além do Produto Interno Bruto (PIB) per capita e leve em consideração indicadores mais abrangentes de bem-estar e progresso social, como o Índice de Desenvolvimento Humano (IDH).

Essa abordagem busca capturar a complexidade e a multidimensionalidade do desenvolvimento humano, permitindo uma avaliação mais precisa do progresso de uma sociedade em direção a metas de desenvolvimento sustentável e equitativo.

O trabalho de Schwartzman sobre desenvolvimento humano enfatiza a importância de uma abordagem integrada e inclusiva para promover o bem-estar e o progresso das pessoas, reconhecendo a interdependência entre os diferentes aspectos da vida em sociedade. Suas análises oferecem insights valiosos para formuladores de políticas, pesquisadores e ativistas interessados em promover um desenvolvimento mais humano, justo e sustentável.

Política do Conhecimento

Schwartzman acredita que a política do conhecimento deve ser pensada em dois sentidos. Por um lado, é necessário fazer algo com nossas instituições científicas, educacionais, artísticas e culturais. Por outro lado, é necessário considerar o conhecimento em seu conteúdo e em suas condições de produção, nos diversos contextos sociais

A política do conhecimento, conforme abordada por Simon Schwartzman, engloba uma série de considerações que vão além da simples produção e disseminação de informações. Ele enfatiza a necessidade de uma abordagem abrangente que considere tanto as instituições responsáveis pela criação e disseminação do conhecimento quanto o conteúdo e as condições que envolvem sua produção.

No que diz respeito às instituições, Schwartzman destaca a importância de fortalecer e aprimorar as estruturas científicas, educacionais, artísticas e culturais de uma sociedade. Isso inclui garantir financiamento adequado, promover a excelência acadêmica, fomentar a criatividade e a inovação, e garantir o acesso equitativo ao conhecimento e à educação para todos os membros da sociedade. Além disso, ele ressalta a necessidade de políticas que incentivem a colaboração entre diferentes setores da sociedade, incluindo o governo, o setor privado, as instituições de pesquisa e a sociedade civil (SCHWARTZMAN, 2004).

Ele também enfatiza a importância de considerar o conhecimento em si e as condições que afetam sua produção e disseminação. Isso envolve analisar o conteúdo do conhecimento produzido, sua relevância social, sua objetividade e sua integridade ética.

Além disso, ele destaca a importância de entender os contextos sociais, políticos, econômicos e culturais nos quais o conhecimento é produzido, reconhecendo que esses contextos podem influenciar significativamente tanto o conteúdo quanto o alcance do conhecimento gerado.

Portanto, a política do conhecimento, segundo Schwartzman, requer uma abordagem integrada que considere tanto as instituições responsáveis pela criação e disseminação do conhecimento quanto os contextos sociais e as condições que afetam sua produção. Essa abordagem busca promover não apenas a geração de conhecimento de alta qualidade, mas também sua aplicação eficaz para promover o desenvolvimento social, cultural, econômico e político de uma sociedade (SCHWARTZMAN, 2011).

Educação

Como sociólogo da educação, Simon Schwartzman concentra seus estudos nas políticas educacionais e nas desigualdades que permeiam o sistema educacional, analisando os impactos dessas disparidades na sociedade em geral. Sua abordagem enfatiza a necessidade de uma educação de qualidade como um meio fundamental para promover o desenvolvimento humano e reduzir as desigualdades sociais.

Schwartzman reconhece que a educação desempenha um papel crucial na formação dos indivíduos e na construção de uma sociedade mais justa e igualitária. Ele argumenta que, ao garantir o acesso equitativo à educação e promover padrões de ensino de alta qualidade, é possível criar oportunidades para todos os membros da sociedade desenvolverem seus potenciais e contribuírem de forma significativa para o progresso social e econômico.

Além disso, Schwartzman investiga como as políticas educacionais afetam as desigualdades existentes na sociedade, tanto no acesso à educação quanto nos resultados educacionais. Ele examina questões como distribuição de recursos, currículos escolares, qualidade do ensino, formação de professores e sistemas de avaliação, buscando identificar estratégias eficazes para melhorar a equidade e a qualidade da educação (SCHWARTZMAN, 2009).

Ao destacar a importância da educação como um pilar fundamental do desenvolvimento humano e social, Schwartzman busca informar políticas públicas e práticas educacionais que possam contribuir para a construção de uma sociedade mais inclusiva e democrática. Seu trabalho visa promover um debate informado e embasado sobre questões educacionais, visando aprimorar continuamente o sistema educacional e garantir oportunidades iguais para todos os membros da sociedade alcançarem seu pleno potencial.

Ciência e Tecnologia

Schwartzman também contribui para o debate sobre ciência, tecnologia e inovação, analisando o papel desses fatores no desenvolvimento econômico e social. Ele investiga questões como financiamento científico, formação de recursos humanos em ciência e tecnologia, e os impactos sociais das novas tecnologias (SCHWARTZMAN, 2000).

Ele reconhece a importância crucial da ciência e da tecnologia como motores do progresso humano, impulsionando avanços significativos em diversas áreas, desde a medicina até a comunicação e a indústria. Ele investiga como o financiamento adequado da pesquisa científica e tecnológica pode estimular a inovação e promover o crescimento econômico, bem como como a formação de profissionais qualificados nessas áreas é essencial para sustentar o desenvolvimento tecnológico de longo prazo.

Além disso, Schwartzman examina os impactos sociais das novas tecnologias, incluindo questões relacionadas ao emprego, à distribuição de renda, à privacidade e à segurança. Ele busca entender como as inovações tecnológicas podem influenciar as estruturas sociais existentes e criar novas dinâmicas em áreas como mercado de trabalho, educação e saúde (SCHWARTZMAN, 2008).

Nos aspectos interconectados da ciência e da tecnologia, Schwartzman contribui para uma compreensão mais ampla dos desafios e oportunidades associados ao avanço do conhecimento humano e ao uso das tecnologias em benefício da sociedade.

Seu trabalho visa informar políticas públicas e práticas empresariais que possam promover o desenvolvimento sustentável e a inclusão social, garantindo que os benefícios da ciência e da tecnologia sejam compartilhados de forma equitativa por todos os membros da comunidade.

Democracia e Participação Cívica

Como defensor da democracia, Schwartzman estuda as instituições políticas e os processos democráticos, buscando entender como garantir a participação cívica efetiva e a representação política. Ele examina questões como o funcionamento dos sistemas eleitorais, a qualidade das instituições democráticas e os desafios para a consolidação da democracia (SCHWARTZMAN, 2002).

Schwartzman reconhece que a participação cívica efetiva é fundamental para o funcionamento saudável de qualquer democracia. Ele estuda formas de promover a participação dos cidadãos nos processos políticos, incentivando o engajamento cívico e o ativismo cívico.

Isso envolve a análise de mecanismos de participação direta, como plebiscitos e referendos, bem como o fortalecimento da sociedade civil e o apoio a organizações não governamentais que trabalham em prol da democracia.

Este pesquisador examina de perto a representação política, investigando como garantir que os interesses e preocupações dos cidadãos sejam adequadamente representados nas estruturas de poder. Isso inclui a análise dos sistemas eleitorais e das práticas de representação, bem como a promoção da transparência e da accountability no governo (SCHWARTZMAN, 2005).

Ao estudar esses aspectos cruciais da democracia e

participação cívica, Schwartzman contribui para o desenvolvimento de políticas e práticas que fortalecem os fundamentos democráticos e garantem uma governança responsável e inclusiva. Seu trabalho visa promover uma cultura cívica vibrante e uma participação cidadã significativa, essenciais para a construção de sociedades mais justas, livres e democráticas.

Desigualdade Social

Simon analisa as causas e consequências da desigualdade social, investigando como fatores como classe social, etnia, gênero e educação influenciam a distribuição de recursos e oportunidades na sociedade. Ele propõe políticas públicas voltadas para a redução das desigualdades e a promoção da justiça social.

Ele adota uma abordagem multidimensional, considerando fatores como classe social, etnia, gênero e acesso à educação ao analisar a distribuição desigual de recursos e oportunidades (SCHWARTZMAN, 1988).

Em suas pesquisas, Schwartzman destaca como a desigualdade social pode ser um obstáculo significativo para o desenvolvimento humano e o progresso econômico. Ele demonstra como as disparidades socioeconômicas podem perpetuar ciclos de pobreza e marginalização, prejudicando o bem-estar de comunidades inteiras e minando a coesão social.

Assim, ele propõe políticas públicas voltadas para a redução das desigualdades e a promoção da justiça social. Isso inclui iniciativas para melhorar o acesso à educação de qualidade, garantir igualdade de oportunidades no mercado de trabalho e fortalecer os sistemas de proteção social. Ele defende abordagens integradas que abordem não apenas as consequências imediatas da desigualdade, mas também suas raízes estruturais e sistêmicas (SCHWARTZMAN, 2013).

Ao destacar a importância da equidade e da inclusão social, Schwartzman contribui para o desenvolvimento de políticas mais eficazes e sustentáveis para enfrentar os desafios da desigualdade. Seu trabalho visa criar sociedades mais justas, onde todos os indivíduos tenham a oportunidade de alcançar seu pleno potencial e contribuir para o bem comum.

Introdução ao Pensamento de Georges Gurvitch

Simon chwartzman explora a tensão para a espontaneidade que caracteriza o psíquico humano, definido como "o drama de tensão crescente ou decrescente para o que se afirma cada vez mais como o 'nosso', o 'meu' ou o 'seu' no fluxo do vivido dirigido para o espontâneo"

Sua abordagem da "tensão para a espontaneidade", Schwartzman nos convida a refletir sobre como os seres humanos lidam com a busca por uma identidade pessoal dentro do contexto das experiências vividas.

A noção de "drama de tensão crescente ou decrescente" introduzida por Gurvitch desvela a constante luta dos indivíduos para afirmar o que é "nosso", "meu" ou "seu" em meio ao fluxo da vida cotidiana. Esse drama é um reflexo da busca pela expressão autêntica do eu, conforme direcionada pela espontaneidade do momento presente.

Schwartzman nos leva a considerar como essa tensão se manifesta em diferentes contextos sociais e culturais, influenciando a formação da identidade e das relações interpessoais (SCHWARTZMAN, 1973).

Ao analisar as nuances dessa dinâmica psíquica, Schwartzman nos desafia a compreender como as estruturas sociais e culturais moldam a expressão do eu e afetam a busca por autenticidade e individualidade. Ele nos instiga a examinar criticamente as influências externas que moldam nossas identidades e a reconhecer a interação entre o mundo interno e externo na formação do self.

A abordagem de Schwartzman sobre o pensamento de Georges Gurvitch nos convida a uma profunda reflexão sobre a natureza da identidade humana e as complexidades do processo de autoafirmação dentro de uma sociedade em constante transformação.

Suas análises nos inspiram a considerar as implicações dessas dinâmicas para o entendimento da condição humana e das relações sociais contemporâneas.

Bibliografia

CASTRO, Celso. A trajetória de Simon Schwartzman: da sociologia à política. São Paulo: Editora Editora Unesp, 2008.

SCHWARTZMAN, Simon. Introdução ao Pensamento Sociológico de Georges Gurvitch. Rio de Janeiro: Editora Zahar, 1973.

SCHWARTZMAN, Simon. Desigualdade e Democracia no Brasil. Rio de Janeiro: Editora Campus, 1988.

SCHWARTZMAN, Simon. As barreiras da desigualdade: o que impede o Brasil de ser um país desenvolvido. São Paulo: Editora Companhia das Letras, 2013.

SCHWARTZMAN, Simon. Dilemas da Democracia no Brasil. São Paulo: Editora Paz e Terra, 2002.

SCHWARTZMAN, Simon. Cidadania e Participação Política no Brasil. São Paulo: Editora Cortez, 2005.

SCHWARTZMAN, Simon. A Inovação Tecnológica no Brasil. Rio de Janeiro: Editora Elsevier, 2000.

SCHWARTZMAN, Simon. Ciência, Tecnologia e Desenvolvimento no Brasil. São Paulo: Editora Edusp, 2008.

SCHWARTZMAN, Simon. Os Desafios da Educação no Brasil. São Paulo: Editora Moderna, 2009.

SCHWARTZMAN, Simon. A Política do Conhecimento no Brasil. São Paulo: Editora Editora Unesp, 2004.

SCHWARTZMAN, Simon. Conhecimento e Sociedade: a construção da inteligência brasileira. Rio de Janeiro: Editora Civilização Brasileira, 2011.

SCHWARTZMAN, Simon. Desenvolvimento Humano no Brasil. Rio de Janeiro: Editora FGV, 2006.

SCHWARTZMAN, Simon. O Futuro do Desenvolvimento Humano no Brasil. São Paulo: Editora Editora Unesp, 2017.

Capítulo 37

Vera Telles

      Vera da Silva Telles, uma renomada cientista social, nasceu em São Paulo no dia 10 de julho de 1951. Filha de Sophia Cardoso de Almeida e Jayme Augusto Penteado da Silva Telles, ela estudou no colégio Sion até 1969, ingressando no ano seguinte na graduação em Ciências Sociais da Universidade de São Paulo.

No início de sua carreira acadêmica, Vera Telles começou a atuar na educação popular em uma comunidade eclesial de base localizada na paróquia da Vila Remo, zona sul de São Paulo. Essa experiência a conduziu ao movimento sindical do ABC, um ator coletivo que naquele momento galvanizava uma miríade de ações, lugares e organizações estruturadas ao longo da década de 1970.

Em 1984, defendeu uma dissertação de mestrado no Programa de Pós-Graduação em Sociologia da Universidade de São Paulo intitulada "Autoritarismo e práticas instituintes: movimentos sociais nos anos 70". Seu orientador foi Lúcio Kowarick, com quem trabalhou diretamente em diferentes pesquisas entre o final dos anos 1970 e início dos anos 1980.

No início dos anos 1990, Vera Telles passou a atuar simultaneamente na diretoria do Instituto Pólis, a convite de Silvio Caccia Bava, e como professora de sociologia da Universidade de São Paulo. Defendeu sua tese de doutorado em 1992 junto ao PPGS/USP sob o título "Cidadania inexistente, incivilidade e pobreza: um estudo sobre trabalhadores urbanos em São Paulo".

Vera Telles é uma figura proeminente na sociologia brasileira, com uma carreira acadêmica rica e diversificada.

Sua contribuição para a compreensão dos movimentos sociais, direitos sociais e cidadania é inestimável.

Interseccionalidade

Telles enfatiza a importância de uma abordagem interseccional para compreender as múltiplas formas de opressão e discriminação enfrentadas por diferentes grupos na sociedade, reconhecendo que as identidades de gênero, raça, classe e outras se intersectam e se sobrepõem.

A abordagem interseccional, destacada por Vera Telles, representa um marco importante na compreensão das desigualdades sociais e das experiências de grupos marginalizados na sociedade (TELLES, 1997).

Ao enfatizar a interseção e sobreposição de identidades, como gênero, raça, classe e outras, Telles reconhece que as opressões não podem ser compreendidas isoladamente, mas sim como parte de um sistema complexo e interconectado de poder e discriminação.

Por exemplo, uma mulher negra pode enfrentar formas únicas e inter-relacionadas de discriminação que não seriam capturadas ao considerar apenas sua raça ou gênero separadamente. Ela pode sofrer discriminação de gênero no mercado de trabalho, bem como racismo sistêmico que impacta suas oportunidades de emprego e seu acesso a serviços e recursos.

Da mesma forma, uma pessoa LGBTQ+ que também pertence a uma classe social economicamente desfavorecida pode enfrentar desafios adicionais relacionados à sua sexualidade, gênero e condição socioeconômica.

Ao adotar uma abordagem interseccional, Telles destaca a importância de considerar a complexidade e a diversidade das experiências humanas. Isso permite uma análise mais holística das desigualdades sociais e uma compreensão mais profunda dos sistemas de opressão e privilégio que moldam as vidas das pessoas.

Essa abordagem também destaca a necessidade de políticas e práticas que abordem as interseções entre diferentes formas de discriminação e promovam a equidade e a justiça para todos os grupos sociais. Em suma, a interseccionalidade oferece uma lente poderosa para examinar e enfrentar as desigualdades em todas as suas formas e manifestações.

Feminismo

Como uma pesquisadora comprometida com a igualdade de gênero, Vera Telles analisa criticamente as estruturas patriarcais e as normas de gênero que perpetuam a desigualdade entre homens e mulheres. Sua abordagem ao feminismo não se limita apenas a destacar as disparidades salariais ou a divisão sexual do trabalho, mas também envolve uma análise profunda das complexas interações entre gênero, classe, raça e outras formas de opressão (TELLES, 1997).

Ao examinar questões como a violência de gênero, Telles não apenas identifica os padrões de violência e abuso contra as mulheres, mas também investiga as causas estruturais que permitem a perpetuação desse fenômeno.

Ela destaca como as normas de masculinidade tóxica e a cultura do estupro contribuem para a naturalização da violência contra as mulheres, enquanto também questiona o papel das instituições sociais na perpetuação desse problema.

Além disso, Telles aborda as interseções entre gênero, classe e raça na análise das desigualdades de gênero. Ela reconhece que as mulheres enfrentam diferentes formas de discriminação com base em sua posição social, econômica e racial, e destaca a importância de uma abordagem interseccional para entender as experiências das mulheres em toda a sua diversidade.

Como resultado de seu trabalho, Telles não apenas contribui para o avanço do conhecimento acadêmico sobre feminismo, mas também fornece insights valiosos para o desenvolvimento de políticas e práticas que visam promover a igualdade de gênero e combater a discriminação contra as mulheres em todas as suas formas.

Sua pesquisa desafia as estruturas patriarcais existentes e busca criar um mundo mais justo e inclusivo para todas as pessoas, independentemente do gênero.

Políticas Públicas

Vera Telles é uma pesquisadora engajada na investigação das políticas públicas voltadas para a promoção da igualdade de gênero e o combate à discriminação racial e de classe. Seu trabalho se concentra em avaliar a eficácia dessas políticas, identificando seus pontos fortes e desafios, e propondo estratégias para torná-las mais inclusivas e abrangentes (TELLES, 1999).

Telles reconhece que as políticas públicas desempenham um papel crucial na transformação das estruturas sociais e na promoção da justiça social, mas também enfatiza a necessidade de uma abordagem crítica para garantir que essas políticas atendam às necessidades das populações marginalizadas.

Ao analisar as políticas de igualdade de gênero, Telles examina como programas governamentais, leis e iniciativas institucionais impactam a vida das mulheres em diferentes contextos sociais e econômicos. Ela busca entender os mecanismos pelos quais essas políticas podem reproduzir ou desafiar as desigualdades existentes, bem como identificar oportunidades para aprimorar sua eficácia e alcance.

Além disso, Telles aborda as políticas de combate à discriminação racial e de classe, reconhecendo a interseccionalidade das opressões e a necessidade de políticas públicas que abordem essas questões de forma integrada. Ela examina como as políticas de ação afirmativa, por exemplo, podem contribuir para a redução das desigualdades raciais e de classe, ao mesmo tempo em que enfrenta possíveis desafios e resistências.

Em seu trabalho, Telles não apenas oferece análises críticas das políticas públicas existentes, mas também propõe alternativas e recomendações para tornar essas políticas mais eficazes e justas.

Seu objetivo é contribuir para a construção de sociedades mais igualitárias e inclusivas, onde todas as pessoas tenham acesso igualitário aos recursos e oportunidades, independentemente de sua identidade de gênero, raça ou classe social.

Movimentos Sociais

A pesquisadora abrange uma variedade de movimentos, incluindo aqueles que representam mulheres, pessoas negras, LGBTQ+ e outros grupos marginalizados. Telles analisa profundamente as estratégias de mobilização adotadas por esses movimentos, desde protestos de rua até campanhas de conscientização e advocacy em diferentes esferas sociais (TELLES, 1984).

Um aspecto fundamental de sua análise é a compreensão das demandas específicas desses grupos e como essas demandas se relacionam com as estruturas de poder existentes na sociedade. Telles examina como os movimentos sociais articulam suas reivindicações e como buscam influenciar políticas públicas, leis e normas sociais para promover a igualdade e a inclusão.

Telles estuda o impacto dos movimentos sociais na transformação social, avaliando suas conquistas, desafios e limitações. Ela analisa como esses movimentos conseguem ampliar o debate público sobre questões relacionadas à justiça social e como contribuem para a mudança de atitudes e comportamentos dentro da sociedade.

Ao compreender o papel dos movimentos sociais na luta por direitos, Telles busca oferecer insights valiosos para ativistas, formuladores de políticas e pesquisadores interessados em promover mudanças sociais positivas e duradouras. Seu trabalho destaca a importância da mobilização coletiva e da ação política para a construção de sociedades mais igualitárias e inclusivas.

Teorias Sociológicas

No âmbito das teorias sociológicas, Vera Telles adota uma abordagem interdisciplinar, incorporando uma variedade de perspectivas teóricas para compreender as complexidades das dinâmicas sociais contemporâneas. Ela faz uso de teorias sobre estratificação social para examinar as desigualdades econômicas, políticas e culturais que permeiam a sociedade (TELLES, 1999).

Ao analisar as relações de gênero, Telles recorre a teorias feministas para destacar como as normas de gênero moldam as oportunidades e os desafios enfrentados por mulheres e pessoas de diferentes identidades de gênero.

Além disso, Vera Telles integra teorias sobre racialização em seu trabalho para investigar como as identidades raciais são construídas, contestadas e reproduzidas em contextos sociais específicos. Ela examina criticamente as formas de discriminação racial e os mecanismos de exclusão que afetam grupos racializados na sociedade. Telles também se baseia em teorias de empoderamento para explorar como indivíduos e comunidades marginalizadas podem resistir e transformar as estruturas de poder dominantes.

Com essa variedade de teorias sociológicas, Vera Telles busca oferecer uma análise multifacetada e holística das questões sociais contemporâneas. Sua abordagem teórica diversificada permite uma compreensão mais profunda das interseções entre gênero, raça, classe e outras dimensões da desigualdade social. Ao mesmo tempo, ela busca identificar estratégias e soluções para promover a justiça social e a inclusão, informadas por insights teóricos e evidências empíricas.

Práticas urbanas, trajetórias e seus territórios

Vera Telles estuda as interações, desigualdades e (i)mobilidades socioespaciais nas cidades. Ela explora como as pessoas vivem e se movem dentro das cidades, e como essas práticas e trajetórias moldam e são moldadas pelos territórios urbanos (TELLES, 2006).

Nas análises de Vera Telles sobre práticas urbanas, trajetórias e territórios, ela adota uma abordagem holística que considera não apenas os aspectos físicos das cidades, mas também as experiências e realidades sociais dos seus habitantes. Telles investiga as complexas interações entre os diferentes grupos sociais dentro do contexto urbano, examinando como fatores como classe, raça, gênero e idade influenciam as práticas cotidianas e as experiências de mobilidade (TELLES, 2006).

Sobre as desigualdades socioespaciais, Vera Telles destaca como certos grupos têm acesso diferenciado aos recursos urbanos, como moradia, transporte, educação e serviços públicos. Ela analisa como essas desigualdades são perpetuadas ou mitigadas ao longo das trajetórias individuais e coletivas, destacando as barreiras estruturais e as estratégias de resistência adotadas pelos grupos marginalizados.

Telles examina as transformações dos territórios urbanos ao longo do tempo, considerando as dinâmicas de gentrificação, revitalização urbana, segregação espacial e resistência comunitária. Ela explora como esses processos impactam as práticas e trajetórias das pessoas, moldando a identidade e a dinâmica social dos diferentes bairros e regiões urbanas.

Graças a uma perspectiva interdisciplinar, Vera Telles busca compreender as complexas relações entre espaço, sociedade e poder nas cidades contemporâneas. Suas análises oferecem insights importantes para políticas urbanas mais inclusivas e equitativas, que reconheçam e abordem as desigualdades e injustiças presentes nos territórios urbanos.

Modos de governo popular, disputas e conflitos

Ela investiga como os territórios populares são governados, e como isso gera fricções, disputas e conflitos.

No escopo de sua pesquisa sobre modos de governo de territórios populares, Vera Telles se dedica a explorar as dinâmicas de poder que permeiam essas áreas urbanas e a forma como são administradas e controladas. Ela analisa os diversos atores envolvidos nesse processo, incluindo o Estado, organizações comunitárias, grupos criminosos, empresas privadas e outros agentes sociais (TELLES, 2007).

Telles investiga como esses territórios são governados não apenas formalmente, por meio de políticas públicas e instituições estatais, mas também por meio de estruturas informais de poder e governança. Ela examina as relações de poder dentro das comunidades, as hierarquias sociais e as práticas cotidianas que moldam a vida nessas áreas.

A socióloga analisa as fricções, disputas e conflitos que surgem nesses territórios, muitas vezes relacionados à luta pelo controle do espaço, recursos limitados, acesso a serviços básicos e reconhecimento político. Ela busca entender as raízes desses conflitos e os mecanismos pelos quais são resolvidos ou perpetuados ao longo do tempo (TELLES, 2007).

Por meio de uma abordagem empiricamente fundamentada e sensível às realidades locais, Vera Telles contribui para uma compreensão mais profunda dos desafios enfrentados pelos territórios populares e das estratégias de resistência e transformação adotadas pelas comunidades que neles habitam.

Suas análises oferecem insights valiosos para o desenvolvimento de políticas e práticas mais inclusivas e participativas, que levem em conta as necessidades e aspirações das populações urbanas marginalizadas.

Migrações transnacionais e circuitos urbanos

Vera Telles também se interessa pelas migrações transnacionais e como elas se relacionam com os circuitos urbanos das mobilidades espaciais.

O interesse de Vera Telles pelas migrações transnacionais e pelos circuitos urbanos das mobilidades espaciais reflete sua busca por compreender as dinâmicas complexas que permeiam os fluxos migratórios contemporâneos e sua interação com os espaços urbanos. Nesse contexto, ela investiga não apenas os padrões de movimento das pessoas entre diferentes países e regiões, mas também como essas migrações influenciam e são influenciadas pela estruturação e transformação das cidades.

Ao estudar as migrações transnacionais, Telles analisa os motivos e os processos que levam as pessoas a atravessarem fronteiras nacionais em busca de oportunidades econômicas, sociais, políticas ou culturais. Ela examina as experiências e os desafios enfrentados pelos migrantes, bem como os impactos desses movimentos nas comunidades de origem e destino (TELLES, 2007).

Vera Telles se dedica a compreender os circuitos urbanos das mobilidades espaciais, ou seja, as rotas e os espaços dentro das cidades que são percorridos pelos migrantes, tanto temporários quanto permanentes. Ela analisa como esses circuitos são moldados por fatores como infraestrutura urbana, políticas públicas, mercado de trabalho, redes sociais e dinâmicas socioeconômicas.

Por meio de uma abordagem interdisciplinar e empiricamente fundamentada, Telles busca desvendar as interações complexas entre migrações transnacionais e espaços urbanos, contribuindo para uma compreensão mais abrangente das transformações sociais, culturais, econômicas e políticas que ocorrem nas cidades contemporâneas em decorrência desses fluxos migratórios. Suas análises oferecem insights valiosos para o desenvolvimento de políticas e práticas urbanas mais inclusivas e adaptadas às realidades da mobilidade global.

Ilegalismos urbanos, mercados ilegais de terra e trabalho

Neste tópico, ela explora os ilegalismos urbanos e os mercados informais e ilegais de terra e trabalho.

Nos estudos conduzidos por Vera Telles sobre ilegalismos urbanos e os mercados informais e ilegais de terra e trabalho, ela se aprofunda nas dinâmicas complexas que caracterizam as práticas e relações sociais em contextos urbanos marcados pela informalidade e pela ilegalidade.

Esses ilegalismos se manifestam em diversas formas, incluindo ocupações irregulares de terras, construções não autorizadas, atividades econômicas informais e emprego não registrado (TELLES & CABANES, 2006).

Ao explorar esses temas, Telles investiga as razões por trás do surgimento e da persistência dos ilegalismos urbanos, bem como seus impactos nas dinâmicas sociais, econômicas e políticas das cidades. Ela examina como a falta de acesso a terra legalmente reconhecida e a oportunidades de trabalho formal contribuem para a criação e reprodução dos mercados informais e ilegais, muitas vezes marginalizados e estigmatizados pela sociedade e pelo Estado.

Além disso, Vera Telles analisa as estratégias de sobrevivência e resistência adotadas pelos indivíduos e comunidades envolvidas nos ilegalismos urbanos, destacando sua capacidade de agência e de organização coletiva em face das adversidades. Ela também investiga as respostas das autoridades públicas e instituições estatais a essas práticas, questionando as políticas de repressão versus políticas de regularização e inclusão social (TELLES, 2011).

Suas análises sensíveis às realidades locais buscam compreender as complexidades dos ilegalismos urbanos e dos mercados informais e ilegais de terra e trabalho, contribuindo para o desenvolvimento de políticas e práticas mais justas e equitativas que reconheçam e abordem as necessidades e demandas desses setores marginalizados da sociedade urbana.

Direitos sociais

Em seu livro "Direitos sociais: afinal do que se trata?", Vera Telles discute claramente os direitos sociais, constituindo-se em análise profunda da importância desses direitos para a própria sustentação do estado democrático. Ela constrói seu referencial teórico a partir do estudo da obra de Arendt, explicitando os conceitos com os quais opera para analisar a questão social brasileira.

Seu referencial teórico se articula com a obra de Hannah Arendt, Vera Telles enriquece sua análise, fornecendo uma perspectiva filosófica e histórica sobre a questão dos direitos sociais. Arendt, conhecida por suas reflexões sobre política, liberdade e a condição humana, oferece insights valiosos sobre como os direitos sociais estão intrinsecamente ligados à ideia de participação política e à capacidade dos cidadãos de agirem em conjunto para promover o bem comum (TELLES, 1999).

Nesse contexto, Telles explora os diversos aspectos dos direitos sociais, desde o acesso à saúde e à educação até as garantias trabalhistas e previdenciárias, demonstrando como esses direitos não apenas protegem os indivíduos contra as vulnerabilidades sociais, mas também fortalecem os fundamentos da democracia ao promoverem a inclusão, a igualdade e a dignidade de todos os membros da sociedade.

Ao aplicar sua análise ao contexto brasileiro, Vera Telles oferece insights específicos sobre os desafios e as oportunidades enfrentados na promoção e proteção dos direitos sociais em um país marcado por desigualdades históricas e estruturais. Ela destaca a necessidade de políticas públicas eficazes, instituições democráticas sólidas e uma sociedade civil ativa e engajada para garantir a efetiva realização dos direitos sociais e o fortalecimento do estado democrático de direito.

Em suma, o trabalho de Vera Telles sobre direitos sociais é uma contribuição significativa para o debate acadêmico e político sobre o papel desses direitos na construção de sociedades mais justas, igualitárias e democráticas. Ao investigar suas bases teóricas, implicações práticas e desafios contemporâneos, Telles oferece uma análise abrangente e perspicaz que ilumina as complexidades e as potencialidades dos direitos sociais na contemporaneidade.

Bibliografia

TELLES, Vera da Silva. Direitos Sociais: afinal do que se trata? Belo Horizonte: Editora UFMG, 1999.

Ilegalismos urbanos, mercados ilegais de terra e trabalho:

TELLES, Vera da Silva; CABANES, Robert. Nas tramas da cidade: trajetórias urbanas e seus territórios. São Paulo: Humanitas, 2006.

TELLES, Vera da Silva. A cidade nas fronteiras do legal e ilegal. Belo Horizonte: Editora Fino Traço, 2011.

TELLES, Vera da Silva. Cidade e práticas urbanas: nas fronteiras incertas entre o ilegal, o informal e o ilícito. Estudos Avançados, 21 (61), 173-191, 2007.

TELLES, Vera da Silva. Autoritarismo e práticas instituintes: movimentos sociais nos anos 70. Dissertação de Mestrado, Universidade de São Paulo, 1984.

TELLES, Vera da Silva. A face feminina da pobreza: um estudo sobre famílias chefiadas por mulheres em São Paulo. São Paulo: Editora da Universidade de São Paulo, 1997.

Considerações Finais

Com o livro "Cientistas Sociais do Brasil" foi possível vislumbrar a vasta e diversificada paisagem intelectual das Ciências Sociais no país. Ao longo das páginas, mergulhamos nas vidas e obras de 37 cientistas sociais de diversas disciplinas e períodos históricos, cujas contribuições teóricas e metodológicas deixaram uma marca profunda no campo do conhecimento humano.

Cada cientista social perfilado nesta obra trouxe consigo uma perspectiva singular e inovadora, moldada por suas experiências pessoais, acadêmicas e profissionais. Desde os pioneiros que estabeleceram as bases das Ciências Sociais no Brasil até os contemporâneos que continuam a desafiar e expandir os horizontes do pensamento social, cada um deixa uma marca indelével no desenvolvimento das Ciências Sociais brasileiras.

Ao revisitarmos suas trajetórias, é possível perceber a complexidade e a interdisciplinaridade que caracterizam as Ciências Sociais. Dos estudos sociológicos que desvendaram as estruturas de poder e desigualdade social à antropologia que revelou a diversidade cultural do país, passando pela ciência política que investigou os mecanismos de governança e participação política, cada disciplina contribuiu para uma compreensão mais profunda e ampla da sociedade brasileira.

Além disso, ao longo do livro, também pudemos contemplar a importância do diálogo e da colaboração entre os cientistas sociais entre si e com outras ciências sociais, no sentido mais amplo.

Muitos dos perfis apresentados destacam não apenas as contribuições individuais dos pesquisadores, mas também suas interações com colegas, alunos e movimentos sociais, evidenciando a natureza coletiva e colaborativa da produção do conhecimento nas Ciências Sociais.

Dessa forma, o livro "Cientistas Sociais do Brasil" não apenas celebra as conquistas e os feitos individuais dos cientistas sociais brasileiros, mas também ressalta a vitalidade e a relevância das Ciências Sociais como um todo. Ao oferecer um panorama abrangente e diversificado do pensamento social no Brasil, esta obra busca inspirar novas gerações de pesquisadores e promover um diálogo fecundo e enriquecedor sobre os desafios e as possibilidades de transformação da sociedade brasileira.

Nosso objetivo não se limita apenas a apresentar os perfis acadêmicos e profissionais dos cientistas sociais, mas também a contextualizar suas contribuições no cenário sociopolítico e cultural do Brasil. Ao fazer isso, enfatizamos não apenas suas teorias e metodologias, mas também seus papéis como intelectuais públicos, ativistas e agentes de mudança social.

É importante destacar que, apesar das potenciais divergências teóricas e metodológicas entre os diversos cientistas sociais apresentados, há um ponto comum que os une: o compromisso com o conhecimento crítico e reflexivo, capaz de contribuir para a compreensão e transformação da realidade brasileira.

Ao longo das páginas deste livro, subjaz os desafios enfrentados pelas Ciências Sociais no contexto atual. Desde cortes de financiamento à pesquisa até ataques à autonomia acadêmica, as Ciências Sociais têm sido alvo de diversos questionamentos e ameaças. No entanto, ao mesmo tempo, a relevância e a urgência do trabalho dos cientistas sociais nunca foram tão evidentes.

Assim, a obra "Cientistas Sociais do Brasil" também se propõe a ser um manifesto em defesa das Ciências Sociais e de seu papel fundamental na construção de uma sociedade mais justa, igualitária e democrática. Ao reconhecer e celebrar as contribuições dos cientistas sociais brasileiros, esperamos inspirar novas reflexões, debates e ações que fortaleçam o campo das Ciências Sociais e sua capacidade de promover mudanças positivas em nosso país.

Sobre o autor

Paulo Roberto Ramos é escritor e cientista social, com graduação em Ciências Sociais, mestrado e doutorado em Sociologia. Atualmente é professor do Mestrado em Dinâmicas de Desenvolvimento do Semiárido e do Curso de Ciências Sociais da Universidade Federal do Vale do São Francisco, Brasil. Líder do Observatório de Políticas Públicas (CNPq) e Coordenador do Programa Escola Verde. Orientador do Programa Residência Pedagógica. Coordenador do Espaço Sala Verde. Diretor Executivo da Revista Verde.

www.ingramcontent.com/pod-product-compliance
Lightning Source LLC
Chambersburg PA
CBHW071023290526
45795CB00004B/1144